구름의 무게를 재는 과학자

구름의 무게를 재는 과학자

구름은 과연 코끼리 몇 마리의 무게일까?

다비드 카예 지음 | 유아가다 옮김

북스힐

들어가면서 · 8

왜 아랫집 사람이 윗집 사람보다 오래 살까? · 15

시간은 존재할까? · 21

인간의 눈은 몇 메가픽셀일까? · 26

색깔은 존재하지 않는다 · 34

하늘은 왜 파란가? · 44

구름의 무게는 코끼리 몇 마리의 무게일까? · 51

왼손잡이들은 이상하지 않아요 조금 다를 뿐이죠 · 59

에베레스트 정상에서 물은 몇 도에 끓을까? · 70

물 위를 어떻게 걸을 수 있을까? · 78

원주율 파이(π)의 팬은 몇 명이나 될까? · 87

받침점 하나만 주면 세상을 움직여 줄게요 • 93

가장 높이 쌓을 수 있는 모래성의 높이 • 101

거울은 무슨 색일까? • 108

브로콜리의 기하학적 미스터리 • 115

사랑에 빠진 입자들 • 121

LSD와 세렌디피티 • 127

트랜지스터는 단순히 라디오가 아니다 • 133

보잉 747을 멈추려면 거미 몇 마리가 필요할까? • 147

환상의 차 키트와 풍차의 공통점 • 154

지구에 관한 진실과 거짓 • 167

무연 가솔린과 지구의 나이 • 180

어떻게 해야 지구에서 탈출할 수 있을까? • 185

왜 달은 지구와 멀어질까? • 192

지구의 양극이 바뀌면 어떻게 될까? • 200

지구 온난화가 일어나는 이유 • 205

미래의 지도는 어떤 모습일까? • 213

스타워즈의 우주선은 어떤 물리법칙을 거스르고 있을까? • 223

우주에서 가장 춥고 가장 더운 곳 • 231

시공간은 뒤틀린다 • 238

외계인 친구를 사귈 가능성 • 243

은하수에 존재할 수도 있는 문명들을 어떻게 구분할까? • 252

우주가 우리의 방처럼 어수선한 이유 • 259

우주에서 우리가 보지 못하는 우주의 모든 것 • 267

축구공을 우주로 가져가려면 얼마나 많은 돈이 필요할까? • 278

로봇이 인간을 지배하게 될까? • 287

미래에 우리는 사이보그가 될까? • 294

과학에는 성별이 없다 • 303

쥘 베른은 정말 예언자였을까? • 312

갈릴레오는 중력 실험을 위해서 사과 몇 개를 망가뜨렸을까? • 318

나는 이과일까, 아니면 문과일까? • 326

감사의 글 • 331

들어가면서

나는 풍경 하나, 노래 한 곡이라도 즐기는 법을 배웠다.

영화 한 편. 사랑하는 사람과 함께 있는 순간.

그 무엇과도 절대 바꾸지 않을 순간들이다.

내 삶이 몇 초가 남아있는지 모르지만

그게 단 몇 초라도 열정적으로 살리라.

루아 로페스 모라Rúa López Mora의 〈몇 초를 쥐어짜며〉

우주의 생을 일 년으로 가정한다면 그 안에서 인간은 마지막 일 초를 살아가는 중일 것이다. 그러나 우리에게는 그 일 초가 평생이기도 하다. 세상 많은 것들이 그렇듯 시간은 상대적이기 때문이다. 만약 우리들이 풍요로운 삶을 누리며 장수한다면, 그렇게 좋은 생을 20억 초 동안이나 살게 된다. 물론 그중의 삼분의 일은 자면서 보내겠지만 말이다. 베개에 파묻혀 잠을 자는 시간을 뺀 나머지 시간, 그 나머지 시간에 잠에서 깨어나 각자의 삶을 즐겁고 흥미진진하게 보내게 될 것이다.

이 책을 읽기 위해 일생 주어진 시간의 0.0005%를 사용해야 하는데, 이는 대략 7,200초에서 14,400초 정도에 해당한다. 이는 〈블레이드 러너 2049Blade Runner 2049〉(2017) 또는 〈스타워즈 시퀄 삼부작Star Wars sequel trilogy〉을 보는 시간에 비교할 수 있다. 만약 이 책을 몇 년 뒤에 다시 읽게 된다면, 지금은 확실하다 못해 불변의 진리처럼 생각되는 것이라도 무의미하고 말도 안 되는 것으로 바뀔 가능성이 있다. 변하지 않는 건 없다. 지속하는 것은 아무것도 없다. "세상에서 지속적인 것은 오직 하나, 변화뿐이다." 헤라클레이토스Heraclitus가 2,500년 전 한 말이다. 과학의 경이로운 점이 바로 이것이다. 지치지 않는 열정으로 연구에 몰두하는 과학자들, 창의적이고 천재적인 수천 명의 과학자들 덕분에 과학은 매일 변화하며 발전한다. 언젠가 우리 중 누군가가 이러한 연구자들의 대열에 합류하게 될지도 모른다. 그러한 성과에 이 책이 조금이라도 도움이 되길 바란다.

아인슈타인이 말했다. "만약 다른 결과를 원한다면, 지금까지 했던 것과는 다르게 행동하라." 인간 문명의 기술 발전의 토대가 만들어지고 다져졌던 20세기를 지나, 최근 이십 년 동안에는 미지의 질문에 대한 답을 찾는 노력들이 끊임없이 이어졌다. 물론 아직도 수많은 질문과 의문은 그럴듯한 해답을 찾지 못한 채 베일에 싸여 있다. 내가 어렸을 때 본 모든 공상과학 영화들은 하나같이 나를 매료시키는 액션 장면과 특수 효과들로 가득했고, 그것들은 모두 하나도 빠짐없이 내게 질문을 안겨 줬다. 지금도 액션 영화보다 〈인터스텔라Interstellar〉(2014) 또는 〈블랙 미러Black Mirror〉처럼 관객들에게 질문을 제기하는 영화들을 좋아한다. 어쩌면 과학에 대한 사랑은 그때부터 시작되었을지도 모른다. 공상과학 영화의 열광적인 팬이었던 나는 첫 직업으로 엔지니어가 되었고, 후에 수학과 물리 강사가 되었다. 내가 궁금해 했던 질문들의 답은 박학다식한 전문가들에게 물어보거나 혹은 도서관이나 인터넷에서 자료를 찾아가며 상황에 따라 다른 방식으로 얻었다. 솔직히 말하면, 그러한 노력에도 불구하고 답을 찾지 못한 많은 질문들이 여전히 남아 있다. 간혹 답을 찾았다고 생각한 적은 있으나 이해할 수 없는 경우가 많았다. 어느 순간엔 스스로를 한계가 분명한 평범한 강사에 불과하다고 생각하기도 했다. 하지만 중요한 것은 질문에 대한 답을 찾는 과정에서 항상, 그것이 별거 아닌 것처럼 보일지라도 무언가를 배웠다는 점이다. 때로는 그 과정이 다음 답을 이해하기 위한 발판이 되기도 한다. 정말 매력적이지 않은가? 이런 깨달음은 가끔 학생들에게 한껏 뽐내면서 무언가를 설명하는 데 도움이 되기도 한다. 정말 효과 만점이다.

나는 이 책이 우리가 살면서 한 번쯤 궁금했을 법한 40개의 질문에 대한 답을 제공하는 것 이상의 중요한 역할을 하길 바란다. 이미 주어진 답에 만족하지 않고, 주변에서 일어나는 모든 현상에 대한 원인과 이유를 탐구하도록 이 책이 의지의 촉매제가 되었으면 한다. 그것이 이 책의 진정한 가치이다. 어떠한 방식으로든 영감을 받고 또 다른 질문을 제기하고, 가능한 많은 질문을 자신에게 던질 수 있기를 바란다. 그리고 신화적이며 매력적이지만 비과학적인 해답을 제공하는 올림포스산의 신들에게 간청하는 것 대신 스스로 질문들에 대한 답을 찾기를 바란다. 비록 성운과 행성이 올림포스산에 거주하는 신들의 이름을 가지고 있을지라도 말이다.

왜
아랫집 사람이
윗집 사람보다
오래 살까?

시계를 한번 관찰하자. 시계는 똑딱, 똑딱, 항상 같은 리듬으로 발맞춰 행군하는 군인처럼, 조금의 흔들림 없이 무관심하게 전진한다. 똑딱, 똑딱. 세상의 모든 시계는 내가 무엇을 하든, 어디에 있든, 얼마나 빠른 속도로 움직이고 있든지에 상관없이 항상 같은 속도로 흘러간다. 우리는 감으로 공간과 시간 좌표가 별개라는 뉴턴이 묘사하는 우주에 살고 있다고 생각한다. 시간은 누가 뭐래도 상관없이 견고하게 자기 갈 길을 간다. 똑딱, 똑딱….

그렇지만 이건 우리 감각이 말하는 사실일 뿐, 우리는 우리 감각을 절대적으로 믿을 수 없다. 실제로 과학자들은 이에 대해 끊임없이 의문을 제기했고, 오늘날 시간이라는 개념은 그렇게 경직된 것이 아니라 좀 더 말랑말랑하고 변화 가능한 것으로 이해되고 있다.

이러한 시간에 대한 개념의 변화는 전적으로 천재 물리학자 알버트 아인슈타인이 발견한 연구 결과 덕분이다. 《타임즈Times》는 20세기 가장 중요한 인물로 아인슈타인을 선정했는데, 마치 벼락을 맞은 듯 헝클어진 머리카락과 혀를 내민 모습을 한 그의 초상화는 대중들에게 과학의 상징물로 각인되어 있다. 아인슈타인은 1905년에 특수 상대성 이론을 발표했고 그해는 아인슈타인의 '기적의 해'로 불린다. 그해 아인슈타인이 기존의 과학 지식을 뒤흔들어 놓을 만큼 혁명적이며 이마이마한 양의 연구 결과를 발표했기 때문이다.

아인슈타인은 다른 속도로 여행하는 두 사람에게 시간이 다르게 흘러간다는 것을 발견했다. 예를 들어 나는 움직이지 않고 가만히 있고 상대방은 자전거를 타고 이동하고 있다고 생각해보자. 참고로 자전거는 아인슈타인이 매우 좋아했던 이동수단이었다. 자전거를 타고 이동하는 상대방에게 시간은 더 느리게 흐를 것이다. 다시 말하자면 '시간 팽창'으로 인해 자전거를 타고 가는 사람에게 시간이 더 천천히 흐른다는 의미이다. 그런데 왜 우리는 이를 느끼지 못할까? 이런 현상들은 '상대론적 효과'로 인해 나타나고, '상대 속도', 즉 빛의 속도에 가까워야만 감지할 수 있기 때문이다.

진공에서 빛의 속도는 초당 300,000km로, 어떤 방식으로 움직이든지에 상관없이 모든 사람에게 절대적으로 같으며, 절대 극복할 수 없는 우주의 경계는 아인슈타인이 연구하는 모든 것의 기초를 이룬다. 정상 속도로 이동할 때, 예를 들면 자전거를 타고 이동할 때, 내 시계와 상대방의 시계 간의 차이는 우리가 거의 감지할 수 없을 정도로 미미하지만 실제로는 차이가 있다.

만약 우리 둘 중 한 명이 빠른 속도로 이동하는 우주선을 타고 여행한다면 어떻게 될까? 그러면 우리가 잘 알고 있는 쌍둥이 역설에서 묘사한 일이 벌어질 것이다. 물리학자들은 시간의 상대성 현상을 설명하기 위해 쌍둥이 역설과 같은 묘한 이야기를 언급한다. 이야기는 이렇다. 두 명의 쌍둥이가 지구에 살고 있다. 둘 중 한 명은 우주 비행사고 빛의 속도에 가까운, 즉 상대 속도로 이동하는 강력한 우주선을 타고 우주로 여행한다. 한편 모험심이 부족한 다른 쌍둥이는 집에서 우주 비행사인 쌍둥이를 기다린다. 우주 비행사인 쌍둥이는 지구로부터 광속 4년 정도 거리에 있는, 지구로부터 가장 가까운 알파 센타우리를 향해 광속의 80%로 여행하고 있다.

우주 비행사 쌍둥이가 지구로 돌아오자, 쌍둥이 둘은 서로를 보고 깜짝 놀란다. 여행을 시작할 때는 분명히 같은 나이었는데(쌍둥이니 당연하다), 돌아와 보니 지구에 남았던 쌍둥이는 우주여행을 떠났던 쌍둥이보다 네 배 더 늙어 있었기 때문이다. 지구에서 10년이 흐르는 동안 우주선에서는 오직 6년만 흘렀다. 상대성의 신기한 효과 중 하나는 공간이 수축한다는 것이다. 우주 비행사에게 공간의 길이가 더 짧아졌다. 쌍둥이에게 시간은 다른 리듬으로 흘렀고 여행하는 동안 우주 비행사 쌍둥이는 네 번 적게 생일 파티를 한 셈이다. 만약 우주 비행사 쌍둥이의 여행이 충분히 길었고 속도도 충분했더라면, 그가 지구로 돌아올 때 즈음에 지구는 태양에 통째로 삼켜져서 적색거성으로 변했을 수도 있다. 대략 50억 년 안에 지구의 운명은 그렇게 될 것이라 한다. 결론적으로 말하자면, 빛의 속도는 일정하지만 시간과 공간의 좌표는 물리학의 법칙에 따라 변할 수 있다.

이 모든 것이 사실이라는 걸 어떻게 알 수 있을까? 아직까지는 그렇게 빠른 속도로 별과 별 사이를 여행할 수 없지만, 1971년 과학자 하펠Hafele과 키팅Keating이 매우 정확한 세슘원자시계로 지구를 두 번 도는 비행을 했다. 처음에는 동쪽으로 날았고 그다음에는 방향을 바꿔 서쪽으로 날았다. 기준이 되는 시계는 워싱턴 D.C.에 있는 미국 우주 관찰국에 놓았다.[1] 실험 결과, 시계는 특수 상대성 이론에서 말하는 것처럼 다르게 흘렀다. 비록 차이는 매우 미세했지만, 매우 미세한 시간까지 측정할 수 있는 원자시계들은 시간의 차이를 감지할 수 있었다.

과학 뭉게뭉게 ………… 1963년 프리슈Frisch와 스미스Smith는 뮤 입자를 활용해서 이러한 현상을 관찰했다. 뮤 입자는 전자보다 207배 정도 무거운 입자로(마찬가지로 음의 전하), 성층권에서 빛에 가까운 속도로 지표면에 떨어진다. 뮤 입자의 평균 수명, 즉 자연적으로 다른 입자와 충돌하여 붕괴하는 데 걸리는 시간은 대략 22마이크로초다. 프리슈와 스미스는 지표면에서 기대했던 것보다 훨씬 더 많은 뮤 입자를 감

---

1 하펠–키팅 실험(Hafele–Keating Experiment)은 상대성 이론을 확인한 실험이다. 1971년 리처드 키팅과 조지프 하펠은 세슘원자시계를 8개를 준비하여 4개는 지상에 두고 4개는 비행기에 태워 보냈다. 여행을 마친 후 시계들을 측정해보니 지상에 있던 시계보다 비행기에 태운 시계가 10억분의 59초가 느렸다.

지했다. 지표면에는 시간당 27개의 뮤 입자만 떨어져야 한다. 그 시간이면 뮤 입자가 대부분 붕괴하여야 하기 때문이다. 하지만 실제로 감지된 뮤 입자는 412개에 달했다. 이러한 수수께끼를 설명할 방법은 하나밖에 없었다. 빛의 속도에 가깝게 이동하는 뮤 입자에게 지표면에서부터 관찰한 시간은 더 천천히 흐르기 때문이다. 우주 비행사 쌍둥이와 마찬가지로 이동하는 뮤 입자는 늙고 붕괴하는 데 더 많은 시간이 걸린다. 그리고 그러한 이유로 지표면에 더 많은 수의 뮤 입자가 도달하는 것이었다.

그러나 아인슈타인의 연구는 여기서 끝나지 않는다. 아인슈타인은 한 걸음 더 이론을 진전시키기 위해서 끊임없이 연구했고 그 결과 1915년에 일반 상대성 이론을 발표했다. 이 이론은 시공간 기하학에 중력까지 확장한 개념으로 우주를 설명한다. 이 이론은 빅뱅, 우주의 미래, 블랙홀에 관해 이야기하고 있다. 일반 상대성 이론의 결론 중 하나는 시계가 빠른 속도로 이동할 때만 더 천천히 가는 것이 아니라 중력이 강한 영역에 들어갔을 때도 마찬가지로 천천히 간다는 사실이다. 예를 들면 지하에 사는 사람에게 다락방에 사는 사람보다 시간이 더 천천히 간다. 우리가 지표면에서 멀어지면 멀어질수록 지구 중력권에서도 멀어지기 때문이다. 그러므로 만약 저층에 살고 있다면 운이 좋은 걸로 아시길….

다시 한 번 말하지만 중력권의 변화는 아주 미세해서 우리는 일상생활에서 그 효과를 거의 느낄 수 없다. 반면 〈인터스텔라 Interstellar〉 영화의 주인공들은 중력권의 변화를 생생히 느낀다. 영화의 한 장면에서 여러 명의 우주 비행사들이 비행선에서 나와 밀러라는 행성을 탐험한다. 밀러 행성 주변에 강력한 중력을 내뿜는 블랙홀 '가르강튀아'가 있다. 한편 우주선에는 한 명이 남아 대기하고 있다. 우주선 밖으로 나와 밀러 행성을 탐험한 우주 비행사들에게 순식간의 짧은 시간이 흘렀을 뿐이지만(중간에 여러 가지 일들이 일어나지만 여기서 미리 알려줄 생각은 없다), 우주선으로 돌아와 보니 동료는 이미 할아버지가 되어 있었다. 밀러 행성에서의 한 시간이 우주선에서는 일곱 시간에 해당했다.

세밀한 원자시계를 지구의 다양한 높이의 지역에 놓고 관찰하자, 일반 상대성 이론에서 말한 것과 같은 똑같은 결과가 나왔다. 지역의 높이에 따라 나노초의 차이가 나왔다. 실제로 일반 상대성 이론을 이용해서 GPS 위성들이 만들어지기도 했다. 혹시라도 다음에 새집을 얻게 된다면 천재 물리학자 아인슈타인의 이론과 그 효과를 기억하길 바란다. 명심하자, 시간은 금이지만 움직이지 않는 물체가 아니라, 멈추지 않고 흐르는 강물과 같다는 것을. 똑딱, 똑딱….

시간은 존재할까?

"사람들이 내게 물어보지 않아도 나는 그것을 알고 있다. 사람들이 내게 물어본다면 나는 그것을 무시한다." 철학자인 성 아우구스티누스Augustinus는 시간에 대해 이렇게 말했다. 우리는 시간이 무엇인지 알고 있다. 우리는 시간의 변화를 겪고 있고 어떻게 보면 시간표와 시계의 노예이기 때문이다. 인간은 태어나서 늙어가고 결국 죽는다. 도중에 약간의 행운이 따른다면 우리는 무엇인가를 할 수 있을 것이다. 시간은 현재 잡을 수 없는 신비이다. 우리가 '지금'이라고 말하는 순간, 이미 지금은 지나갔다. 그 지금은 과거가 되었다. 모든 게 새롭고 각각의 순간은 특별하다. 카르페 디엠Carpe Diem, 순간에 충실해라. 우리는 시간 속에 잠겨 살고 있다. 그러나 우리에게 시간이 무엇인지 질문하면 아마도 우리는 할 말을 잃은 채 멍한 얼굴을 할 것이다. 이 주제는 몹시 어렵다. 아인슈타인이 과학자들에게 언젠가 말한 것처럼 "시간은 단지 환상일 뿐이다."

시간은 여러 시대와 문화에 걸쳐 아주 다양한 방식으로 인식되었다. 예를 들어 동양의 많은 전통에서 시간은 순환이라는 본질적 성격을 띤다. 우주는 만들어지고 파괴된다. 힌두교의 시바신이 그 일을 맡고 있다. 인간은 환생이라는 순환 속에서 살고 있다. 이것이 영원한 순환의 신화이다. 또한 니체는 역사는 무한히 스스로 반복한다는 말을 했다. 그러나 서양에서는 시간이 직선적이라고 생각했다. 신이 우주를 창조했고 시간은 영원히 미래를 향해 흘러간다. 그것이 마지막 심판이다. 시간은 직선으로 움직이고 발전을 향해 전진한다. 마르크스주의자들에게 역사를 움직이는 힘은 계급 간의 투쟁이다. 그들은 혁명과 공산주의를 향해 움직인다. 그들은 시간이 직선으로 움직이고 반복 없이 미래를 향해 나간다고 말한다.

과학은 시간에 대해 무슨 말을 하는가? 과학자들은 시간과 변화를 연결 짓는다. 모두가 움직이지 않고 변화하지 않는다면 우리는 시간의 흐름에 대해 말할 수가 없다. 그것을 측정하기 위해 우리는 규칙적인 운동을 이용한다. 초침, 추, 태양의 움직임, 그리고 태양 주위의 지구의 움직임을 이용한다. 시간은 물리적인 차원의 것이다. 공간의 세 개의 차원과 함께 사건을 만든다. 만약 당신이 약속을 지키고 싶다면 한 장소에 머물러야 하고(공간의 일치), 시간을 지켜야 한다(시간의 일치). 그러나 시간은 공간과는 다르게 불안정한 요소를 가지고 있다. 공간에서는 사람이 앞, 뒤, 옆, 그리고 위아래로 움직일 수 있지만, 시간은 항상 앞으로만 간다. 게다가 미래는 과거와는 확실하게 다르다. 우리는 모두 과거는 알고 있지만, 미래는 알지 못한다. 그래서 시스템의 무질서를 측정하는 열역학의 단위 엔트로피가 존재한다. 엔트로피는 우리가 시간의 화살을 타고 어디를 향해 가는지를 알려준다. 모든 것은 엔트로피를, 즉 무질서를 증가시키는 방향으로 간다. 이 주제에 대해서는 '우주가 우리의 방처럼 어수선한 이유' 장에서 자세히 다루겠다. 모든 것은 시간이 지나면서 무질서해지고, 시간은 이 증가하는 무질서의 편이다. 많은 사람이 타임머신을 만들려고 했으나 아무도 성공하지 못했다.

고전 물리학인 뉴턴의 물리학은 시간을 절대적 단위로 생각한다. 시간은 항상 똑같이 흐르고 모든 사람은 똑같은 방식으로 그것을 인지한다. 어떤 과거도 시간에 영향을 미칠 수 없고, 시간은 공이 움직이는 것처럼 독립적인 형태로 나아간다. 시간은 직관적인 생각이다. 우리는 일상생활에서 불변의 움직임을 보이는 시계의 규칙적인 리듬을 본다. 하지만 우리에게는 심리적인 시간도 있다. 지루할 때 시간은 천천히 흐른다. 신나는 축제를 하고 있을 때 시간은 빨리 흐른다. 축제는 정말이지 빨리 끝난다! 유년기를 돌이켜보면 그때의 한 시간은 일 년 같았고 일 년은 영원 같았다. 시간이 간신히 흐르는 것처럼만 느껴졌다. 그러나 나이가 들면서 시간은 점점 빨리 흘러간다. 시간은 날아간다. 심리학자들은 어렸을 때는 모든 일들이 새로워서 시간이 천천히 흐르는 것처럼 느껴진다고 설명한다. 그러니 시간의 흐름을 늦추고 싶으면 항상 새로운 일에 도전하라. 시간에 대한 당신의 인식이 바뀔 것이다. 틀에 박힌 일상생활에 전쟁을 선포

하라.

아인슈타인의 상대성 이론에서는 시간을 시공간이란 조직 안에 있는 공간과 관련된 차원이라고 생각한다. 이 경우, 시간은 사건과 별도로 진행하는 것이 아니라 운동에 의존한다. 이미 알고 있겠지만 우리가 빨리 여행할수록 시간은 천천히 흘러간다. 빛의 속도에 도달하면 시간은 멈춘다. 중력 현상을 설명하는 일반 상대성 이론에서 시간은 운동에 의존할 뿐만 아니라 중력장의 강도에도 의존한다. 중력장이 강할수록 시간은 천천히 흘러간다. 다락에서보다 지하실에서 시간이 더 느리게 흘러간다. 천천히 늙고 싶다면 지하실에서 사는 것이 좋다. 하지만 그 효과가 너무 미미하여 잘 느끼지 못할 것이다. 아인슈타인의 시간은 변화하고 탄력적이다. 뉴턴의 시간과는 아주 다르다. 살바도르 달리Salvador Dali는 이 아이디어에서 영감을 얻어 흐물흐물 녹아있는 시계를 그의 유명한 작품 속에 담아냈다.

우리에게 시간은 끊임없이 흐르는 강물 같지만, 영국의 줄리안 바버Julian Barbour 같은 일부 물리학자들에게 우주는 정적인 것이고 시간은 그것을 해석하는 한 형식이다. 우리의 의식 속에서는 역사의 다양한 순간들이 이동하지만, 사실 시간은 흐르지 않는다. 즉 그들에 의하면 시간은 존재하지 않는다.

우리는 왜 과거로 여행할 수 없는가?

인스타그램

tonyrivas_01

행성 간의 법칙이 과거로 여행하는 것을 막는다. 만약 과거로 이동하여 법칙을 어기면 엄청난 벌금을 내야 할지도 모른다!

트위터

@RamonBet

맥주 두 병과 80년대 음악만 있다면야, 누가 과거로 여행을 못 갈까?

페이스북

Danilo Puri Gomez

광학 집광기를 위한 플루토늄이 없어서….

Jony Romero

〈드래곤볼〉에서 시간 여행은 신을 모독하는 행위라서 금지되어 있다.

Pilar Arias

도라에몽이 우리에게 가르쳐 주었다. 무엇인가 변하면 문제가 생기기 쉽다. 지금 그대로 있는 것이 좋다.

인간의 눈은 몇 메가픽셀일까?

네 섬광 같은 눈으로 날 때리렴
네 섬광 같은 눈으로 날 때리렴
난 숨길 게 없어
가진 게 아무것도 없단 걸 넌 알잖아
난 아무것도 없어

아케이드 파이어ARCADE FIRE의 〈Flashbulb Eyes〉

우리는 여기저기서 자주 해상도에 대해 말하는 걸 듣는다. 높은 해상도의 텔레비전, DVD, 블루레이, 높은 메가픽셀의 스마트폰 카메라…. 그렇다면 인간의 눈은 어느 정도의 해상도를 가지고 있을까? 이 질문에 답하기 위해서 먼저 두 가지 전제 질문이 필요한 것 같다. 해상도는 무엇인가? 그리고 인간의 눈은 어떻게 작동하는가?

'해상도[2]'라는 단어는 광학 분야에서 하나의 이미지에서 두 가지 물체를 구분하는 도구 능력을 말한다. 예를 들어 하늘에 두 개의 별이 매우 가까이 붙어 있다고 상상해보자. 별 두 개가 물리적으로 정말 붙어있지는 않을 것이다. 실제로는 첫 번째 별이 두 번째 별보다 더 가까이 있을 수 있고, 혹은 첫 번째 별이 '두 번째 별 뒤에' 있을 수도 있다. 다만 지구에서 바라볼 때 우리의 시선에 별 두 개가 겹쳐 보일 수 있다는 뜻이다. 해상도가 낮은 망원경으로 두 별을 관찰하면 두 개의 별이 보이는 대신 두 개의 별이 겹쳐서 하나의 점 또는 작은 얼룩처럼 보일 수 있다. 반면 해상도가 높은 망원경으로는 두 개의 별이 간격을 두고 떨어져 있는 모습을 선명하게 관찰할 수 있을 것이다.

카메라와 비슷한 다른 도구에도 같은 현상이 적용된다. 해상도가 높으면 높을수록 우리 눈에 보이는 물체들은 더욱 명확히 구분되어 보이며 정밀도가 높아지고 결론적으로 이미지가 더 선명해진다. 해상도가 낮은 카메라로 사진을 찍을 수도 있다. 그러나 사진을 확대하면 사진이 온통 흐리게 보인다. 해상도가 높은 카메라로 찍으면 사진을 확대해도 이미지가 선명하게 보인다. 디지털 이미지들은 컬러 픽셀들로 구성되어 있으므로, 하나의 이미지가 많은 픽셀로 구성되어 있을수록 선명도가 높아질 것이다. 여기서 픽셀은 이미지의

2 역자 주: 이미지를 몇 개의 픽셀 또는 도트로 나타냈는지 그 정도를 표현한다.

'원자' 정도로 생각하면 이해하기 쉽다. 픽셀은 디지털 이미지를 구성하는 최소 단위의 점이다. 다시 말해 이미지의 해상도가 더 좋다. 가장 큰 장점은 이전에도 언급했듯이 해상도가 높은 이미지는 확대해도 선명하다는 것이다.

카메라는 가로와 세로로 분포된 픽셀[3]들로 구성된 직사각형의 이미지를 만들 수 있다. 만약 어떤 이미지가 1,600개의 세로와 1,200개의 가로 픽셀들로 가지런하게 구성되어 있다면, 이 경우 해상도는 사진 면적에 있는 픽셀 수의 합이다. 즉, 가로와 세로의 픽셀 수를 곱하면 '1,600 × 1,200'의 합은 1,920,000픽셀 혹은 1.92메가픽셀[4]이 된다. 이 어휘는 꽤 귀에 익을 것이다. 스마트폰 카메라의 해상도를 표현할 때 사용하기 때문이다. 여기서 한 가지 주의해야 할 점이 있다. 기술이 발전함에 따라 화소 수치는 점점 더 높아지고, 카메라 제조업자들은 항상 스마트폰의 메가픽셀 숫자가 높은 것을 자랑으로 내세운다. 하지만 카메라의 질에 영향을 주는 다른 요소들도 고려해야 한다. 센서와 픽셀의 크기, 렌즈의 특징 그리고 이미지 프로세싱 소프트웨어까지 고려해야 한다.

그렇다면 우리의 눈은 어떨까? 카메라와 같이 픽셀이 있을까?

---

3 역자 주: '픽셀(Pixel)'은 'Picture Element'를 줄인 단어로, 이미지를 구성하는 최소 단위인 점을 뜻한다. 화소라고 부르기도 한다.

4 역자 주: 메가픽셀이란 100만이란 숫자를 뜻하는 메가(Mega)와 화소를 뜻하는 픽셀의 합성어로 100만 화소를 의미한다. 카메라에 기재된 2.0은 200만 화소, 5.0는 500만 화소를 의미한다.

일단 중요한 것부터 짚고 넘어가자. 우리 눈은 어떻게 작용할까. 빛은 각막을 통과하고 눈동자를 지나간다. 눈동자는 들어오는 빛의 양을 조정하기 위해서 수축 또는 팽창한다. 최종 이미지는 눈 안쪽에서 스크린처럼 작용하는 망막에 투영된다. 망막에 도달하는 빛은 일련의 전기 화학 정보로 변환되고, 시신경은 이렇게 변환된 정보를 뇌로 전달한다. 마지막으로 뇌는 전달받은 이미지를 해석하는 역할을 한다.

과학 뭉게뭉게 .... 지금까지 살펴봤듯이 눈은 꽤 복잡한 기관이다. 빛을 끌어모으고 초점을 맞추며 그것을 전기 신호로 변환한다. 한편 뇌는 그러한 전기 신호를 이미지로 변환한다. 이는 매우 높은 수준의 기술이다. 그래서 창조주의자들은 다윈의 진화론을 거부한다. 그리고 성경이 말하는 것처럼 하느님이 세상과 인간을 7일 만에 창조했다고 믿으며, 우리 인체의 신비로움을 그 증거로 댄다. 그들은 우리들의 눈이 너무나도 복잡하기 때문에 맹목적인 우연을 통해 진화론에 따라 창조될 수 없었을 거라고 단언한다. 눈은 하느님이 창조했다. 지적 설계Intelligent Design[5] 옹호자들은 이와 유사한 이론을 가지고 있다. 그러나 이들은 종교적인 요소를 그보다 더 우월한 지적 요소로 대체한다. 그렇지만 잘 살펴보면 결국에는 그들이 피하고 싶어 하는 신의 창조론 개념과 매우 비슷하다.

---

5 역자 주: 생명의 기원과 발달을 지적 설계자의 행위로 보고 그 설계를 탐지하는 이론이다. 유기체의 생물학적 정보를 설명할 능력이 없는 다윈주의에 대한 대안으로 부상하고 있다.

그러나 위의 말은 옳지 않다. 저명한 생물학자 리처드 도킨스Richard Dawkins와 같은 과학자들은 자연도태Natural Selection[6]가 눈을 만든 과정과 실제로 눈이 완벽한 도구가 아니며 엉뚱한 진화가 만들어 낸 전형적인 결함이 있다는 것을 증명했다. 만약 전지전능한 신이 설계한 거라면 당연히 잘 설계했을 것이다. 아무도 하느님이 실력 없는 설계자라고 말할 수 없을 것이다.

다시 본론으로 돌아가자. 망막에서, 즉 우리 눈 가장 안쪽에 있는 스크린과 같은 기관에서 빛이 들어오고 우리가 앞에서 말한 전기 자극이 생산된다. 망막[7]에는 무엇이 있나? 빛의 자극을 받아들이는 두 개의 시세포 종류, 외관에 따라 이름 지어진 원뿔세포와 막대세포가 있다. 인간의 눈에는 빛을 감지할 수 있는 1억 개가 넘는 빛 감지 세포와 백만 개가 넘는 시신경 세포가 있다. 그중에서 대략 600만 개는 원뿔세포이고 나머지는 막대세포다. 이들 세포는 다양한 기능이 있다. 원뿔세포들은 망막의 중앙부에 있으며 색을 인지한다. 파란색, 빨간색 그리고 초록색을 구분한다. 한편 막대세포는 망막의 주변부에 있고 빛을 감지하는 기능이 있어 빛의 강도를 인지한다. 그래서 어둠 속에서 곁눈으로 사물을 바라볼 때 종종 옅은 빛만, 예를 들면

---

6 역자 주: 동종의 생물 개체 사이에 일어나는 생존경쟁에서 환경에 적응한 생명체만 살아남아 자손을 남기게 되는 현상을 일컫는다.

7 역자 주: 안구의 가장 안쪽을 덮고 있는 투명한 신경조직으로 안구 내로 들어온 빛은 망막의 내층을 지나 망막의 시세포에 감지된다. 시세포는 빛 정보를 다시 전기적 정보로 전환하고 이 정보는 망막 내층의 세포를 통해 시신경을 지나서 뇌로 전달된다. 이 과정을 거쳐 우리는 사물을 볼 수 있다.

멀리 있는 기계의 깜박이는 빛만 감지할 수 있는 것이다. 망막의 막대세포들이 망막 주변에 있어서 그 빛을 감지하는 것이다.

이쯤 되면 이제 우리 문제를 본격적으로 다뤄 볼 수 있겠다. 우리 눈의 해상도는 과연 얼마일까? 우리는 유추를 통해서 답을 모색할 수 있다. 모두들 알겠지만 우리 눈은 디지털 기계가 아니기 때문이다.

먼저 우리 눈을 카메라와 비교하는 것은 좀 문제가 있다. 눈은 끊임없이 이미지를 인지하고 다양한 환경에 적응하며 좀처럼 쉬지 않기 때문이다. 그리고 인지하는 모든 것, 무엇보다도 우리 뇌가 후천적으로 구성하는 이미지들은, 그 어떤 카메라나 인공지능 시스템으로도 아직은 대체할 수 없다. 실제로 우리 눈은 카메라보다는 비디오카메라에 더 근접한 것 같다. 그런데도 우리는 우리 눈의 해상도를 어림잡아 계산해볼 수 있다. 우리는 눈에 대략 600만 개의 원뿔세포가 있다고 했다. 앞에서 언급한 픽셀들과 유추해서 생각해보면, 대략 6메가픽셀의 해상도라고 계산할 수 있다. 그러나 막대세포도 기억하자. 약 1억 개의 막대세포가 있다고 했으니 합하면 우리 눈은 총 106메가픽셀 정도의 해상도를 가지게 된다.

이뿐만 아니라 우리 눈은 움직일 수 있으며 넓은 면적을 시야에 담을 수 있다는 사실도 고려해야 한다. 우리 눈은 수평 120도 그리고 수직 120도의 공간을 시야에 담을 수 있다. 미국 지질 조사국US Geological Survey 로저 클락 박사Doc. Roger Clark의 계산에 따르면 한 픽셀을 가로, 세로 각각 0.3분각(1분각은 1도의 1/60)이라 할 때, 우리 눈의 해상도는 대략 576메가픽셀 정도다. 휴대폰의 카메라들은 2, 5, 12, 16 메가픽셀을 가지고 있다…. 그리고 세계에서 가장 높은 해상도를 자랑하는 세계 최강의 디지털카메라 중 하나인 다크 에너지 카메라Dark Energy Camera[8]는 570메가픽셀이며 그 가치는 3,500만 달러 정도이다. 이렇게 보면 인간의 눈은 돈으로 환산할 수 없는 어마어마한 가치를 지니고 있다.

8 페르미 연구소에서 3억 개의 은하를 관측하여 우주 지도를 만들기 위해 제작한 카메라이다. 칠레 천문관측소에 있다. .

인간의 눈은 몇 메가픽셀일까?

인스타그램

heichou_bicho

인간의 눈은 576메가픽셀이다. 물론 예외는 있다. 옆집 여자 혹은 수다쟁이의 눈은 일반인들보다 훨씬 진화하여 20,000메가픽셀이다. ☺

srtdrea

나는 근시다. 그러니까 내 눈은 싸구려 스마트폰의 질 나쁜 카메라 정도 되겠다.

ivancores77

축구 대표 팀이 올해 꽤 고전할 거라는 걸 볼 수 있을 만큼의 메가픽셀을 가지고 있을 것이다.

색깔은 존재하지 않는다

옷가게에 가면 푸른색 스웨터와 검은색 스웨터 중 하나를 골라야 할 때가 있다. 나는 한참 동안 두 개의 스웨터들을 집중해서 여러 번 번갈아 보며 망설인다. 다른 사람들은 내가 섬유를 숭배하는 것인지, 거기서 뭔가를 찾아내려고 하는지 의아해할 수도 있다. 저 사람은 스웨터 하나 사는 데 도대체 뭘 그렇게 뚫어지게 보며 생각하는 거지? 솔직히 말하자면 나는 색맹이다. 그래서 색깔을 구분해야 할 때 항상 도움을 청하곤 한다. 물론 혼자 선택할 때도 있긴 하다. 그래서 내 옷장에는 푸른색 셔츠가 한 장, 그리고 검은색 셔츠가 무려 4장이나 있다. 검은색을 좋

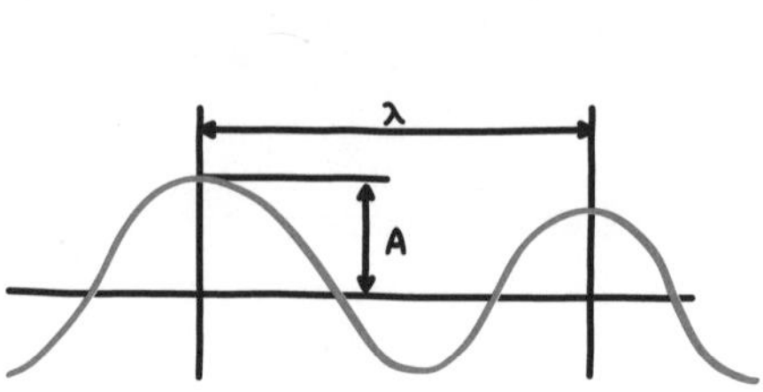

아해서, 혹은 검은색이 나에게 잘 어울려서 일부러 그렇게 많이 산 게 아니란 말이다. 검은색 셔츠로 가득 찬 옷장보다 더 최악의 에피소드도 있다. 내가 안경을 새로 맞추고 집에 간 날, 딸아이가 나를 보고 얼마나 웃었는지 모른다. 내가 은색 테두리 안경이라고 믿었던 새 안경은 실제로는 연보라색이었다.

물리학에서, '빛[9]'은 전자기 스펙트럼Electromagnetic Spectrum[10]으로 알려진 복사 영역의 일부로 간주한다. 그러나 우리가 일반적으로 빛이라고 부르는 것은 그 스펙트럼의 일부에 불과한 것으로 인간의 눈이 감지할 수 있는 것에 국한된다. 모든 전자기 복사Electromagnetic Radiation[11]와 마찬가지로, 광자라고 불리는 빛 입자로 구성되어 있다. 빛은 파동성과 입자성 둘 다 가지고 있는 물리적 특성이 있다. 그리고 모든 파동처럼, 빛의 경우 횡파[12]로서 파동의 너비, 주기 혹은 길

---

9 역자 주: 시신경을 자극하여 물체를 볼 수 있게 하는 일종의 전자기파. 전자파의 영역에서 파장은 일정한 범위에 있고 가시광선으로 한정하는 경우가 있으나 일반적으로 적외선과 자외선을 포함한다. 더욱이 짧은 파장인 X선과 감마선을 포함하기도 한다. 파동으로서 성질을 강조하는 경우 광파라고 부르지만 이때 각 파장은 대응되는 에너지의 광자를 가진다. 원자 · 분자들이 에너지 준위(準位) 간의 천이에 의해 빛을 흡수 또는 방출하는 것과 거의 비슷하다. 에너지의 전파경로를 광선이라 하고, 빛을 광선 또는 이의 집합으로 취급하기도 한다. 빛은 원래 눈을 자극하여 시각을 발생시키는 가시광선을 의미하고 이것을 응용한 역사는 인류의 발달사와 함께 한다.

10 역자 주: 전자기파를 파장에 따라 분해하여 감마선, X선, 자외선, 가시광선, 적외선, 마이크로웨이브, 라디오파 등으로 배열한 것이다.

11 역자 주: 파장이 짧은 감마선부터 파장이 긴 라디오파까지 포함하는 에너지이다. 빛의 속도로 진행하며, 다양한 물질에 에너지를 전달하면서 다양한 반응을 일으킨다.

12 역자 주: 빛과 라디오파, x-ray 같은 전자기파도 전자기장의 세기 변화가 파의 진행 방향과 수직으로 일어나므로 횡파에 속한다.

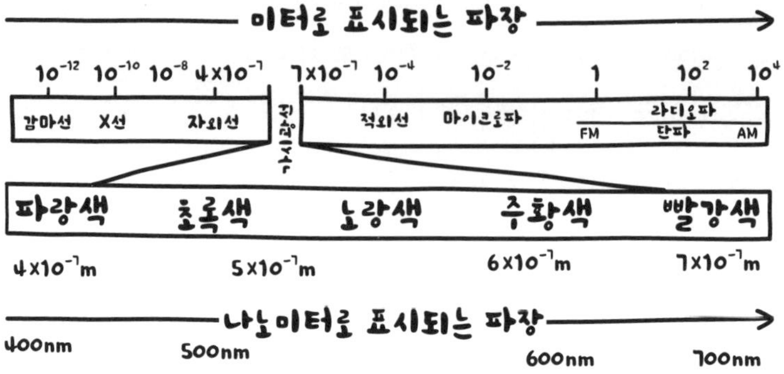

이와 같이 그것을 정의하는 속성을 가지고 있다.

이렇게 말하고 보니 실제로 색깔은 존재하지 않는다. 그저 우리 눈이 감지하는 다양한 파동의 길이를 뇌와 뇌 신경이 해석하는 것일 뿐이다. 내가 색이 존재하지 않는다고 말하는 건 어떤 물체가 본래부터 특정 색을 가지고 있지 않다는 의미이다. 어떤 물체의 색깔을 만드는 것은 바로 그 물체에 반사되는 빛이기 때문이다. 가시광선의 스펙트럼은 무지개색의 빛의 성분이 있다. 사과가 빨갛게 보이는 이유는 우리 눈이 빨간색 빛은 반사하고 나머지 빛은 흡수하기 때문이다. 파란색 스웨터는 파란색 빛을 반사하고 나머지는 흡수하기 때문에 그렇게 보인다. 색에 대한 감각은 우리 머릿속에만 존재한다. 우리가 세상을 보는 방식이다. 그렇지만 우리 뇌 밖의 영역에서 색깔들은 실제로 그렇게 존재하지 않는다. 나는 딸아이에게 이렇게 설명하며 나를 변호할 수도 있었다. 내 안경테는 사실은 연보라색이 아니라 단순하게 연보라색을 특징지어주는 파동의 길이가 그 색을 더 많이 반사하는 것뿐이라고 말이다. 그러나 그 순간 마음껏 웃고 있는 딸아이의 재미를 훔치고 싶지 않았다. 딸아이가 나를 보고 웃는 게 더 중요하다고 생각했다. 나는 딸아이가 나를 보고 즐기게 놔뒀다.

다시 말해 우리가 어두운 곳에 있는데 반사될 빛이 없다면, 물체들은 아무 색깔도 띠지 않을 것이다. 검은색은 무채색이다. 어떤 물체가 검은색으로 보이는 것은 검은 사물이 모든 진동수의 빛을 흡수해 버리기 때문이다. 그래서 검은색 옷은 더 따뜻하다. 반면 하얀 사물은 모든 빛의 색깔을 반사한다. 하얀색 셔츠는 모든 빛을 반사하고 어떤 색도 흡수하지 않기 때문에 시원하다. 그래서 이비사Ibiza에 사는 사람들은 대부분 흰색 옷을 입는다.

한 가지 놀라운 사실은 우리가 파란색이라고 부르는 색깔이 나에게 같은 색이 아닐 수도 있다는 것이다. 사람들이 보는 바다가 내게는 빨간색으로 보일 수 있지만, 나는 어릴 때부터 바다는 파란색이라고 배웠기 때문에 '내 눈에 빨간색인 바다'를 파란색이라고 부른다. 어떻게 보면 우리는 뇌가 조종하는 대로 살고 있으므로 이것을 증명하기 어렵다. 어떻게 다른 사람에게 내가 보는 빨간색을 설명할 수 있을까? 어떻게 선천적으로 시각 장애를 가진 사람에게 색을 설명할 수 있을까?

과학 뭉게뭉게 광선이 대기권에 떠다니는 작은 물방울들을 통과할 때 태양빛은 가시광선 스펙트럼에서 굴절하며 변한다. 그래서 대기가 젖어 있고 광선의 입사각이 허용될 때 무지개가 만들어진다. 가시광선의 스펙트럼 내의 색은 이어져 있지만 기본적으로 7가지 색으로 그룹 지어진다. 빨강, 주황색, 노란색, 초록색, 파랑 그리고 남색과 보라색이 그것들이다.

아이작 뉴턴Isaac Newton은 빛이 파동의 특징을 가지고 있다는 사실을 몰랐던 시대에 살았었다. 그는 당시 장난감처럼 사용되었던 프리즘 한 쌍으로 이유를 알 수는 없었지만 1967년에 광선을 분해하는 데 최초로 성공했다. 신기한 것은 그때에는 색의 순서(빨간색–주황색–노란색–초록색–파란색–남색–보라색)가 지금 우리가 알고 있는 것과 달랐다는 사실이다. 왜 일곱 가지 색일까? 분명히 더 많은 색이 구분되었을 텐데? 남색이 정확하게 어떤 색인지 아는 분? 내 안경테의 색과 비슷할까? 실제로 여섯 개 혹은 여덟 개의 색을 구분했었을 수도 있었다. 하지만 7을 기초로 간주하는 그리스 문화의 영향으로 인해 7가지 색으로 구분했던 것 같다. 혹시 피타고라스가 7개의 음표를 설정한 것과 동화에서 7이라는 숫자가 보편적으로 등장하는 게 모두 우연이라고 생각하는 건 아니겠지? 그렇지? 백설공주 씨?

호기심 뭉게뭉게 .... 피터 가브리엘Peter Gabriel, 레드 제플린Led Zeppelin, 크랜베리스Cranberries, 그리고 핑크 플로이드Pink Floyd의 앨범 표지를 만든 영국의 훌륭한 그래픽 디자이너 스톰 소거슨Storm Thorgerson은 이미 1973년부터 무지개 색을 사용했었다. 봅 픽bob peak 역시 1979년에 〈스타 트렉Star Trek〉 포스터를 디자인할 때, 트레키즈[13]를 위해서 무지개를 사용했다. 또한 1976년에는 스티브 잡스

13 역자 주: 〈스타 트렉〉의 열성적인 팬들을 가리키는 단어이다.

Steve Jobs가 디자이너 롭 자노프Rob Janoff에게 디자인을 의뢰해서 애플의 두 번째 로고가 등장했다. 이는 뉴턴의 창의적인 사과 로고가 나타난 지 불과 1년 뒤의 이야기로 롭은 애플에 무지개색을 입혔다.
이 모든 사실을 고려할 때, 70년대의 무지개는 단순한 광학적 그리고 기후적 현상을 뛰어넘었다고 생각할 수밖에 없게 한다.

가시광선 스펙트럼 범위는 빨간색(빨간색의 파장은 대략 700나노미터 정도)부터 보라색(보라색의 파장은 대략 400나노미터 정도)까지이다. 이 두 색 사이에 나머지 색들이 파장에 따라 무지개 색깔과 석양 무렵 볼 수 있는 모든 톤으로 순서대로 나열되어 있다. 빨간색보다 더 긴 파장은 적외선 또는 라디오파라고 하며 우리 눈에 보이지 않는다. 보라색보다 파장이 짧으면 자외선, X선 또는 감마선이고 마찬가지로 눈에 보이지 않으며 에너지가 많아서 우리에게 해를 입힐 수도 있다. 존재하는 모든 빛 중에서 우리는 빨간색부터 보라색 대역 안에 속한 적은 영역만 볼 수 있다. 나머지 대역에 포함된 것은 기구를 이용해야 볼 수 있다. 예를 들면 영화 〈터미네이터Terminator〉에서 봤던 것처럼 우리는 적외선 카메라로 어둠 속에서 사람들을 볼 수 있다. 인간의 체온 때문에 적외선 대역에서 빛을 발산하기 때문이다. 우리 몸이 발산하는 열에 따라 빛난다고 생각하면 이해하기 쉽겠다. 적외선 스펙트럼을 감지할 수 있는 능력을 타고난 뱀, 피라냐 그리고 모기들은 이 사실을 잘 알고 있다. 그래서 모기들은 어두운 곳에서도 귀신같이 우리를 잘 찾아낸다.

그러면 여기서 다시, 내가 제일 좋아하는 색인 파란색을 띠고 있는 몇몇 색을 잘 구분하지 못하는 나의 시각 능력에 대해서 말해 보자. 색맹증은 우리가 빛을 어떻게 보느냐에 따라 색이 다르게 보인다는 것과 우리가 모든 색을 똑같이 인지하지 않는다는 사실의 증거이다. 이러한 조건은 수학자이자 화학자인 존 돌턴John Dalton이 발견하였고, 이 증상을 그의 이름을 따라서 돌터니즘(색맹증)이라고 한다. 색맹증은 유전자적 결함으로 선천적으로 타고나며 여자는 0.5%, 남자는 8%로 여자보다 남자에게 더 많이 나타난다. 색맹증에는 다양한 종류가 있다. 어떤 색도 볼 수 없는 전색맹인 사람부터 빨간색, 초록색 또는 파란색과 같이 1704년에 뉴턴이 《광학》에서 발견한 원색을 구분할 수 없는 사람들도 있다.

색맹증의 원인은 앞 장에서 살펴본 망막의 수용기인 막대세포와 원뿔세포와 관련 있다. 막대세포는 빛의 강도를 측정하고 검은색과 하얀색 그리고 모든 회색 톤을 구분하는 역할을 하지만, 원뿔세포는 빛의 3원색인 빨간빛, 초록색 그리고 파란색을 구분하는 역할을 한다. RGB는 빨강(Red), 초록(Green), 파랑(Blue)의 앞글자를 합친 것으로 빛의 3원색 색상표를 의미하며 영화관의 프로젝터, 옛날 텔레비전 진공관 혹은 많은 레이저 프린터기에서 발견할 수 있다. 컴퓨터공학자 또는 그래픽 디자이너들은 세 가지 색을 조합하여 모든 색을 0~255단계의 256가지 색으로 정의한다. 처음에 Red, Green, Blue의 각 단계를 6단계로 나눈 216색의 모니터에서 색을 구분할 수 있었던 이유다. 24바이트의 우월한 모니터는 현재 1,670만 개의 색을 보여줄 수 있게 한다. 같은 방식으로 그래픽 예술 분야에서는 팬톤 스케일을 사용하는데, 팬톤 스케일은 각 색에 코드를 부여해서 집을 칠하거나 회사의 로고 색을 정할 때 매우 유용하다. 그러나 우리 망막에는 노란색을 수신할 수용기가 없고 노란색은 빨간색과 초록색을 섞어서만 수신될 수 있다. 색맹증이 있는 사람들은 원뿔세포의 색소를 생산을 담당하는 유전자가 변형되어서 해당 색소의 결함 때문에 일정 색을 보는 데 어려움을 겪는 것이다.

굳이 내 색맹증 때문이 아니더라도 나는 항상 색의 세계가 궁금했었다. 같은 빨간색이라도 얼마나 다양한 톤이 존재하는가. 립스틱 판매대를 보시라. 같은 빨간색 계열이라도 '러시안 레드'라는 색도 있다. 스페인의 어느 유명한 가수는 자신을 러시안 레드로 부르기도 한다. 그리고 색에 관련된 전설들도 있다. 진짜인지 거짓인지는 모르겠지만, 이누이트는 얼음으로 덮인 평야에 살기 때문에 다른 사람들은 구분할 수 없는 다양한 종류의 하얀색을 구분할 수 있다고 한다. 나에게는 벽의 색이 오프 화이트[14]인지, 황색이 도는 흰색인지, 뉴클리어 흰색으로 칠해졌는지 구분할 능력이 없지만 말이다.

이 밖에도 나는 자연이 색을 어떻게 활용하는지 보면 너무나 경이롭다. 카멜레온이 색을 바꿔 위장하는 것처럼 동물들은 적의 눈에 잘 띄지 않기 위해서, 또는 다양한 목적을 달성하기 위해서 눈에 잘

---

14 역자 주: 어떤 색에 흰색을 다량으로 혼합하면 거의 백색으로 보일 만큼 밝은 색이 되기는 하지만 흰색과는 다소 차이가 나는 색조를 띠게 되는데, 그러한 색을 통틀어서 오프 화이트라고 부른다.

띄려고 색을 활용한다. 어떤 동물들은 상대 동물에게 더 매력적으로 보이기 위해 색을 활용하고, 또 어떤 동물들은 위험을 경고하기 위해 색을 활용한다. 말벌 또는 일부 독사들은 특히 위험하므로 조심해야 한다. 그리고 동물은 피부 색소를 활용해 광선으로부터 자신을 보호하기도 한다. 인간들은 꽤 이상하게도, 많은 돈을 투자해서 피부색을 바꾸고 싶어 한다. 소위 '태닝'이라는 걸 즐겨 하니 말이다. 화려한 색의 꽃들은 새와 벌을 끌어들여서 번식하고자 하는 목표를 달성한다. 색이 더 화려하고 매력적일수록 수분이 더 쉬워진다. 덕분에 우리는 다양한 색감의 화려한 꽃들을 즐길 수 있다. 모두 알다시피 꽃은 집을 꾸미고 선물할 때 매우 유용하다.

과학 뭉게뭉게 ·············· 내가 좋아하는 동물 중 하나는 바로 맨티스 새우다. 〈월–E〉를 떠올리게 하기 때문만은 아니다. 맨티스 새우는 호주의 그레이트 배리어 리프Great Barrier Reef 지역에 살며 과학적으로 가장 복잡한 시각을 가지고 있다고 알려져 있다. 인간이 단지 세 종류의 광수용기Photoreceptor를 가지고 있는 반면, 맨티스 새우의 눈은 열두 종류의 다른 광수용기를 가지고 있다는 사실이 이를 증명한다. 그리고 편광(Polarized right)과 적외선 및 자외선을 통과하는 복사광을 구분할 수 있다. 각각의 눈은 독립적으로 움직일 수 있으며 세 부분으로 나뉘어 있는데, 각각 가짜 눈동자를 가지고 있다. 따라서 맨티스 새우는 동시에 먹이를 세 개의 이미지로 볼 수 있다. 삼안 시각이 가능하고 깊이를 인지할 수 있는 탁월한 능력이 있다. 얼마나 특별한지 과학자들은 맨티스 새우를 연구해서 DVD 기계를 기술적으로 개선하고자 한다.

Blu-ray 다음에 나올 기계는 아마도 이 갑각류의 학명인 'Gonodactylus smithii'가 되지 않을까?

맨티스 새우의 특별한 점은 이뿐만이 아니다. 아직도 대단한 사실이 남았다. 맨티스 새우의 사촌쯤 되는 권총 새우 또는 갑옷 새우가 자신들의 집게로 물에 압력을 가하면, 그것이 얼마나 세고 빠르고 강한지 이때 생성하는 물거품은 강한 충격파를 만든다. 게다가 물거품의 음파 발광이 얼마나 강력한지 순간 온도를 거의 6,000도까지 데우는데, 이는 태양 표면의 온도와 같은 수준이다. 먹이를 잡기 위해 집게로 충격파를 가하면 먹이는 단번에 죽거나 '발사' 효과로 바로 정신을 잃게 된다. 수족관의 일반 벽으로는 이들의 충격을 견딜 수 없다. 맨티스 새우만을 위해 특별히 제작된 유리벽을 갖춘 수족관이 필요하다. 그야말로 산호초에 사는 엘리트 저격수라 할 수 있겠다!

하늘은 왜
파란가?

나의 딸이 아주 어릴 때, 휴가 중에 해변에서 내게 물었다. "아빠, 하늘은 왜 파란색이에요?" 그때 나는 물리학 지식에 대한 나의 한계를 느끼며 완전히 과학적인 답변을 할 수도 있었을 것이었다. 그러나 마르타는 고작 예닐곱 살 정도의 나이였다. 나의 대답을 이해하지 못할 게 분명했다. 그래서 나는 어린 시절 어머니가 말해줬던 답변을 그대로 들려주기로 했다. "얘야, 파란색 바다를 비추고 있어서 하늘은 파란색이란다." 마르타는 내 말을 이해한 것처럼 보였다. 그러나 잠시 후, 고개를 들고 다른 질문을 던졌다. "반대 아니에요, 아빠?" "파란색 하늘을 비추니까 바다도 파란 게 아닌가요?"

구름이 낀 흐린 날이거나 대기 오염이 심한 날이거나 혹은 깜깜한 밤을 제외하면 우리 머리 위의 하늘은 거의 항상 파란색이다. 녹색이나 보라색 하늘은 이상할 것이다. 에드바르트 뭉크Edvard Munch의 그림 〈절규〉에 나오는 하늘처럼 불타는 색깔이 미묘하게 섞인 불쾌한 하늘색도 이상할 것이다. 1997년 알레한드로 아메나바르Alejandro Amenabar 감독의 영화 〈오픈 유어 아이즈Open Your Eyes〉의 미국판 영화 제목처럼 바닐라 색이라면 더욱 이상할 것이다. 스페인 원작의 이 영화는 2001년에 〈바닐라 스카이Vanilla Sky〉라는 제목으로 미국판으로 다시 만들어졌다.

태양으로부터 나오는 빛이 흰색인데 왜 하늘은 정확하게 파란색일까? 하늘의 파란색은 태양의 흰색과 상관이 있다. 이미 우리는 흰색의 빛이 눈에 보이는 모든 색의 빛의 혼합이라는 것을 알고 있다. 파장의 길이가 길고 주파수가 낮은 에너지가 적은 붉은색부터 파장의 길이가 짧고 주파수가 높은 에너지가 많은 보라색까지의 모든 색이다. 우리 눈은 그 범위의 주파수를 볼 수 있다. 태양이 가장 많은 에너지를 발산하는 것처럼 우리 눈은 그런 주파수를 잡도록 적응하면서 진화했기 때문이다.

붉은빛을 넘어서 전자기 스펙트럼에는 적외선의 빛이 있다. 적외선은 온도 때문에 물체에서 복사가 생기는 것이며, 밤에 물체가 보이도록 만든다. 라디오 장비에 잡히는 라디오 파장도 있다. 오늘날에는 인터넷의 팟캐스트가 많이 들린다. 이 모든 주파수는 가시광선의 저주파이고 에너지를 적게 가지고 있다.

파란색 위에는 자외선[15], 감마선[16]이 있다. 이런 유형의 빛은 눈에 보이는 것보다 높은 파장을 가지고 있다. 따라서 에너지가 더 많다. 이런 모든 주파수 중에서 우리 인간은 붉은색에서 보라색까지 눈에 보이는 파장의 스펙트럼만 볼 수 있다. 나머지는 우리 눈에 보이지 않는다. 그중에서 우리가 말하는 것은 전자기 방사선이다. 그것은 우주로 확장되는 전자기장에서의 진동이다.

과학 뭉게뭉게 .... 우리 뇌는 세상을 있는 그대로 인식하지 못하고 이용 가능한 감각을 통해서 세상을 해석한다. 내 말은 우리가 보지 못하는 빛과 듣지 못하는 소리가 많이 있다는 것이다. 개들이 인간이 듣지 못하는 소리인 초음파를 들을 수 있다는 것은 이미 널리 알려져 있다. 과학자들은 하늘을 조사하기 위하여 다양한 주파수를 이용한다. 우리가 볼 수 있는 세상은 하나지만 가시광선 망원경, X선 망원경, 라디오 주파수 망원경, 자외선 망원경으로 보면 제각기 다른 모습으로 보인다. 그래서 빛의 범위에 따라 우주는 다양한 모습을 보여준다.

이제 다양한 유형의 빛에 대한 앞의 간단한 설명으로 우리는 하늘이 파란색인 이유를 묻는 질문에 답할 수 있다. 그것은 지구의 대기와 관련이 있다. 흰빛은 태양에서 대기에 도달한다. 아주 빨라서 8분 30초밖에 걸리지 않는다. 즉 태양이 꺼진다면 우리가 알아차리는 데 딱 그만큼의 시간이 걸릴 것이다. 대기는 레일리Rayleigh 산란[17]

---

15 해변에서 우리의 피부를 타게 만든다.

16 핵반응에서 발산되며 생명체에게 아주 위험한 것이지만 슈퍼 영웅이 등장하는 만화책에는 많이 나온다.

이라는 것을 겪는데, 발견자인 영국의 레일리 경을 기념하는 명칭이다. 그는 1870년경에 이 현상을 연구했다. 이런 산란은 파장의 길이보다 훨씬 작은 입자들 사이로 방사선이 퍼질 때 일어난다.

빛의 직진이 변화하는 레일리의 산란은 파장의 길이의 4제곱에 반비례한다. 이것은 파장의 길이가 길수록 산란이 적다는 것을 의미한다. 반비례하기 때문이다. 파장 길이의 값은 산란에 큰 차이를 준다. 작은 파장의 길이와 큰 파장의 길이에 따른 산란은 큰 차이가 날 것이다. '4제곱'이기 때문이다.

결국 파장의 길이가 긴 붉은색은 산란이 적고 파장의 길이가 짧은 파란색은 산란이 많다. 둘 사이의 산란의 차이는 아주 크다. 붉은색은 공기 중으로 들어와 직진을 유지한다. 그래서 해질녘에 태양 주변의 붉은색을 볼 수가 있다. 반면 파란색은 산란이 크고 사방으로 퍼진다. 그래서 하늘을 파란색으로 물들인다. 우리가 하늘을 쳐다보면 파란빛의 광선이 우리 눈에 들어오는 것이다. 파란색이 산란되면서 태양은 조금 노란색으로 보인다. 그러나 대기를 벗어나면 우주 공간의 검은색과 대비되어 태양은 완전히 하얀색으로 보인다. 대기가 아니라면 지구에서 하늘을 볼 때 비관적이지만 검은색으로 보일 것이다.

---

17 역자 주: 파장이 물체에 부딪쳐 흩어지는 현상이다.

호기심 뭉게뭉게 .... '나의 침묵은 파란색, 너의 결백은 파란색, 우리의 포옹은 파란색' 내가 좋아하는 노래 〈파란색〉의 가사이다. 이 노래는 그룹 엘레판테스Elefantes가 엔리케 번베리Enrique Bunbury와 함께 부른 것이다. 왜 파란색일까? 아마도 이 색이 평화와 고요와 관련이 있으면서도 심리적으로 우울함이나 슬픔을 나타내기 때문일 것이다. 그래서 앵글로색슨족은 파란색을 슬픔과 동의어로 사용한다. 'He was feeling blue'처럼 말이다. 'blue'는 우울한 스타일의 음악 장르를 지칭할 때도 사용된다. 1월 세 번째 주 월요일의 이름은 'Blue Monday'이다. 그 날은 일 년 중 가장 힘든 날로 소개된다. 사이비 과학처럼 신빙성이 없는 설명과 더불어 여기에는 여러 가지 해석이 있다. 크리스마스 선물 때문에 계좌에 돈이 별로 안 남아서, 휴가가 아직 너무 멀었기 때문에, 겨울의 추운 날씨와 매주 월요일의 피할 수 없는 스트레스 때문에 등 갖가지 이유가 있다. 스페인에서는 그것을 단순하게 '1월의 돈이 궁한 시기'라고 부른다.

산란은 왜 나타나는가? 빛은 파장인 동시에 양자 물리학의 이상한 특성이기도 한 입자이기 때문이다. 즉 빛은 파장-입자의 이중성을 가진다. 레일리는 양자 법칙이 발견되기 전에 연구했다. 빛의 입자는 광자라고 불리는데 아인슈타인이 광전자의 본질을 연구하다가 발견했다. 광전자 법칙을 발견한 공로로 아인슈타인은 노벨상을 받았다. 광전자는 상업 중심지에서 사람이 나타나면 자동으로 열리는 자동문을 탄생시켰고 광전지 판이 전기를 만들어내는 걸 가능하게 했다. 빛을 대기에 영향을 미치는 다양한 에너지의 광자를 조정하는 것이라고 본다면, 공기 중의 먼지나 물방울을 만나면 광자가 어떻게 그 진로를 벗어나는지 상상할 수 있다. 파란색의 광자는 많은 에너지를 가지고 있어서 대기 중에서 사방으로 퍼져 나간다. 그것은 마치 기계 안에 있는 공과 같다. 그래서 하늘을 파란색으로 만들어 준다. 녹색도 보라색도 베이지색이나 흰색도 아니고, 당연히 바닐라 색도 아니다.

하늘은 왜 파란가?

인스타그램

heichou_bicho

지구 사람들 대부분이 색맹이 아니기 때문이다. ☺

트위터

@MisTuiteres

인스타그램의 필터 때문에.

페이스북

Samuel Baena Hayas

사이클롭스[20]에게는 붉은색이다. 모든 것이 사이클롭스에겐 붉은색이다.

---

18 역자 주: 마블 코믹스의 등장인물. 〈엑스맨〉 시리즈에서 중요한 역할을 맡고 있으며 눈에서 빔이 나온다.

구름의 무게는 코끼리 몇 마리의 무게일까?

나는 어렸을 때 모든 구름이 곰처럼 생겼다고 생각했다. 왜 그랬는지 이유는 물어보지 마시길, 나도 모르겠으니 말이다. 어쩌면 만화 시리즈 〈재키와 누카Jackie and Nuca[19]〉가 큰 영향을 줬을지도 모르겠다. 사냥꾼들이 엄마 곰을 죽이자 나와 실비아 누나처럼 쌍둥이인 새끼 곰들이 숲속에서 길을 잃어버리고 울던 모습은 내게 충격적인 기억으로 남아 있다. 불쌍한 새끼 곰들. 하지만 함께 만화를 본 누나에겐 그다지 충격적이지 않았던 장면이었나 보다. 누나는 구름을 보면서 솜사탕으로 만든 토끼, 버섯, 소녀, 로켓, 스포츠카를 떠올렸었다.

19　역자 주: 곰 두 마리의 모험 이야기를 다룬 애니메이션.

우리는 모두 어렸을 적 한 번쯤은 풀밭에 누워서 하늘을 바라보며 구름이 어떤 모양인지 도란도란 이야기를 나눈 경험이 있을 것이다. 서로의 의견에 동의하는 경우는 대부분 없다. 어떤 사람은 공룡 머리처럼 보인다고 하고, 어떤 사람은 코알라 같다고 한다. 어쩔 수 없다. 각자 자기만의 눈을 가지고 있으니 말이다. 게다가 시간이 흐르면서 대기의 움직임도 변하여 구름도 계속 모양을 변형시키고, 움직이거나 사라진다. 구름을 계속 관찰하다 보면, 존재하는 모든 것들이 찰나이고 우주의 모든 것들이 얼마나 빠르게 변하는지 구름이 우리에게 말해주는 것만 같다.

이제 나는 구름을 보며 무슨 모양일까 상상하는 유년 시절의 놀이는 하지 않는다. 계속할 만한 참 좋은 놀이인데, 왜 그런지 잘 안 하게 된다. 하지만 항상 비행기를 탈 때마다 구름이 어떻게 하늘이라는 공간을 지배하고, 어떻게 매일 새로운 석양과 여명을 그려내는지 놀랍다. 끝없이 펼쳐지는 구름바다 옆에 떠 있는 보잉 747이 얼마나 작고 초라해 보이는지 모른다. 만약 평소에도 구름 보는 걸 좋아한다면, 혹은 뜬구름 속에 빠져 산다면, 당신은 더 이상 혼자가 아니다. 이베리아 반도에는 구름관찰자 협회가 있고 페이스북에서도 찾아볼 수 있다. 이 협회는 국가 및 국제 수준의 회의를 개최한다. 가장 유명한 관찰자 중 한 명인 개빈 프레터-피니Gavin Pretor-Pinney는 《구름관찰자를 위한 안내서》라는 멋진 책의 저자이며 구름 감상 협회Cloud Appreciation Society의 창설자이기도 하다. 개빈 프레터-피니는 자신의 책에서 구름을 보는 것과 같이 얼핏 보기에 쓸모없는 활동을 옹호한다. 그리고 하늘에서 발견할 수 있는 다양한 종류의 구름을 설명한다. 새털구름과 층운, 그리고 무시무시한 적란운, 태풍이 들이닥치는 하늘에 걸려있는 커다란 철침 같은 구름 말이다.

정확하게 구름이 뭘까? 태양 에너지의 열을 받아 지표면의 물, 특히 대양의 물은 높은 하늘에서 결빙하거나 승화되면 온도에 따라 매우 작은 물방울, 얼음의 결정 또는 눈으로 변한다. 이들의 집합체가 공기 중에 떠다니면서 구름이 된다. 이러한 물방울들 또는 결정체들은 0.2에서 0.3밀리미터 정도로 아주 작아서 공기 중에 떠다닌다. 오직 온도가 낮아져야만 크기가 커지고 1밀리미터(혹은 그 이상)가 되면 비로 변해서 우리 머리 혹은 우리 우산 위로 떨어진다. 물의

구름의 종류

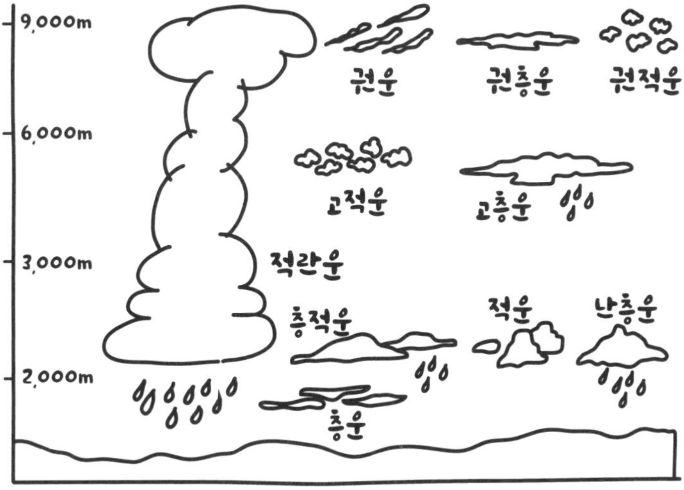

순환의 쇠사슬 중 하나이다. 물이 증발하여 구름을 만들고, 구름에서 비가 내리고, 물은 지표에 다시 스며들었다가 다시 수증기가 되어 증발하는 끝도 없이 반복되는 순환이다. 물의 순환 중간 즈음에 인간들이 등장한다. 인간들은 순환적으로 강의 물을 활용하고 다시 활용한 물을 강물로 흘려보낸다.

구름은 물의 순환에서 근본적인 임무를 수행하는 것 외에도 다른 기능들도 수행한다. 예를 들면 태양 에너지를 재분배하는 일을 하는데, 덕분에 지구는 온도를 일정하게 유지할 수 있다. 반사계수[20]는 얼음과 눈 또는 지표면의 22%를 차지하는 구름과 같이 지구의 가장 밝은 구역에서의 태양으로부터 오는 빛의 반사 정도를 나타내는 양이다. 그 지역에서 태양 빛은 반사되고 지구를 데우지 않는다. 대략 태양 에너지의 3분의 1 정도가 반사된다. 한편 구름도 마찬가지로 온실효과를 일으킨다. 구름은 구름에 흡수된 적외선의 일정량을 다시 지표로 돌려보낸다. 다시 말하자면 구름은 지구를 냉각시키기도 하지만, 한편으로는 지구를 데우기도 한다. 그러나 두 가지 현상을 잘 관찰하면 구름의 순수한 효과는 냉각이다.

구름은 압력이 낮은 대기에서 형성된다. 거기서 따뜻한 공기는 상승하여 공기 중에 포함되어 있던 물이 낮은 온도(더 낮은 온도)에 도달하면 응축되어 구름을 형성하게 된다. 높이, 온도 혹은 압력 등과 같은 요소들에 따라 다양한 종류의 구름이 형성된다. 그러므로 구름

---

20 역자 주: 입사파가 구조물 등의 경계면으로부터 반사된 정도를 나타내는 지표이다.

은 비록 종종 고체나 스펀지처럼 보이긴 하지만, 비행기를 타고 구름을 가로지를 수 있듯이 고체가 아니다. 〈드래곤볼〉의 주인공 손오공이 말처럼 탔던 구름은 어떤 종류의 구름이기에 그의 무게를 견뎌냈는지 나는 모른다. 그리고 하이디가 정신없이 쫓아다녔던 구름의 종류도 모르겠다.

나는 방금 앞에서 말한 것 중 구름의 한 가지 특징에 관심을 두게 되었다. 사실 구름은 가스에 더 가까운데 왜 고체처럼 보이는 걸까? 만약 구름이 수증기에 불과하다면, 눈에 잘 보일 수 없을 것이다. 가스는 투명하기 때문이다. 그리고 이 점은 정말 안타깝다. 이미 설명했듯이 구름은 작은 물방울 그리고 결정체들의 집합체이다. 태양 빛을 받으면 분산되고 모든 색을 반사하며 빛을 흰색으로 보이게 한다. 그래서 하얀 베개 같은 느낌의 구름이 되는 것이다. 가끔 구름은 진한 회색처럼 더 어두운색을 띠는데, 이런 구름을 우리는 '먹구름'이라고 부른다. 수평선에서 보이는 먹구름은 종종 불운의 전조처럼 생각된다. 이런 현상은 구름이 너무 조밀하여 빛이 쉽게 통과할 수 없어서 나타난다. 태풍을 머금은 거대한 구름은 직경이 20킬로미터까지나 될 수 있으며 아주 불투명하다. 그러니까 먹구름이 곧 많은 비를 뿌릴 것 같으면 절대 길을 잘못 들어서면 안 된다.

자, 이제 구름에 대해서 기본적으로 알아야 할 것은 거의 설명한 것 같다. 이제 본격적으로 이번 장의 핵심 질문으로 돌아가 보자. 구름의 무게는 코끼리 몇 마리의 무게일까? 솜처럼 포근해 보이는 구름은 얼핏 보기에 무게가 얼마 나가지 않을 것 같다. 우리 두 팔로

안을 수 있을 정도의 무게일지 누가 알겠는가? 그러나 현실은 그 반대다. 잠시 복습해보자. 나는 이미 구름이 물로 이뤄졌다고 말했고, 모두 알다시피 물은 무게가 나간다. 그것도 꽤 나간다. 실제로 일반적 조건에서 1리터의 생수는 거의 1킬로그램 정도의 무게가 나간다. 마트에서 집까지 생수병을 들고 온 사람은 누구나 다 알 것이다. 세상에 똑같은 구름은 없어서 구름의 크기, 구름이 머금고 있는 가스 혹은 물질에 따라 구름의 무게가 좌우될 것이다.

국제단위계System of International Units에 따라서 구름의 질량을 킬로그램으로 표기하는 것은 매우 논리적인 방법이지만, 여기 구름의 무게를 재기 위해 사용하는 매우 기발한 단위도 있다. 그것은 바로 코끼리다. 미국 콜로라도의 국립대기 연구센터National Center for Atmospheric Research의 계산에 따르면, 가장 보편적인 구름 중 한 종류인 보통 크기의 적운은 대략 코끼리 100마리 무게에 버금간다고 한다. 이때 코끼리 한 마리의 평균 무게는 대략 6톤으로 가정한다. 그리고 거대한 태풍을 몰고 오는 구름인 적란운은 무려 200,000마리의 코끼리 무게에 비교할 수 있다. 구름에서 비가 조금씩 내리고 한 번에 왈칵 쏟아지지 않는 게 얼마나 다행인지 모른다. 만약 한 번에 쏟아진다면 지구상의 모든 도시와 마을들은 물 폭탄을 맞아서 완전히 파괴될 것이다. 다행히도 구름의 무게는 아주 가벼운 작은 물방울들로 골고루 분배되어 있다. 그렇다면 하나의 구름을 만들기 위해서 가벼운 물방울들을 얼마나 많이 모아야 하는지 상상할 수 있다. 20개의 물방울이 1밀리리터에 해당한다면, 적란운에는 24조 개의 물방울이 있다. 이제 우리 모두 함께 상상의 날개를 펼쳐보자. 우리 머리 위로 끝없이 펼쳐지는 하늘에 뭉게뭉게 떠 있는 저 구름에, 저 공룡 모양 구름에, 혹은 곰 모양 구름에 대략 200,000마리의 코끼리가 서 있는 모습을.

구름의 무게는 얼마일까?

인스타그램

rociiifeliz

구름은 물로 만들어졌어요. 그렇죠? 그러니까 물의 단위 리터를 무게 단위인 킬로그램으로 바꿔야겠군요.

트위터

@AliciaFiesta

'어떤 동물과 비교하냐'에 따라 다를 듯

@pedagonval

6살의 로베르토: "아주 가벼울 것 같다. 그렇지 않으면 땅에 떨어질 테니까. 구름은 스펀지 같다."

페이스북

M José Labrado

남편이 이렇게 말하네요. "어떤 종류의 구름인지 말해봐. 내가 계산할 줄 수 있는지 한번 볼게."

왼손잡이들은 이상하지 않아요 조금 다를 뿐이죠

나는 왼손잡이다. 그리고 지금까지 내내 오른손잡이들을 위해 만들어진 세상과 씨름하며 살아왔다. 가장 어려웠던 건 오른쪽에서 왼쪽으로 필기하는 노트 정리였다. 조심하지 않으면 잉크를 엎지르기 일쑤였다. 나는 글자도 아주 희한하게 쓴다. 그 어떤 자세도 편하지 않아서, 내 글자들은 원근법이 적용된 것처럼 들쑥날쑥, 날개를 단 것처럼 삐뚤빼뚤 종이 위를 날아다녔다. 그래서 나는 만년필을 제대로 사용할 수 없었다. 정말 최악은 반 친구들이 모두 가지고 있었던 볼펜, 지우개로 지워지는 신비한 그 볼펜조차도 나는 사용할 수 없었다는 점이다. 심지어 시험을 볼 때, 내가 왼손잡이라서 자연스럽게 내 시험지를 가리자 답을 베끼려 했던 친구들이 화를 내는 경우도 있었다. 왼손잡이라서 겪는 일상생활에서의 불편함은 모두 열거하기 어려울 정도로 매우 많다. 오른손잡이들을 위해 디자인된 캔 따개와 가위는 왼손으로 하기엔 정말 어려웠다. 식탁에 앉아서 밥을 먹는 간단한 행위조차 왼손잡이에게는 편하지 않았다. 나이프와 포크를 오른손잡이들과 반대로 잡는 바람에 옆에 있는 사람을 팔꿈치로 툭툭 건드리는 경우가 허다했다. 다행히도 부모님 집에서 밥을 먹을 때는 정말 편했다. 역시 왼손잡이인 내 동생이 항상 옆자리에 앉았기 때문이다. 동생이 없거나 이도 저도 마땅치 않을 때에는 나는 내 자리를 식탁 모퉁이에 잡아 달라고 항상 요구하는 편이다.

반면에 내가 교육자로서 칠판에 필기하며 강의하는 모습을 누군가 촬영할 때 왼손잡이인 사실은 최고의 장점이 된다. 종이에 필기할 때와는 반대로, 내가 쓰고 있는 걸 가리지 않으니 말이다. '나의 유니코오스[21]'는 내가 칠판에 쓰는 걸 보며 내 설명을 들을 수 있는 것이다. 유튜브와 왼손잡이에 대해 말하다 보니 생각나는 게 하나 있다. 유튜브에서 수학 강의를 하는 훌리오Julio Profe 선생님도 마찬가지로 왼손잡이란 사실. 흠, 단순한 우연인 걸까?

당장 생각나지 않는 이런저런 사실들로 인해, 아주 오랜 시간 동안 왼손잡이는 마치 낙인처럼 생각되었다. 심지어 불길한 신호로 여겨서 아이가 왼손잡이면 오른손잡이가 될 수 있도록 어렸을 때부

---

21 저자의 유튜브 채널 '유니코오스(Unicoos)'에서 강의를 듣는 사람들이다. 스페인어 'unico'는 '유일한, 하나밖에 없는'이라는 뜻이고, 'Unicoos'는 '하나밖에 없는 맛'을 강조하기 위해서 단어에 'o'를 하나 더 붙인 단어이다.

터 교정시켰다. 참고로 스페인어 'siniestro'는 '불길한, 흉한'이란 뜻이 있는데 '왼쪽'을 뜻하는 이탈리아어 'sinistra'에서 유래된 것이다.

그러나 우리 왼손잡이들은 생존력이 있다. 우리는 끊임없이 상황에 적응하고 장애물을 극복한다. 과학에 조금이라도 관심이 있는 사람이라면 다윈이 말한 유명한 말을 기억할 것이다. "가장 힘센 종이 살아남는 것이 아니다. 가장 똑똑한 종이 살아남는 것도 아니다. 변화에 가장 잘 적응하는 종이 살아남는다." 역사를 살펴보면 왼손잡이를 창의력과 천재성에 연관 짓는 낭만적인 면도 있다. 왼손잡이의 가장 큰 장점은 유명한 왼손잡이 인사들의 이름을 거론하며 자랑스러워할 수 있다는 것이다. 알버트 아인슈타인, 마릴린 먼로, 버락 오바마, 레이디 가가, 마리 퀴리 혹은 지미 헨드릭스. 특히 지미 헨드릭스는 오른손잡이들을 위해 만들어진 기타를 반대로 연주한 음악가로 유명하다. 그러한 그의 모습은 하나의 상징이 되었다. 그리고 왼손잡이들은 전체 인구의 10%에서 15%에 달할 만큼 꽤 많이 존재한다. 심지어 8월 13일은 국제 왼손잡이의 날이다.

왜 어떤 사람은 왼손잡이일까? 그 원인은 항상 미궁에 빠진 채 밝혀지지 않고 있다. 그러나 이에 관련된 연구는 지속해서 진행되고 있다. 전통적으로 왼손잡이는 태아가 자라는 동안의 좌뇌 혹은 우뇌의 활동과 연관이 있을 것으로 생각되어 왔다. 최근 독일의 보훔 루르대학교의 연구원들은 왼손잡이가 뇌의 성장보다는 척수의 성장과 더 큰 관계가 있음을 관찰했다. 임신 8주째가 되면 태아가 왼손잡이가 될지 오른손잡이가 될지 알 수 있는 유전적 차이가 존재한다고 한다. 팔다리의 움직임을 조절하는 척수의 특정 유전자의 표현방식을 보면 알 수 있다고 한다. 자, 그러니까 사실은 이런 것이다. 어렸을 때 학교에 입학하고 글을 쓰기 시작하면서부터 자신이 왼손잡이 혹은 오른손잡이라는 걸 알게 되었다고 생각했다면 오산이라는 말이다. 왼손잡이로 결정된 것은 훨씬 오래전으로 거슬러 올라가기 때문이다. 얼마나 오래냐면, 시간을 훨씬 돌려 태어나기 전으로 거슬러 올라가야 한다. 왼손잡이의 신비를 밝히는 또 다른 연구도 있다. 엄마 배 속에 있을 때 태아가 어느 쪽 손의 손가락을 빨았는지 관찰한 다음, 십 년 후 성장한 아이들을 만나니 아주 놀라운 결과가 나왔다. 태아일 때 오른손 손가락을 빨았던 아이들은 100% 오른손잡이가 되었고, 왼손 손가락을 빨았던 아이들의 67%가 왼손잡이가 되었다는 사실이다. 왼손잡이에 유전학만 영향을 미치는 건 아니다. 유전자에 의해 결정되지 않는 다른 요인들도 있다. DNA 시퀀스가 변화하지 않고 DNA 활동을 변형시킬 수 있는 화학적 반응도 있다. 소위 말하는 후성설이 그것이다.

우리 뇌는 교차 방법으로 몸을 조절한다. 좌뇌는 우리 몸의 오른쪽 움직임을 제어하고 모든 오른손잡이는 좌뇌가 더 발달하였다. 좌뇌는 언어, 쓰기, 숫자, 수학 그리고 논리 기능과 연관되어 있다. 그러나 왼손잡이들의 경우 훨씬 더 복잡하다. 그래서 우리는 좀 유별난가 보다. 왼손잡이의 절반은 유전적으로 우뇌가 더 발달한 진정한 왼손잡이었다. 우뇌는 좌뇌와 같이 많은 특화된 기능이 있지만, 좌뇌와는 다른 형태로 정보를 작성하고 처리하며, 생각을 분석하기 위한 기존의 메커니즘을 활용하지 않는다. 우뇌는 통합적이며, 언어가 아닌 시공각 능력을 중심으로 느낌, 감정 및 말의 악센트나 어조 그리고 예술 또는 음악과 연결된 기타 시각 및 청각 능력과 연관되어 있다. 게다가 좌뇌보다는 덜 부분적으로, 즉 통합적으로 생각의 상황과 전략을 받아들인다. 앞에서 말한 것처럼 왼손잡이는 생각보다 복잡하다. 왜냐하면 왼손잡이들 중 일부는 일방적인 면을 가지고 있기 때문이다. 뇌의 한쪽이 좀 더 발달하였을 수 있지만 그렇게 의미 있는 정도는 아니다. 나와 같은 경우가 여기에 해당된다. 나는 거의 모든 면에서 왼손잡이지만, 왼발로 축구공을 찰 수 없다. 실제로 축구 세계에서 종종 말하는 것처럼, 왼발은 오직 서 있을 때만 사용했다. 왼발이 빨라서 공을 차보려고 시도했지만 마음대로 움직이지 않았다. 특히나 공을 뺏으려고 할 때 말이다. 결국 나도 모르는 사이에 나는 항상 골키퍼가 되었는데, 어쩌면 골키퍼가 내게 딱 맞는 포지션이었는지도 모른다.

이 모든 걸 보면 왼손잡이에 대한 셀 수 없이 많은 과학적 연구만큼이나 많은 선입견이 존재하는 것 같다. 어떤 연구도 왼손잡이가 오른손잡이보다 더 똑똑하거나 능력 있다고 증명하지 못했다. 오히려 매사추세츠 매리맥 컬리지 및 다른 대학교들의 연구 결과에 따르면, 왼손잡이와 양손잡이는 두려움 또는 스트레스와 같은 부정적인 감정에 휩쓸리기 더 쉽다고 한다. 또한 왼손잡이들이 더 소극적이며 문제나 논쟁에 더 예민하다고 한다. 모든 게 오른손잡이를 위해 디자인된 세상에 살고 있으니 어쩌면 당연한 일인지도 모른다.

과학 뭉게뭉게 .... 작년 여름 나는 남아프리카에 갔다. 사실 그곳에 도착했을 때 걱정이 많았다. 일본, 호주, 영국 그리고 영국의 식민지였던 곳들 대개는 왼쪽으로 운전을 해서 그렇다. 20년 넘게 줄곧 오른쪽으로 운전해 왔는데, 갑자기 거의 2,000 킬로미터나 되는 거리를 반대로 운전할 수 있을까? 내가 그곳에서 마주칠 많은 도전 리스트에 굳이 하나를 더 추가해야 할까? 그런데 이 나라들은 왜 왼쪽으로 운전할까? 나는 그게 다 영국 사람들 때문이라고 믿고 있었다. 영국 사람들은 뭐든지 역행하기를 좋아하는 것 같으니까. 영국 사람들은 단위도 대다수의 나라가 사용하는 킬로미터나 킬로그램이 아닌, 마일과 파운드를 사용하지 않는가. 갑자기 호기심이 생겨서 나는 왜 그런지 인터넷에서 원인을 찾기 시작했다. 그리고 발견한 내용은 아주 놀라웠다.

중세시대에는 기마전을 할 때 기수들은 움직임을 자유롭게 하기 위해서 채찍을 오른

손에 들고 상대방의 오른편에 자리 잡고 달렸다. 그리고 원을 돌 때는 왼쪽으로 돌면서 오른손은 등에 올려놓았는데 이유는 반대 방향에서 올 수 있는 여행자가 위협적일 경우 빠르게 자신을 방어하기 위해서였다. 마차도 마찬가지였다. 마차를 모는 마부들은 오른손으로 채찍질을 하고 왼손으로 고삐를 잡고 속도를 조절했다. 그렇게 해야 마차 옆으로 지나가는 보행자들 혹은 반대 방향에서 오는 승객들을 다치게 할 위험이 없었기 때문이었다. 그럼 누가 이런 관습을 바꾸자고 결심했을까? 바로 프랑스 사람들이다. 프랑스 혁명 전 여행을 할 때에는 귀족들은 왼쪽으로, 평민은 오른쪽으로 이동하는 게 보편적이었다. 그래야 귀족적이며 우아한 신분 높은 사람들이 평민보다 빨리 이동할 수 있었기 때문이다. 하지만 바스티유감옥 습격 이후 단두대에서 사라질 위협에 처한 귀족들은 사람들의 주의를 끌지 않기 위해서 일반 시민들과 같은 길을 걷는 걸 선호하게 되었다. 결국 1794년 제정된 파리 법에 따라 우측통행이 확정되었고, 이후 점차 많은 나라가 이러한 관습을 따르게 되었다. 물론 영국 사람들만 제외하고 말이다. 어쨌든 남아프리카 공화국에서 내가 차에 관련되어 가졌던 유일한 문제는 핸들의 위치가 아니었다. 나는 왼손잡이였기에 삼십 분 만에 곧 익숙해졌다. 사실 도로에서 차를 몰며, '여기가 바로 내가 있을 곳이구나'라는 생각을 했을 정도였다. 문제는 도로 위에서 마주치는 코끼리였다. 그날 코끼리가 내 차를 뭉개버리는 것을 피하려고 나는 천분의 1초 후진해야 했고, 천분의 1초 후에 내 차는 미국인들로 가득한 사륜구동차와 충돌했는데, 솔직히 말하건대 그들이 왼손잡이였는지 오른손잡이였는지 모르겠다.

묘한 결과들이 발표되었다. 하버드 대학교의 연구에 따르면 왼손잡이들은 오른손잡이들보다 월급을 덜 받는다고 하는데, 이는 왼손잡이들이 감정을 감정을 제어하는 데 어려움을 겪는 경우가 있어 학교나 직장에 적응하기 더 힘들 수 있다는 것이다. 세상에나! 다행히도 왼손잡이 엄마에게 태어난 왼손잡이 아이들은 적응할 때 덜 고생해서 상대적으로 괜찮은 편이라고 덧붙여 설명했다. 한편 더블린에 있는 아일랜드 대학교의 연구원들은 왼손잡이와 알코올 섭취 빈도와의 상관관계를 발견한 뒤, 왼손잡이들은 오른손잡이보다 술을 더 마시는 경향이 있다는 결론을 내렸다. 물론 오른손잡이도 술을 마시긴 하지만 왼손잡이가 너 많이 마시는 것이다. 과학자들은 그렇다고 이 연구 결과가 왼손잡이의 뇌 성향이 지나친 알코올 섭취 혹은 직접 알코올 중독과 연관이 있다는 말은 아니라고 덧붙였다. 내 생각에는 이 모든 게 오직 무한대에서만 성립되는 통계학과 가능성의 변덕 때문이 아닐까 싶다.

그렇다 해도 왼손잡이의 모든 게 나쁜 것은 아니라고 생각한다. 오세아니아의 일부 부족들은 비정상적으로 많은 왼손잡이가 살고 있다. 인류학자들은 몇 세기 동안 전쟁터에서 왼손잡이가 오른손잡이들보다 훨씬 더 뛰어났기 때문이라고 그 이유를 추측했다. 항상 오른쪽으로 훈련을 했던 적들은 왼손잡이들이 예상치 못한 방향에서 공격해오자 패하고 만 것이었다. 마찬가지로 스포츠 세계에서도 왼손잡이가 드문 까닭에 왼손잡이 선수들은 매우 경쟁력이 있다. 왼손잡이는 대다수의 상대방 선수들이 생각 못한 허점을 공격할 수 있기 때문이다. 나는 오랫동안 유도를 배웠다. 대회에 나가면 유효[22]를 얻기 위해서 상대 선수의 띠를 잡고 그가 익숙하지 않은 쪽으로 밀치며 균형을 잃게 하곤 했는데, 그때 깜짝 놀라는 상대 선수의 얼굴을 꼭 한번 보여주고 싶을 정도이다. 권투 선수들, 테니스 선수들도 마찬가지다…. 못 믿겠다면 왼손잡이 테니스 선수이자 내 영웅 중 한 명인 라파엘 나달Rafael Nadal과 싸웠던 상대편 선수들에게 물어보시라. 신기한 점은 나달은 오직 테니스를 칠 때만 왼손잡이라는 거다. 그의 삼촌이자 트레이너인 토니 나달Toni Nadal은 라파엘이 아홉 살이었을 때 왼손으로 훈련을 시켰다. 왼손으로 라켓을 잡으면 더 세게 공을 칠 수 있고 상대방 선수에게 더 어려운 공을 던질 것이라 생각해서였다. 벤하민 프라도Benjamin Prado가 소설에서 말하듯 "왼손잡이 총잡이에게는 절대 악수를 청하지 말아라." 여명이 밝아올 때의 결투에서, 당신이 오른쪽을 겨냥할 때, 그가 왼쪽을 공격할 수 있다.

1986년 6월 3일 마요르카섬Mallorca에서 태어난 라파엘 나달은 스페인 최고의 스포츠 선수로, 당연히 테니스장에서 역사상 최고의 선수로 평가받는다. 로저 페데레Roger Federer와 더불어, 라파엘은 그랜드 슬램(그중 롤랜드 가로스에서 열 번 승리했다.)에서 16번 승리했으며, 올림픽에서 금메달 두 개를 받고, 데비스 컵을 네 번 들어 올렸으며 수많은 경기에서 셀 수 없을 만큼 승리하고 수상했다. 그러나 그의 가장 위대한 점은 바로 겸손함과 투지, 희생정신과 끊임없는 노

22 역자 주: 유도 경기에서 내리는 판정의 하나. 공격 기술이 부분적으로 성공하였을 때나 누르기 선언 후 10초 이상 15초 미만이 지날 때에 내리는 것으로, 판정에서 절반보다 낮은 점수로 평가된다.

력, 승자의 본능 그리고 보기 드문 강인한 정신력에 있다. 어떤 난관에도 극복하는 능력도 빼놓을 수 없다. 그의 경쟁자들은 한결같이 나달을 테니스장 밖에서 칭찬한다. 위대하다. 매우 위대한 선수다. 나에게는 가장 위대하다!

왼손잡이가 왜 그렇게 드문지 궁금해질 것이다. 미국 워싱턴의 노스웨스트 대학교의 과학자들은 2010년에 매우 재미있는 설명을 찾았다. 그것은 협동과 경쟁 간의 불균형과 관련 있다. 둘 다 공교롭게도 오른손잡이인 아브람스Abrams와 파나지오Panaggio 교수는 엘리트 스포츠 선수들의 자료를 분석하여 다음과 같이 결과를 요약했다. 왼손잡이와 오른손잡이의 수는 사회의 협력 정도에 따라 달라진다. 우리 사회가 완전히 협력적인 사회라면 모두들 같은 손만 사용했을 것이다. 그러므로 왼손잡이가 일부 있다는 사실은 우리 사회가 완전히 협력적이지 않다는 사실을 보여준다. 신기하다. 안 그런가? 아직도 왼손잡이를 완벽하게 이해하기 위해서는 갈 길이 멀어 보인다. 나는 과연 누가 이 신비의 베일을 완벽하게 벗겨낼지 궁금하다. 오른손잡이가 할까, 아니면 왼손잡이가 할까? 당연히, 왼손잡이가 하지 않을까….

왜 영국 사람들은 왼쪽으로 운전할까?

인스타그램

cintado_tkd

그렇게 안 하면 벌금을 내야 하니까. 😐

bb8_3

나폴레옹에 반대하기 위해서

페이스북

Sergio Calle

모두 왼손잡이라서? 하하!

에베레스트 정상에서 물은 몇 도에 끓을까?

우리는 학교 수업시간에 물은 섭씨 100도에서 끓는다고 배웠다. 섭씨 100도로 물을 끓인 다음, 파스타를 삶거나 수프를 만들어 먹는다. 그런데 물이 섭씨 100도에서 끓는다는 말이 완전히 옳은 말은 아니다. 적어도 불완전한 정답이다. 과학에서 종종 일어나는 현상처럼 거의 모든 게 상대적이며 물의 비등점, 즉 물의 끓는점은 몇 가지 요소에 좌우된다.

우리가 제일 먼저 질문해야 하는 것은 '액체는 왜 끓을까?'이다. 물과 같은 액체는 얼음과 같은 고체 상태와 비교했을 때 분자들이 느슨하고 덜 단단하게 얽혀 있다. 우리는 사물을 구성하는 분자들의 진동을 '온도'라고 부른다. 물체를 뜨겁게 데우면 데울수록 그 물체의 분자들은 더 강하게 진동한다. 분자가 진동하지 않는 가장 낮은 온도는 이론적으로 우주에서 가장 낮은 온도인 −273도인데 절대 0도, 0 Kelvin 또는 0K라고도 한다. 물론 이 온도는 열역학과 양자물리학의 원칙에 따르면 도달 불가능한 온도이다. 어떤 물체가 열을 받아 끓어서 액체에서 가스로 변하는 것은 다음과 같이 설명할 수 있다. 물체를 구성하는 분자들이 진동할 만큼 충분한 열을 받는다. 그러면 액체 상태였을 때의 분자 내부 결속력이 느슨해져서 공기 중에 가스 형태로 분출되게 된다. 단단히 연결되어 있던 물 분자 H_2O로 구성된 물이 수증기가 되면 물 분자 H_2O는 제각기 최대한의 공간을 차지하며 자유롭게 날아다니게 된다. 그러나 이러한 현상 뒤에 비밀과 함정이 숨어 있다. 우선, 우리가 물은 섭씨 100도에 끓는다고 말할 때, 여기서 말하는 물은 맹물, 즉 다른 물질이 섞여 있지 않은 증류수를 의미한다. 보편적으로 우리가 마시는 물에는 다양한 물질이 희석되어 있다. 올리버 로데스 연구소Oliver Rodes Laboratory[23]에서 분석한 결과에 따라 생수병의 철분, 마그네슘, 나트륨, 철분, 중탄산염, 황산염 등과 같은 성분 표시만 읽어봐도 알 수 있는 사실이다.

예를 들어 부엌에서 우리가 흔히 사용하는 소금(NaCl)을 보자. 소금의 비등점은 물보다 높다. 다시 말하면 끓는 데 시간이 더 걸린다. 섭씨 100도보다 더 높은 온도에 도달해야만 끓는다는 말이다. 대략 1ℓ의 물의 비등점을 섭씨 1도 올리기 위해서는 대략 소금 58g이 필요하다. 마찬가지로 빙점도 낮아진다. 즉, 소금물은 섭씨 0도

23 역자 주: 1902년부터 시작된 물 성분을 분석하는 검사 기관이다.

이하의 온도에서 얼 수 있다. 끼어들기 좋아하는 소금의 이온은 물 분자가 얼음 결정체를 만드는 걸 더 어렵게 만든다. 그래서 눈 온 뒤 날씨가 추워져 도로가 빙판이 되었을 때 교통사고를 예방하고자 도로 위에 소금을 뿌리는 것이다.

이외에도 우리가 물이 섭씨 100도에 끓어오른다고 말할 때 여기서 물은 대기 압력하에 있는 해수면을 기준으로 측정한 물을 말한다. 우리는 매일 끊임없는 압력을 받으며 살고 있다는 걸 기억하자. 왓츠앱WhatsApp[24]과 같은 메신저 앱 대화장이 사용자들에게 가하는 압력을 말하는 게 아니다. 모든 인간은 대기의 공기가 우리에게 가하는 압력을 견디고 있다는 말이다. 하지만 압력이 낮으면 낮을수록 액체의 비등점도 낮아진다. 바꿔 말하면 더 빨리 끓어오른다는 뜻이다. 왜 그럴까? 액체는 분자로 이뤄져 있고 대기권 압력이 낮으면 액체를 구성하는 분자들이 더 쉽게 도망칠 수 있기 때문이다. 대기는 액체 안에 있는 분자들에게 '압력을 행사하지' 않는다.

실험 기압 측정하기

(1기압 = 760mmHg = 1.013mbar = 101.300Pa)

파스칼(Pa)은 17세기 프랑스의 수학자이자 물리학자인 블레이즈 파

24 역자 주: 국내에서는 카카오톡이 강세를 보이지만 세계 1위의 메신저 앱은 왓츠앱(WhatsApp)이다.

스칼Blaise Pascal의 이름을 따서 국제단위계에서 기압 단위로 지정된 단위이다. 그리고 760밀리미터의 수은(mmHg) 또한 나름의 이야기가 있다. 애석한 점은 수은이 매우 독성이 강하기 때문에 수업 시간에 실험하여 재현할 수 없다는 사실이다. 1643년 물리학자이며 수학자인 이탈리아의 에반젤리스타 토리첼리Evangelista Torricelli는 길이 1m 그리고 넓이 1cm²의 유리관을 준비했다. 그 유리관은 한쪽 끝이 막혀 있고 유리관은 수은으로 가득 차 있다. 그리고 수은으로 가득 차 있는 수조에 유리관을 거꾸로 세우는 실험을 했다. 대기압의 영향으로 수은기둥은 즉시 내려와 76cm에 도달하자 멈췄다. 이렇게 기압계가 발명되었다. 이와 같은 실험은 물을 가지고 재현할 수 있다. 수은과 같은 높이까지 올라가지도 않고 물에 젖을 가능성이 크지만, 적어도 학생들이 눈으로 기압을 확인할 수 있는 시간이 될 것이다. 그리고 절대 그 수업은 잊지 못할 것이다. ☺

어떻게 하면 기압이 내려가고 물이 더 낮은 온도에서 끓을 수 있을까? 에너지를 적게 사용하면서 말이다. 산에 올라가면 해결된다. 만약 대기압이 우리를 위에서부터 짓누르고 있는 공기의 작용에 의한 것이라면, 우리가 더 높이 올라가면 올라갈수록 우리를 짓누르는 공기의 양, 대기압 층이 줄어들게 될 것이다. 당연히 기압도 줄어든다. 실제로 해수면을 기준으로 10m 높아질 때마다 1mmHg씩(1기압은 760mmHg) 줄어든다. 그러므로 물은 에베레스트산 정상에서 알

리칸테 해변에서보다 낮은 온도에서 끓는다.

물이 몇 도에 끓는지도 계산할 수 있다. 에베레스트산 정상, 즉 해발 8,848m 높이에서 물은 섭씨 86도에 끓는다. 해발 11,000m에서는 섭씨 71도에 끓는다. 그러면 펠릭스 바움가르트너Felix Baumgartner가 뛰어내린 높이의 반 정도인 1,900m, 암스트롱 라인[25]이 지나는 높이에서는 몇 도에 끓을까? 그 높이에서 기압은 해수면의 16분의 1이고 물은 인간의 체온인 섭씨 36도에 끓는다.

2012년 10월 14일 유튜브를 통해 전 세계에 생방송으로 방송된 엄청난 모험이 있었다. 1969년 4월 20일 오스트리아에서 태어난 펠릭스 바움가르트너는 어떤 기계적 도움 없이 스카이다이빙으로 음속 340m/s의 벽을 무너뜨린 첫 번째 인간이 되며 온 세상 사람들을 놀라게 했다. 여러 번의 시도가 실패로 끝나고 레드 불Red Bull이 후원한 프로젝트를 몇 달 동안 버려둔 채, 펠릭스 바움가르트너는 헬륨을 주입한 불과 0.02mm 두께의 성층권 기구에 매달린 캡슐로 39,608m 높이까지 올라가서 스카이다이빙을 했다. 처음 40초 동안 373m/s(1,343km/h)에 도달했으며 성공적으로 살아서 착륙했다. 짧지만 고통스러웠던 몇 초 동안 의식을 잃기는 했지만 말이다. 지금까지 가장 높은 곳에서부터 자유 낙하를 한 사람은 구글의 부회장 앨런 유스타스Alan Eustace이다. 그는 무려 41,150m에서 뛰어내렸다!

---

25 역자 주: 암스트롱 리미트라고도 한다. 인간이 지상으로부터 18,900~19,350m 상공에 올라가면 인체에 이상이 생긴다. 이 구간은 기압이 0.0618기압(atm)이 되고 인간의 신체 온도인 37도에서도 낮은 기압으로 인해 물이 끓을 수 있다.

만약 펠릭스가 기압을 일정하게 유지해주는 우주복을 입고 있지 않았더라면 어떻게 되었을까? 그 높이에서 어떤 해를 입지 않았을까? 불에 탔을까? 아니다. 터졌을까? 영화에서 수천 번 보긴 했지만 그것도 아니다. 침, 눈물, 그리고 가래 같은 것들이 흘러나와서 몸과 단순히 접촉만 해도 끓어오르고 바싹 말랐겠지만 화상을 입지는 않았을 것이다. 36도는 사람의 체온과 비슷하기 때문이다. 한 가지 더 확실한 점은 공기가 모자라서 숨이 막혀 죽었을 것이다.

과학 뭉게뭉게 .... 그렇다면 피는 끓을까? 아니다. 혈압은 70~120mmHg을 왔다 갔다 하기 때문이다. 이 수치는 병원에서 의사가 혈압을 잴 때 정상 수치 범위에 해당된다. 해수면을 기준으로 하면 760mmHg를 더해야 하는데, 그러면 830mmHg과 880mmHg가 된다. 진공 상태인 공간에서 기압은 거의 존재하지 않는다. 총 압력은 오직 70~120mmHg 사이에서만 왔다 갔다 한다. 그리고 그 압력하에 물과 다른 비등점을 가지고 있는 액체인 혈액은 섭씨 47도가 될 때까지 끓지 않는다. 어떠한 이유로 우리가 그 온도에 도달하게 되면 혈액이 어떻게 되는지 따위는 중요하지 않게 될 것이다. 그 전에 이미 타죽어 버릴 테니까.

우주에 대해 말한 김에 몇 마디 더 해보자. 주위 온도Ambient Temperature[26]에서 우리는 '삼중점[27]'과 '임계점' 사이를 오간다. 삼중점(섭씨 0.01도와 6,1173mbar)에서는 고체, 액체 그리고 기체 상태가 동시에 공존한다. 임계점(섭씨 374도와 218대기)에서 액체 상태는 존재하지 않는다. 승화가(고체에서 기체로 바로 가는 현상) 삼중점 이하의 압력에서 벌어지기 때문인데, 우주에서 물은 고체 상태에서 기체 상태로 바로 변한다. 얼음덩어리가 액체 상태를 거치지 않고 바로 기체가 된다고 상상해보자. 그래서 우주에는 물방울이 없는 것이다.

---

26 역자 주: 전원 장치 주변 매질의 온도. 보통 전원 장치 주변의 대기 온도를 말한다.

27 역자 주: 물질의 상태는 온도와 압력에 의하여 달라진다. 이때 고체, 액체, 기체 3가지 상태가 공존하는 온도와 압력 조건을 삼중점이라고 한다.

에베레스트 정상에서 물은 몇 도에 끓을까?

트위터

@pedagonval

@JesusCalleja[28]는 분명히 답을 알고 있을 듯! ☺

@redex

어디에 넣고 끓일 때요? 전자레인지요? 아니면 냄비요?

페이스북

Carmen Penalver Leon

절대 끓을 수 없다. 에베레스트산 정상에 오르면 남아있는 물이 없으니까. 올라오는 길에 힘들어서 모두 마셨을 것이다.

Jose Luis Duran

에베레스트산 정상에서는 물이 끓지 않는다. 아무도 지구에서 제일 높은 산까지 올라가서 몇 도에 물이 끓는지 실험하지 않을 테니까.

---

28 역자 주: 헤수스 칼레자는 스페인의 등산가이다.

물 위를 어떻게 걸을 수 있을까?

늪지대를 보면 두려움을 느낀다. 내가 어렸을 때 부모님이 나를 늪지대로 데려간 적이 있었는데 그때 불안에 떨었던 기억이 난다. 영화 〈타잔Tarzan〉을 너무 많이 본 탓이었을까, 움직이는 질퍽한 모래가 나를 붙잡고 내 몸을 조금씩 얽어매어 꼼짝 못하게 할까봐 걱정이 되었다. 그때부터 나는 유체의 세계에 흥미를 가졌다. 희귀한 유체들이 있었기 때문이었다. 어떤 것은 아주 천천히 움직이고, 어떤 것은 주먹으로 치면 딱딱해진다. 멈추지만 않으면 유체 위를 걸을 수 있는 것도 있었다. 물론 멈추게 되면 거기에 빠진다.

유체는 분자 사이의 인력이 약한 물질이다. 유체는 원래의 형태를 유지하려는 힘이나 그 반대의 힘이 없어도 형태를 변화시킨다. 사람들이 종종 말하듯이 유체는 그것을 담는 그릇의 형태에 따라 변한다. 물을 컵에 넣으면 컵의 형태로 변하고 병 안에 넣으면 병의 형태로 변한다. 우리의 일상생활에 항상 존재하는 유체는 물이다. 우리 몸의 70%는 물로 구성되어 있고, 우리는 물 없이 살 수 없다.

유체의 성질을 분류하기 위해 우리는 점성이라는 단위를 사용한다. 점성은 힘을 가했을 때 유체가 변형에 대해 가지는 저항력의 단위이다. 물은 점성이 적다. 주전자로 물 한 잔을 따르는 것처럼 중력의 힘을 가하면 물은 아무런 문제없이 원활하게 흘러내린다. 반면에 꿀은 점성이 아주 높다. 그릇 안의 꿀을 토스트 위로 부으면 아주 천천히 떨어지고, 그릇과 숟가락 사이의 이어진 꿀을 끊어내기가 쉽지 않다. 점성은 분자 사이의 접착성에 달려있다. 접착성이 강할수록 유체의 점성은 높아진다. 점성이 거의 영에 가까운 유체에 대해 말할 수도 있지만, 일상생활에서 그런 유체를 보기는 몹시 어렵다. 점성이 없는 유체는 절대 영도에 가까운 온도가 필수적이기 때문이다. 거의 모든 원소가 절대 영도에서는 얼어버리지만 초유동성의 헬륨은 놀라운 특징을 보여준다. 액체 헬륨은 벽을 타고 올라가는 것처럼 그릇 밖으로 흘러나간다.[29]

기본적으로 우리는 뉴턴유체를 구별할 수 있다. 뉴턴유체는 점성이 일정한 유체로 물, 포도주, 휘발유 등이 있다. 뉴턴유체가 아닌 것은 온도와 압력에 따라 점성이 변화한다. 젤, 피, 식물의 진액 등이 여기에 속하며 이것들은 그대로 두면 그릇에서 흐르지만 압력을

29 역자 주: 초유체는 절대 영도에서 점성이 사라지면서 벽을 타고 위로 흐르거나 사방으로 흩어지는 특성을 지닌 물질을 말한다.

가하면 고체로 변한다. 이것들은 점성보다는 물질의 변형이나 유동을 연구하는 물리학의 한 분야인 유체학적 특성으로 정의하기가 더 쉽다. 예를 들어 이런 액체 위를 부드럽게 느린 속도로 걸으면 그 위를 걷는 것이 불가능하다. 모래에 빠진 것처럼 별 수 없이 그 속으로 빠질 것이다. 그러나 빠른 속도로 강하게 밟고 지나면 그 위를 걸어갈 수 있다. 이는 합성수지, 접착제, 실리콘, 나일론, 고무찰흙, 점탄성 액체, 흐르지 않는 페인트… 등 수천 가지로 응용될 수 있다. 또한 방탄조끼는 빠르게 발사되어 날아오는 탄환의 충격 에너지를 흡수할 만큼 단단하지만 우리가 느리게 움직일 때는 유연해져서 크게 불편하지 않다.

실험 …………… **비누턴유체 만들기**

옥수숫가루에 물 몇 방울을 떨어뜨리면 당신은 수업 시간에 학생들을 놀라게 할 비뉴턴유체를 얻을 수 있다. 저렴하고 100% 무해한 재료로 당신은 우블렉을 만들 수 있다. 우블렉은 닥터 수스Dr. Seuss의 아동용 책인 《바르톨로뮤와 우블렉》에 나오는 것으로 책의 주인공은 그 신기한 물체로 뒤덮인 왕국을 구해야만 했다. 당신은 천천히 그리고 부드럽게 그것을 만지면 그릇 위에서 마치 물처럼 움직인다는 것을 학생들에게 보여줄 수 있다. 망치로 그것을 내려치거나 주먹으로 세게 치면 그것이 튕겨 나오는 모습도 보여줄 수 있다. 학생들은 아마 깜짝 놀랄 것이다. 다만 이때 주먹이 다치지 않도록 조심하자.

마찬가지로 이런 유형의 액체는 멈추지만 않으면 그 위를 걸어 다닐 수 있다. 물론 예수님이라면 성경에 나오는 것처럼 물 위를 걸을 수 있다. 물은 뉴턴유체니까 그것은 기적 같은 일이다. 스페인 프로그램인 〈개미집El Hormiguero〉이나 미국 프로그램인 〈빅뱅 이론The Big Bang Theory〉 시리즈에서는 이와 비슷한 비뉴턴유체로 실험하는 모습을 보여주었다. 내가 어릴 때 가지고 놀던 슬라임은 정말 외계의 물질처럼 보였다. 슬라임은 액체와 고체의 성질을 모두 가지고 있었다.

극지방에서는 반대로 압력을 가하면 고체가 되는 것이 아니라 액체가 되어 버리는 물질이 있다. 케첩이나 요거트 같은 경우, 휘젓거나 그릇에서 꺼내면 쉽게 흘러내린다. 마찬가지로 페인트도 붓으로 압력을 가하면 벽에 쉽게 퍼진다. 페인트는 그렇게 퍼지고 난 뒤 다시 단단해진다. 내부의 접착력을 이길 수 있는 압력이면 충분한 것이다.

TV매체를 통해 아마도 한 번쯤은 벌레들이나 도마뱀이 물 위를 걷는 모습을 보았을 것이다. 물은 항상 점성이 균일한 뉴턴유체인데 어떻게 그 위를 걸을 수 있을까? 여기에는 표면장력이라는 비밀이 있다. 액체들의 표면에는 표면의 분자들끼리 가지는 접착력이 있고 그것을 깨기란 쉽지 않다. 표면의 점성을 유지하는 그 접착력을 표면장력이라고 부른다. 컵 안의 물에 검지를 넣기 위해서는 그런 압력을 깰 수 있는 최소한의 힘이 필요하다. 인간에게는 그 힘이 아주 작아서 느끼지를 못한다. 그러나 곤충들의 몸무게는 아주 적게 나가기 때문에 물의 표면장력에 미치지 못하는 경우가 있다. 사람이 아스팔트 표면 위에 서 있는 것처럼 그들은 물 위에 서 있을 뿐이다. 성경에 나오듯이 바실리스크 도마뱀 역시 표면장력을 이용해서 빠른 속도로 움직이며 물 위를 걷는다.

물방울이 동그란 모양인 것도 표면장력의 결과이다. 구체는 기하학적으로 최소한의 에너지를 허용하는 형태이다. 그래서 두 개의 물방울이 만나면 즉시 합쳐져서 더 커다란 물방울이 된다. 수도꼭지에서 물이 떨어질 때 물방울이 타원형의 모양을 띄는 것은 중력의 작용 때문이다. 지구상에 존재하는 모든 것들은 중력을 벗어날 수 없다. 그렇지 않은가? ☺

물 위를 걷는 것이 가능할까?

트위터

@redex

웅덩이가 깊지만 않다면 언제나 가능하다.

@Angel_Agudo_

물을 얼리면 물 위를 걸을 수 있을 뿐만 아니라 미끄럼도 탈 수 있다!!!

페이스북

Carmen Penalver Leon

당신이 예수 그리스도라면, 마법사 디나모라면, 내셔널 지오그래픽에 나오는 바실리스크 도마뱀이라면, 혹은 물이 얼어있다면 가능하다. 기술과 과학적 지식을 이용하더라도 인간은 무게가 너무 많이 나간다. 발바닥이 너무 작고 액체 상태의 물 위를 걸을 만큼 빠른 속도로 달릴 수도 없다. 그러나 누군가 발명을 한다면 가능할 수도 있다. 괴짜 과학자가 지금 이것을 연구하고 있다면 좋겠다.

Jony Romero

플래쉬Flash[30]나 손오공은 할 수 있었다.

Mery Riba Senar

오야 데 우에스카Hoya de Huesca 지방의, 아구아스Aguas[31]에 살고 있다면 당연히 가능하다!

---

30 역자 주: DC 코믹스의 영웅 캐릭터이다.

31 역자 주: 스페인어로 물이라는 뜻이다.

원주율 파이(π)의 팬은 몇 명이나 될까?

우주에 존재하는 모든 원들의 모양은 똑같지만 딱 한 가지는 다르다. 바로 원의 지름이다. 인간들이 머리카락, 피부색 그리고 눈과 키 등으로 서로 다르게 구분된다면, 우리 친구 원을 서로 차별화시켜 주는 것은 바로 지름이다. 원의 지름을 알면 원에 대해 알 수 있는 모든 걸 아는 것이다. 원들은 서로 다른 크기로 존재한다. 좀 더 큰 원, 좀 더 작은 원…. 더 이상의 미스터리는 없는 것 같다. 정말 그럴까? 원은 기묘한 속성이 있다. 원의 둘레길이(길이)와 지름의 비례는 항상 같다는 사실이다. 즉, 원의 길이를 지름으로 나누면 원의 크기와 상관없이 항상 같은 숫자가 답으로 나온다. 이것이 바로 유명한 파이pi(π)로 3.1415926…… 와 같이 무한대의 소수로 이어진다.

과학 뭉게뭉게 .... 지금으로부터 2,500년 전 기원전 6세기 즈음, 인류 최초의 순수 수학자로 평가되는 피타고라스는 아테네에서 음악가들, 점성술사들, 수학자들 그리고 철학자들과 종종 모여 설명할 수 없는 주변의 여러 가지 현상들에 대해서 열띤 토론을 벌이곤 했다. 그들은 자신들을 '피타고라스 학파'라고 자칭했고, 정오각형의 대각선들로 이루어진 별 모양의 펜타그램을 도형기호로 사용했으며, 수는 만물의 근원이라고 확신했다. 그들은 무리수를 발견하기도 했으며 그 유명한 피타고라스의 성리를 수학적으로 증명한 최초의 학파였다. 그러나 구성원들이 비밀을 누설할 경우 사형에 처할 것이라는 규칙이 있기도 했다. 너무도 유명한 피타고라스의 정리는 직각삼각형의 빗변을 한 변으로 하는 정사각형의 넓이는 나머지 두 변

을 각각 한 변으로 하는 정사각형 두 개의 넓이의 합과 같다는 정리이다. 이러한 이론은 몇 세기 전부터 바빌로니아 사람들 및 이집트인들도 사용했었고 건축물을 짓는데 직각을 얻어내기 위해서 활용해 왔었다. 더 멀리 갈 필요도 없이, 카프레왕의 피라미드(기원전 26)도 3번째와 4번째 그리고 5번째 면을 건축할 때 직각삼각형을 토대로 했다고 한다.[32] 이것은 분명히 피타고라스의 정리($3^2+4^2=5^2$)를 따른 것이며 그들은 이 비율을 중요하게 여겨 '신성한 삼각형'이라고 불렀다. 또한 이와 같은 신성한 삼각형은 건축하기도 쉬워서 건축물에서부터 천문학 분야에까지 수백 가지의 형태로 응용되었다. 심지어 피타고라스의 존재조차 몰랐던 고대 중국인들까지 알고 있을

32 역자 주: 고대 이집트인들은 삼각형의 세변이 3:4:5로 이루어졌을 때 직각삼각형이 된다는 것을 알고 있었다.

정도였다.

혹시 알고 있을지 모르겠지만 학교의 어원이기도 한 고대 그리스어 'Schole'에서 놀이를 포괄하는 'Leisure'라는 단어도 파생됐다. 학교와 놀이 모두 같은 어원을 가지는 것이다.[33] 학교에서 놀이 같은 시간을 보냈던 것이 분명하다. 그렇지 않은가?

파이는 세계에서 가장 유명한 상수이며 어찌나 유명한지 파이의 날이라는 기념일이 따로 있을 정도이다. 파이의 날은 3월 14일로 원주율의 근삿값 3.14를 기준으로 하여 물리학자 래리 쇼Larry Shaw가 고안했다. 이 날 아이들은 학교에서 파이값을 배우고 과학자들은 모여서 소수점 아래의 수를 최대한 많이 계산하는 것에 몰두한다. 실제로 파이를 모르고 수학을 배울 수 없으며 파이는 물리학이나 공학에서 지속해서 사용되고 있다. 파이값은 무리수로, 1/2 혹은 3/4처럼 실수 가운데 두 정수의 비로 나타낼 수 없는, 분수로 표현할 수 없는 수이다. 지금까지 원주율 파이값을 가장 많이 계산한 사람은 시게루 콘도Shigeru Kondo와 알렉산더 위Alexander J. Yee인데, 그들은 파이의 소수점 아래 10조 자리까지 구하는 컴퓨터를 만들었다고 한다.

아르키메데스와 같은 그리스 철학자들은 이미 꽤 정확하게 파이값을 계산했었다. 아르키메데스는 그의 책 《원의 측정에 대하여》에서 파이값의 근사치를 계산했다. 원주율 값 파이의 어원은 그리스어로 주변을 뜻하는 'periferia'에서 온 것이다. 1748년에 레온하르트

33 역자 주: 'Leisure'의 어원은 그리스어 'Schole', 라틴어 'Licere', 로마어 'Otium'이다.

오일러Leonhard Euler라는 유명한 수학자가 《미분학 원리》라는 책에서 처음으로 파이라는 이름을 거론했다. 파이값에 대한 근사치는 수학적 기술의 진보 덕분에 발전했으며 컴퓨터의 등장으로 한층 더 진보하게 되었다. 1946년 세계 최초의 컴퓨터인 에니악ENIAC은 방 하나를 가득 채울 만큼 부피가 크고 지금의 스마트폰보다 계산 능력이 천 배 정도 낮았지만, 이 에니악을 이용해 이미 파이값을 2,037자리까지 계산했다. 조지 W. 라이트비스너George W. Reitwiesner와 협력자들이 해낸 것이다. 파이값의 계산은 최신식 컴퓨터를 이용해서 앞에서 잠시 언급한 것과 같이 10조 자리까지 늘어가고 있다. 수학자들이 파이 소수점을 마치 게임하듯이 계산하는 것처럼 보일 수도 있지만, 이들이 연구하여 만들어내는 새로운 계산방법은 종종 과학의 다른 영역에서 활용되기도 한다.

과학 뭉게뭉게 .... 파이(pi)값을 비슷하게 생긴 '황금비율'이라고 불리는 파이(phi)와 혼동하지 말자. 황금비율의 값은 1.618이고, 황금비율은 피보나치 수열과 관계가 있다. 피보나치의 수열에서 각 수는 앞의 두 수의 합이다. 0, 1, 1, 2, 3, 5, 8, 13, 21, 34 … 이 수열은 꽃에 붙어 있는 해바라기 씨, 나선형 은하, 소라나 달팽이 껍질의 나선형 무늬의 확장비율에서 흔히 볼 수 있다.

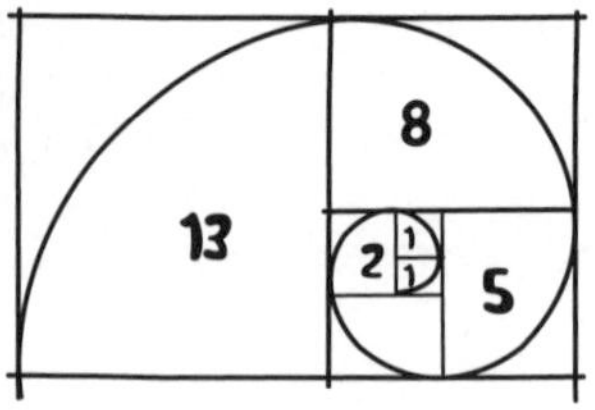

영국의 수학자 윌리엄 샹크스William Shanks는 19세기에 손으로 파이값의 소수 자리를 계산했는데, 파이값의 707자리까지 계산하는 데 20년이 걸렸다. 하지만 안타깝게도 소수 525자리까지만 계산이 맞았다. 실제로 파이값의 새로운 소수 자리를 계산하고자 하는 경쟁이 존재한다. 이들은 끝도 없는 무리수의 마지막 경계를 찾는 컴퓨터와 사람의 경이로운 리스트에 포함되기 위해 모순적으로 끊임없이 계산한다. 또한 파이값을 외우기 위한 다양한 방법도 존재하는데, 어떤 사람들은 '파이시'라고도 한다. 파이값의 무한 소수를 외우는 대회에서 우승한 사람들도 있다. 루 차오Lu Chao는 그 대회에서 67,890자리의 소수 자리를 외웠고 2005년 11월 20일에 소수 자리 한 개도 틀리지 않고 우승했다. 모든 소수 자리를 외우는 데 필요한 시간은 24시간 4분이었다. 미국의 가수 케이트 부시Catherine Bush도 골치 아픈 파이값 20개의 소수 자리 숫자를 읊조리는 희한한 노래를 작곡했다. 파이값은 무한 소수로 일정한 패턴이 없다는 신기한 특징이 있다. 어쩌면 우리들의 주민등록 번호 또는 전화번호가 파이값의 첫 번째 백만 개의 소수 중에, 순서대로 포함되어 있을 수도 있다. 게다가 인터넷에는 대신 주민등록 번호나 전화번호를 찾아주는 웹페이지까지 있지 않은가. 그러니까 우리들의 모든 데이터는 파이값에 있다는 말이다. 그런데도 개인정보를 훔쳤다고 해서 신고하는 사람이 없다. 정말 완전히 자연의 섭리다.

이러한 현상들 앞에 《파이값의 비밀》의 저자이자 사회학자인 호아킨 나바로Joaquín Navarro는 대중문화에서 '파이 마니아'에 대해서 말하고 있다. 파이값으로 인터넷에서 셔츠를 사고, 숫자를 좋아하는 친구 클럽에 가입할 수도 있고 혹은 미국 시애틀 시에서 파이를 기념하여 만든 거대한 동상을 보러갈 수도 있다. 대런 아르노프스키Darren Aronofsky의 영화 〈파이Pi〉(1998)는 편집증에 걸린 수학자의 우여곡절을 그리고 있다. 그는 모든 현실이 숫자로 표현될 수 있다고 생각하고, 증권 관련 공부를 유대교의 신비적인 성서해석과 혼합하며, 누군가에게 쫓기면서 숨겨진 음모를 발견한다. 물론 이 영화가 파이값이 나오는 유일한 영화는 아니다. 로버트 저메키스Robert Zemeckis가 감독하고 조디 포스터Jodie Foster가 주연한 영화 〈콘택트Contact〉(1997)는 칼 세이건의 동명 소설을 토대로 했고, 알프레도 히치콕Alfred Hitchcock의 〈찢어진 커튼Torn Curtain〉(1966), 그리고 〈심슨 시리즈〉의 몇몇 일화들에도 파이값이 등장한다. 그리고 스톤 로지스The Stone Roses의 노래들 혹은 비슬라바 쉼보르스카Wislawa Szymborska의 시에도 나온다.

앞에서 살펴봤듯이 당신도 파이값의 친구나 팬이 되길 추천한다. 누가 알겠는가, 언젠가 평생 사용할 수 있는 동그란 접시, 훌라후프 또는 도넛을 만들 때 유용하게 사용될지 모른다. 또한 다른 직업들, 그다지 재미있지는 않지만 가령 물리학자, 수학자 또는 엔지니어가 되고자 할 때 큰 도움이 될지도 모른다.

받침점 하나만 주면 세상을 움직여 줄게요

이탈리아 시칠리아섬의 도시 시라쿠사의 히에론 2세는 이집트의 프톨레마이오스 3세에게 선물하기 위해서 4,000톤이 넘는 거대한 범선을 만들었다. 그 배의 이름은 '시라쿠시아'로, 고대의 타이타닉이라 할 수 있을 정도로 매우 웅장했다. 배가 얼마나 컸던지 범선을 만든 사람들은 미처 예견하지 못한 꽤 심각한 문제에 직면하게 되었다. 범선이 너무 커서 물에 띄울 수가 없었던 것이었다. 육지에서 옴짝달싹 못하는 범선이 무슨 소용이란 말인가? 시라쿠사 출신이며 공학 분야의 선구자적 인물인 고대 그리스의 저명한 학자 아르키메데스Archimedes는 그 유명한 말을 남겼다. "내게 긴 지렛대와 지렛목만 주신다면 지구라도 들어 올려 보이겠습니다." 왕은 범선을 바다로 띄우기 위해서 아르키메데스를 불렀고, 그는 지렛대와 도르래 시스템을 활용해서 범선을 띄우는 데 성공했다.

실제로 지렛목(받침점)과 지렛대만 있다면 다른 방식으로는 움직이기 매우 힘들거나 불가능한 물체도 움직일 수 있다. 그뿐만이 아니다. 지렛대와 같이 얼핏 보기에 간단해 보이지만 독창적인 발명품은 세상을 개선시키고, 몇 세기에 걸쳐 우리가 일상생활 속에서 편리하게 살아갈 수 있도록 도움을 주었다. 그리고 앞으로 살펴보겠지만 다양한 종류의 흥미 있는 소설들을 창작할 수 있는 기반이 됐다. 지렛대 없이 우리는 움직일 수도 없을 것이다.

지렛대는 일반적으로 단단하고 긴 막대를 받침점이라고 불리는 고정된 점 위에 놓고 한쪽에 힘을 가하기 위해 설계된 간단한 기계이다. 지렛대의 주요 임무는 가능한 적은 힘(지렛대를 움직이는 힘)으로 최대한의 저항(극복하고자 하는 힘)을 이기는 것이다. 어떤 지렛대들은 망치 혹은 도약대와 같이 이동 혹은 속력 향상을 위해 활용되기도 한다. 게다가 지렛대의 원리라는 고유의 법칙도 가지고 있다. 이 법칙은 받침점을 기준으로 물체를 올려놓는 저항팔과 다른 한쪽에 힘을 가하는 힘팔 간의 거리 간의 관계를 설명한다.

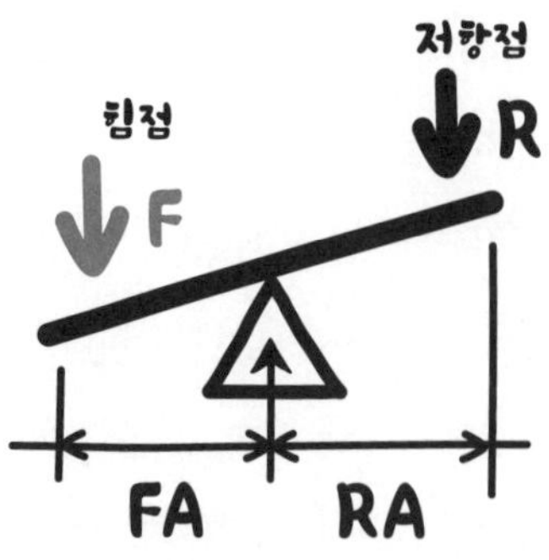

그러면 이제 본격적으로 알아보자. 기본적으로 세 가지 유형의 지레가 있고, 그 유형들은 수백 가지로 응용될 수 있다. 첫 번째 유형인 1종 지레는 아르키메데스가 세상을 움직이겠다고 호언장담한 그 유명한 지렛대로, 막대를 두 부

분으로 구분해주는 받침점 위에 올려놓으면 된다. 안타깝게도 아직까지는 지구를 움직일 만한 받침점과 지구를 올려놓을 만큼 강하고 긴 막대를 발견하지 못했다. 받침점과 우리가 힘을 주는 점 F까지의 거리를 힘팔Force Arm, FA이라 하고, 받침점과 우리가 들어 올리거나 움직이고 싶은 무게까지의 거리를 저항팔Resistance Arm, RA이라고 한다. 지렛대의 흥미로운 사실은 저항팔보다 힘팔이 받침점으로부터 거리가 멀면 멀수록, 같은 저항 R을 극복하기 위한 힘이 더 적게 든다는 것이다. 앞의 전형적인 지렛대의 그림을 설명하면 다음과 같다. 지렛대의 저항팔에 커다란 돌이 있는 것을 상상해보자. 그때 힘팔 점은 받침점으로부터 가능한 한 멀리 떨어져 있고 저항팔이 받침점 매우 가까이에 있다. 그러면 커다란 돌이 쉽게 올라갈 것이다.

이러한 종류의 지렛대에 가위, 도약대, 시소가 포함된다. 가지치기할 때 사용하는 커다란 전정가위가 있다. 나는 항상 그 가위가 보통 가위보다 긴 이유가 더 높은 곳까지 닿기 위해서라고 생각했었다. 높은 곳에 있는 가지까지 닿아야 가지를 칠 수 있으니 말이다. 그러나 다른 이유가 있었다. 지렛대의 원리에 따라 가위가 만들어진 것이었다. 필요한 힘은 받침점을 기준으로 힘점에 반비례하기 때문에(F=R×RA/FA), 힘점이 받침점에서 멀리 있으면 있을수록 필요한 힘은 적다. 즉 가위 길이가 길면 길수록, 무거운 나뭇가지를 자르기 위해 들여야 하는 힘은 더 적어진다. 반면 우리가 책상에서 사용하는 가위는 길이가 훨씬 더 짧다. 종이를 자르기 위해 우리가 가해야 하는 필요한 힘 또한 훨씬 더 적기 때문이다. 영화 〈반지의 제왕The

Lord of the Rings〉에서도 거인 같은 골룸들이 거대한 지렛대를 밀어서 모르도르의 문을 여는 유명한 장면이 나온다. 골룸들의 얼굴은 매우 못생겼지만 전혀 바보는 아니었다. 그들은 받침점을 회전 굴대 가까이에 놓았다. 이런 식으로 작용점을 짧게 함으로써 문을 최대한 밖으로 잡아당길 때 적은 힘만 사용하면 되었다. 문에 손잡이를 만들고 미는 것보나 시렛대가 훨씬 효과적이지 않은가?

두 번째 유형의 지레는 2종 지레로 저항이 축과 힘 사이에 있나. 자, 작은 손수레를 끌고 있는 자신의 모습을 상상해보자. 이 경우에 무게는 자신의 두 손과 바닥에 닿는 바퀴에 있다. 다시 당신이 체육관에서 플랭크를 하는 모습을 상상해보자. 당신의 무게는 두 팔뚝과 바닥에 지탱하고 있는 받침점 역할을 하는 발에 있다. 이런 유형의 지레에는 호두 까는 도구 혹은 병따개, 그리고 얼핏 볼 때 전혀 관련 없는 것처럼 보이지만 배를 탈 때 젓는 노도 포함된다. 마지막 예에서 받침점 역할을 하는 것은 노를 담그는 물이고 우리는 저항을 움직이기 위해서 물 표면에 의지한다. 주의! 본능적으로 받침점을 노가 배와 닿는 부분으로 오해하기 쉽지만 그건 아니다. 한 번 더 생각해보면 좀 더 명확하게 보일 것이다. 2종 지레의 가장 훌륭한 예는 우리의 일상에서 가장 중요한 발일 것이다. 이때 받침점은 땅을 딛고 있는 발

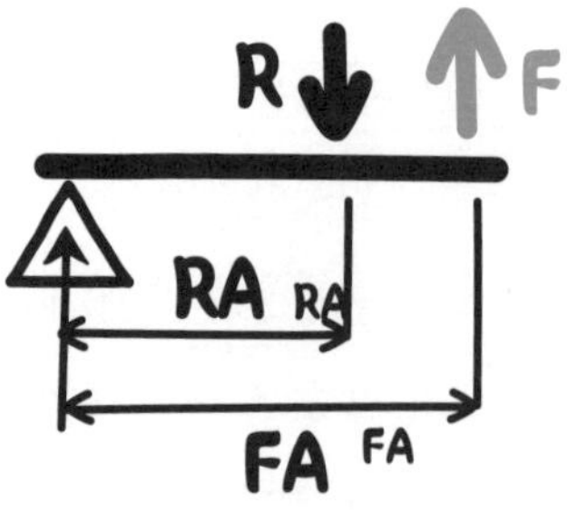

앞부분과 발가락이다. 저항은 우리의 몸무게고 힘은 우리의 근육, 장딴지근, 발목과 발꿈치부터 이어지는 종아리 부분이다. 결론적으로 이 모든 지레는 기계적인 장점이 많기 때문에 매우 유용하다. 다시 말하자면 적은 힘으로 아주 큰 저항을 이길 수 있기 때문에 유용하다. 지레의 원리 덕분에 우리가 걸어 다닐 수 있다고 생각하니, 갑자기 지레의 팬이 되고 싶은 심정이다.

'걷기'에 대해 말하다 보니 한 남자가 생각났다. 사실 걷는다기보다는 '거의 날아다니는' 남자라고 해야 할 것 같긴 하지만 말이다. 그는 스페인의 스키 선수이자 산악 러닝 선수인 킬리안 조넷Killian Jornet이고, 나는 그의 엄청난 팬이다. 내가 조넷을 좋아하는 이유는 단순히 그가 세계 산악 러닝 대회 챔피언이어서가 아니다. 그에게는 '불가능'이라는 단어가 존재하지 않기 때문이다. 그가 가지고 있는 수십 개의 기록을 여기서 다 열거할 수도 있겠지만, 정말 나를 감동하게 한 것은 2017년 5월에 있던 일이었다. 그는 단번에 그리고 26시간 만에, 고정 밧줄은커녕 산소통 하나 메지 않고 산악인들이 보편적으로 다니는 길을 따라 8,848m의 에베레스트산에 올랐다. 보통 산악인들에게 4일이 걸리는 코스를 말이다!

조넷은 다른 사람들이 불가능하다고 하는 말에 신경 쓰지 않았다. 그리고 이렇게 말했다. "성공의 비밀은 말입니다. 매일 당신을 흥분시키는 무언가를 하며 과거에 연연하지 않는 것입니다." 그리고 자신의 말을 행동으로 보여줬다. 믿음이 산을 움직였다. 조넷은 산을 삼켜 버렸다.

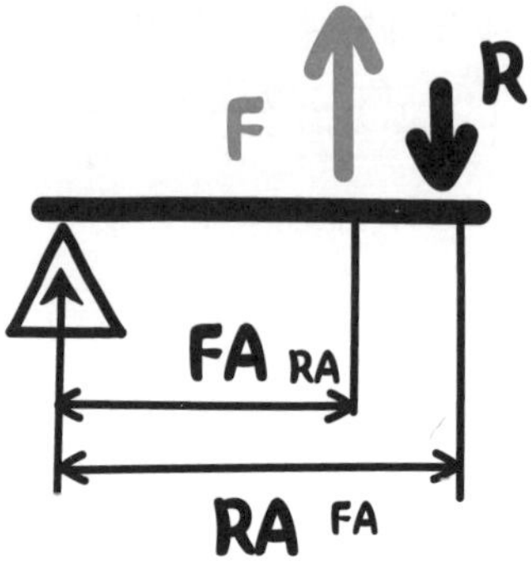

그리고 지레의 마지막 유형, 3종 지레는 힘이 저항과 받침점 사이에 있으며 중간에서 힘을 가한다. 이런 유형의 지레는 기계적으로 매우 단점이 많다. 저항을 이기기 위해서 더 많은 힘이 필요하기 때문이다. 빗자루, 스테이플러 심 제거 기구, 그리고 핀셋이 제3종 지레를 응용해서 만든 것들이다. 단점이 많은 이 지레를 사용하는 이유는 뭘까? 바로 받침점을 항상 우리가 원하는 곳에 놓을 수 없기 때문이다. 낚싯대의 경우가 그렇다. 혹은 우리가 이동하려고 하거나 속도를 높이고 싶기 때문일 수도 있다. 예를 들면 이사한 뒤 열 개가 넘는 액자를 다시 걸기 위해서 없어서는 안 되는 망치가 그렇다. 일정 속도를 유지하며 손목의 작은 움직임만으로 우리는 망치 끝을 더 깊게 그리고 더 빠르게 이동하게 만들어 못을 박을 만큼의 충분한 에너지를 생성할 수 있게 한다. 물론 약간의 연습 끝에 성공했을 경우만 그렇다. 종종 망치가 내려찍는 곳은 우리 손가락이 되기도 한다. 그 순간은 매우 아프다.

우리 몸에서도 제3종 지레를 찾아볼 수 있다. 이두근의 힘과 팔꿈치 받침점을 이용해서 아령 또는 작은 커피잔을 들어 올릴 때가 그렇다.

호기심 뭉게뭉게

전 세계에서 가장 유명한 망치는 '묠니르'로 노르드 신화의 천둥 신 토르의 망치다. 오직 토르와 몇몇 슈퍼 영웅들만 그 망치를 들어 올릴 수 있다. 그 외의 인간들은 토르의 망치를 들어 올릴 수 없다. 여러 가지 이유가 있겠지만, 영화 스토리에 예기치 못한 반전을 가미하는 유일한 책임자들인 마블의 시나리오 작가들만 알 수 있는 일이다. 왜일까? 이유는 간단하다. 그만큼의 힘이 없어서이다. 도대체 얼마나 무겁기에 그럴까? 신화에 따르면 토르의 망치는 죽어가는 별로 제조했다고 했으니 백색왜성이나 중성자별, 혹은 블랙홀 중에서 하나일 수 있다. 토르의 망치가 아주 무겁다고 가정하면 엄청난 무게를 지닌 중성자별이 후보가 될 수 있겠다. 중성자별은 무게가 매우 많이 나간다. 작은 숟가락 안에 있는 중성자별의 물질의 무게를 재면 4천만 톤 정도가 될 것이다. 그리고 묠니르는 5조 톤의 무게가 될 것이다. 그 정도의 무게라면 나도 들지 못할 것이다. 이 정도면 나도 혼란스러워진다. 그 정도의 무게면 그 무게에 해당하는 고유의 중력장을 가지고 있을 테고, 아마도 사방 10km 내에 있는 모든 물질을 끌어당길 만한 힘일 것이기 때문이다. 그리고 망치를 내려치는 속도에서 충격이 발생하여 지표면에 있는 모든 사람에게 치명적일 것이다. 게다가 토르는 망치의 끝 부분이 아닌 가운데 부분을 잡는다. 어쩌면 그가 신이기 때문에 충격이 얼마나 클지 따위는 그다지 중요하지 않을 수도 있다. 어쨌든 슈퍼 영웅이니 말이다. 물론 토르의 경우 망토가 펄럭이고 있긴 하다.

토르의 망치의 무게는 얼마일까?

인스타그램

leandro.albero

1991년 마블이 출판한 크롬에 의하면, 볼니르는 정확하게 42.3파운드, 약 20kg이다.

escuelawellness

토르를 직접 만나 물어보고 싶다. 😛

트위터

@joseantmazon

토르가 원하는 무게… ㅎㅎ

페이스북

Javier Rodríguez

승강기에 토르의 망치를 넣으면 승강기는 올라갈까? 토르의 망치는 물리학 법칙에 좌우되지 않는 신성한 비이성적 감각의 산물이다. 저열한 사람은 바닥에서 토르의 망치를 들어 올리지 못할 것이나, 망치가 선택한 사람은 망치를 힘껏 들어 올릴 수 있을 것이다. 그리고 어디에도 힘이 세야 한다고 쓰여 있지 않지만, 신인 만큼 마르거나 뚱뚱한 건 상상하기 어렵다. 뭐, 천둥의 신이기 때문에 뚱뚱한 건 어울릴 수도 있겠다.

Ariel Alexis

묠니르의 무게는 당신의 존엄성과 원칙에 반비례한다.

Ivan Garcia Luiz

42.

Rubén Quintela Cancelo

휴… 모두 알겠지만 무게가 엄청날 거다.

Juani Moyano

토르 톤 정도….

Humberto José González Olivera

글쎄, 체중계에 망치를 올려놓을 수나 있을까?

가장 높이
쌓을 수 있는
모래성의 높이

내가 어렸을 때에는 TV 채널이 두 개밖에 없었다. 인터넷도 넷플릭스도, 비디오게임과 컴퓨터도, 그리고 스마트폰도 없었다. 그저 수십 명의 친구들과 거리에서 놀거나, 책을 많이 읽거나, 건전지가 들어있지 않는 장난감을 가지고 놀며 시간을 보냈다. 특히 겨울에는 오후가 길게만 느껴졌고 친구들과 함께 카드 쌓기를 하며 시간을 보냈다. 14, 11, 8, 5, 2… 이것이 나의 초기 산수의 발전이었다. 아직도 나는 그

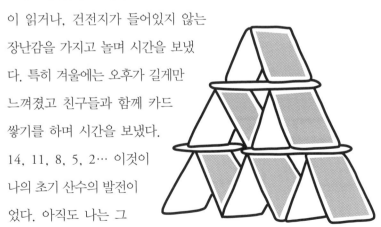

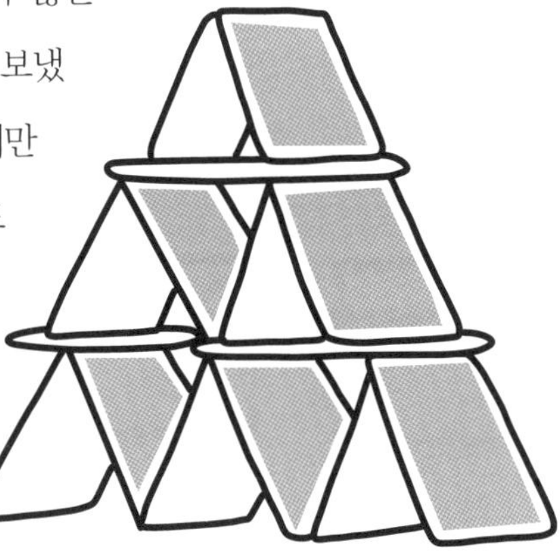

것이 무엇인지를 모른다. 가장 높이 쌓으려고 시도했지만 카드가 남지 않았고 혹은 카드의 무게 때문에 무너지곤 했었다. 해변에서 모래성을 쌓을 때도 같은 일이 벌어졌다. 일정한 높이에 이르면 무너져 버렸다.

코끼리는 자신의 몸을 식히는 데 쥐와 같은 작은 동물보다 시간이 더 오래 걸린다. 보래성은 자신의 높이에 한계가 있고 한계를 넘어서는 순간 무너진다. 샴페인의 거품은 올라오는 속도에 가속이 붙는다. 거인들은 존재할 수가 없다.

공통점이 없어 보이는 이 다양한 현상은 제곱 세제곱 법칙이라는 하나의 법칙을 따른다. 즉, 크기가 아주 중요하다는 것이다. 이 법칙은 사각형이나 육면체의 크기가 커질수록 그것의 숫자가 중요하다.

자연수의 증가를 보자 : 1, 2, 3, 4, 5…

이제 사각형의 증가를 보자 : 1, 4, 9, 16, 25…

이제는 육면체의 순서다 : 1, 8, 27, 64, 125…

위의 예에서 볼 수 있는 것처럼 사각형의 증가는 자연수보다 빠르고, 육면체의 증가는 사각형보다 더욱 빠르다. 5로 끝나는 숫자들을 조건으로 생각해보자. 첫 번째는 5, 두 번째는 25, 세 번째는 125이다. 즉 우리가 지름 1의 공을 가지고 있다면 그것을 5로 증가시

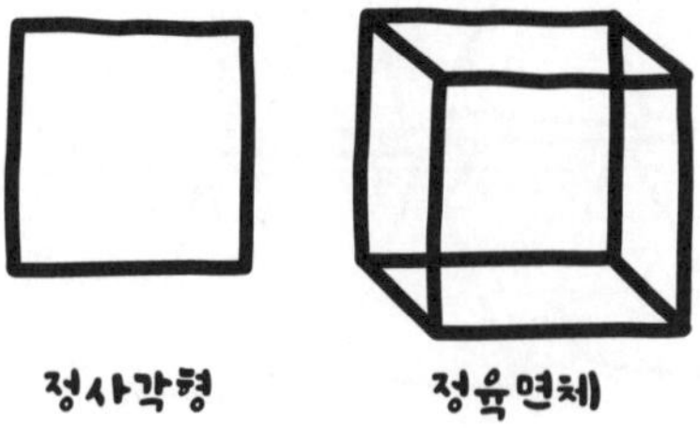

킬 수 있다. 그것의 표면적은 25이고 부피는 125가 된다. 이런 제곱과 세제곱의 관계는 많은 자연의 현상을 이해하는 데 중요한 역할을 한다.

우리는 무엇 때문에 이러한 현상을 관찰하는가? 바로 기하학이다. 부피는 육면체가 되면서 증가한다. 면적은 사각형이 되면서 증가한다. 즉 육면체가 그 크기를 증가시키면 그것의 부피는 표면적보다 훨씬 증가한다. 풍선을 불어보면 쉽게 증명할 수 있다. 공기를 포함한 풍선의 부피는 표면적보다 훨씬 많이 증가한다. 이것이 바로 앞에서 언급한 제곱 세제곱 법칙으로, 1638년 갈릴레오 갈릴레이가 발표했었다. 이제 물리학, 공학, 생물학의 영역에서 이 간단하고 직관적인 법칙이 적용되는 사례를 살펴보도록 하자.

호기심 뭉게뭉게 …………… 〈왕좌의 게임Game of Thrones〉 시리즈에서 세븐 킹덤을 보호하는 성벽을 처음 보았을 때 내 심장은 멈췄다. 그것은 244m의 순수한 얼음으로 만들어진 아주 굉장한 벽이었다. 중국의 만리장성도 고작 7m 높이에 불과했다. 인간이 그런 벽을 쌓는 게 가능한 일일까? 남극, 그린란드, 캐나다에는 빙하 위에 펼쳐진 얼음 지대가 있다. 어떤 것은 높이가 30m에 다다르기도 하는데, 북극의 초기 탐험가들은 그것을 대장벽이라고 불렀다. 라르센 빙붕처럼 두께가 200~700m에 이르는 것도 있다. 그래도 높이 2,000m를 넘기에는 멀었다. 벽이 자신의 무게를 지탱하기 위해서는 얼마의 두께가 되어야 할까? 알래스카 페어뱅크스 대학의 물리학자 마틴 트루퍼Martin Truffer도 같은 의문을 가졌다. 그는 얼음이 붕괴하는 성질을 계산하고 벽 높이의 40배가 되는 두께가 필요하다는 결론을 내렸다. 즉 거의 8.5km의 두께가 필요하다. 그 정도의 두께를 만드는 게 가능하다고 가정하더라도 그 벽의 각도는 타고 올라갈 수 있는 수준이 될 것이다. 결국 얼음으로 만들어진 이 벽의 모습은 순수한 판타지에서 가능할 것이다. 왕좌의 게임에 나오는 화이트 워커White Walker는 드래곤에게 의존할 필요 없이 이미 윈터펠에 도착했을 것이다.

인간을 거인처럼 크게 만들 수 있을까? 그건 그렇게 간단한 문제가 아니다. 특히 근육을 가로지르는 힘이 문제가 된다. 그것 때문에 표면적이 증가한다. 우리의 질량은 밀도에 비례한다. 우리가 자신의 모습을 유지하려면 같은 밀도여야 한다. 부피는 입체가 되면 증가할 것이다. 우리가 거인이 되면 부피도 증가한다. 질량이 커지면 우리의 무게는 커질 것이고 그것을 지탱하기 위한 힘도 커져야만 한다. 거인은 붕괴할 것이다. 불균형적인 무게 때문에 뼈는 모두 부서질 것이다. 만약에 개미의 육체를 확대한다면 개미의 다리는 자신의 무게를 지탱하지 못할 것이다. 영화에 등장하는 고질라나 킹콩도 자신의 무게 때문에 무너질 것이다. 해변에서 쌓는 모래성에도 같은 논리가 적용된다. 다만 해양 포유류인 고래의 경우, 몸의 크기가 커져도 괜찮다. 물의 부력이 무게를 덜어주기 때문이다. 반대로 제곱세제곱 법칙에 따라 개미 같은 작은 동물들은 자신의 무게의 몇 배를 들 수 있다. 벼룩은 높이 뛸 수 있다. 몸의 크기에 비해 힘이 아주 크기 때문이다.

과학 뭉게뭉게 .... 개미 인간에서 거대 인간에 이르기까지 크기를 조정하는 일은 행크 핌Hank Pym[34]의 최대 관심사일 것이다. 그는 생화학 박사이자 양자 역학, 로봇학, 인공지능 전문가이다. 그리고 마블 세계의 곤충학자로 과학자이자 슈퍼 영웅이다. 비록 내가 개미를 좋아하기는 하지만 그는 내가 선호하는 슈퍼 영웅은 아니었다. 그러나 크기를 줄일 수 있고 그들과 의사소통을 할 수 있고 슈퍼 파워를 가진다는 것은 멋진 일이다. 개미는 자신의 무게의 무려 50배까지 들 수 있다. 그리고 연인인 재닛 반 다인Janet Van Dyne[35]이 와스프[36]가 된다는 것도 전혀 나쁜 일이 아닐 것이다. 거대 인간이 되는 것도 좋다. 하지만 이미 말한 것처럼 거대 인간이 되기란 불가능하다. 뼈와 근육이 지탱하지 못할 것이다. 그러니 상상 속에서만 만족하도록 하자. 우주의 법칙은 마블의 법칙과는 다르다.

이제 동물의 크기와 필요한 에너지의 상관관계에 대해 생물학적으로 살펴보자. 예를 들어 코끼리는 부피에 비해 표면적이 작기 때문에 쥐보다 몸의 열에너지 손실이 적다. 즉 음식물의 섭취 빈도가 낮아도 된다. 비록 역설적으로 들릴지 모르지만 쥐는 자신의 부피에 비해 코끼리보다 더 큰 표면적을 가지고 있다. 쥐는 피부를 통해 더 많은 열에너지를 잃는다. 그래서 자신의 유기체 기능을 유지하기 위해 더 많은 연료가 필요하다. 고래 같은 바다 포유류는 거대

34 역자 주: 영화 〈앤트맨〉에 등장하는 박사이다.

35 역자 주: 마블 캐릭터로 영화 〈앤트맨〉에 등장한다.

36 역자 주: 재닛이 후에 바꾼 이름이다.

한 몸집을 유지한다. 만약 고래의 크기가 작다면 피부를 둘러싼 차가운 물 때문에 더 많은 에너지를 잃었을 것이다.

샴페인 잔을 관찰하면 유리에 형성된 거품이 빠른 속도로 표면으로 올라오는 것을 볼 수 있다. 거품의 움직임과 거품의 부양력은 부피와 관련이 있다. 입체의 지름에 따라 그것의 부피가 증가한다. 거품은 지름의 크기에 따라 부피가 변하는 원기둥꼴이다. 표면으로 올라가면서 거품은 그것을 형성하는 이산화탄소 기체의 분자를 더 많이 포함하게 된다. 거품은 가속된다. 부피가 커질수록 부양력이 향상되기 때문이다. 액체의 저항력이 거품의 움직임에 저항한다. 따라서 표면적과 함께 성장하는 거품의 부피에 제동이 걸린다. 그래서 동작에 대한 저항력이 향상되면서 더 빨리 상승하게 된다. 그 결과 거품이 터질 때까지 가속도가 붙고 공기 중으로 터져 나간다. 펑!

마지막으로 내 친구이며 물리학자이자 공학자인 하비에르 산타올라야Javier Santaolalla는 유튜브에서 이렇게 설명한다. 우리가 슈퍼에서 감자를 살 때 가장 큰 감자를 고르는 것이 좋다. 제곱과 세제곱의 법칙 때문에 가장 큰 감자가 좋다. 우리는 큰 감자의 껍질을 벗기는 데 시간과 에너지를 적게 쓸 것이다. 그리고 감자 또띠아를 훨씬 과학적이고 효율적으로 만들 수 있을 것이다.

모래성이 도달할 수 있는 최대 높이는 얼마일까?

인스타그램

heichou_bicho

모래성의 높이는 당신의 작업 속도에 비례한다. 그리고 그것을 부수는 아이나 파도의 도착 시각에 비례한다. ☺

트위터

@Ramon2202Del

성의 유형에 따라 높이는 달라질 것이다. 속이 꽉찬 '커스타드[37]형'인가 혹은 속이 텅 빈 '사그라다 파밀리아[38]' 인가에 따라 다르다.

---

37 역자 주: 우유 · 달걀 · 설탕 등을 섞어서 찌거나 구워 만든 서양 과자를 말한다.

38 역자 주: 스페인의 세계적인 건축가 안토니오 가우디가 설계하고 직접 건축 감독을 맡은 로마 가톨릭 성당 건축물로 아직 완공되지 않았다.

거울은 무슨 색일까?

나는 거울의 공포를 느꼈다.
끝나고 시작하는 투과할 수 없는
유리 앞이 아니었다.
불가능한 반사의 영역
(…)
신은 꿈과 거울의 형식으로
무장한 밤을 만들었다.
사람들이 반사와 허망함을
느끼게 하려고
그래서 그것은 우리에게 두려움을 준다.

호르헤 루이스 보르헤스Jorge Luis Borges의 〈거울들〉

거울은 항상 여러 가지 이유로 사람들을 매혹했다. 아주 오래전 거울이 없었을 때, 사람들은 강물에 흔들리는 순간적인 영상 말고는 자신의 얼굴이 어떤지 알 수가 없었다. 자신의 모습을 볼 수 없는 상황을 상상할 수 있을까? 아마 깔끔한 성격을 가진 사람들은 절대로 버티지 못할 것이다. 에트루리아[39], 이집트, 그리스에서는 이미 은, 청동, 구리와 같은 번쩍이는 금속을 거울로 사용했었다. 거울은 우리가 보는 3차원의 공간에 새로운 공간을 열어주는 이상한 특성이 있다. 마치 우리의 세계와 유사한 다른 세계를 열어주는 것처럼 보이는데, 이를 '거울의 영상'이라고도 부른다. 거울은 사물을 더 크게 보이도록 만드는 특성이 있다. 요즘처럼 작은 공간에 사는 세상에는 아주 유용하다. 이런 신기한 특성 때문에 거울은 마법으로 간주되었다.

뱀파이어는 거울에 자신의 모습이 비치지 않는다. 죽어가는 사람은 거울의 반대편 공간에 갇혀버릴 수 있다. 사악한 마녀가 자신의 마법 거울을 보는 장면을 상상해 봐라. 그녀는 매 순간 왕국에서 가장 예쁜 사람이 누군지를 거울에게 물어본다. 그리고 백설 공주가 그녀보다 예쁘다는 말을 듣고서 화를 낸다. 거울이 깨지면 7년 동안 불운하다는 말도 있다. 물론 과학적 증거가 전혀 없는 순수한 미신이다. 물론 손에 상처를 입지 않으려면 거울은 깨지 않는 것이 좋다.

인간은 거울에 대해 무슨 생각을 했을까? 거울은 광학의 법칙

39 역자 주: 에트루리아인이 거주하여 나라를 세운 고대 이탈리아의 지역이다.

에 따라 빛을 반사하는 윤기 나는 표면을 가지고 있다. 대부분 물체는 빛을 반사한다. 그래서 우리는 물체를 볼 수 있다. 물리학에서 예외적으로 흑체만이 모든 빛을 흡수하고 전혀 반사하지 않는다. 그리고 색은 이런 반사에 의존한다. 예를 들어 녹색의 사과는 눈에 보이는 모든 빛의 파장을 흡수하고 녹색의 사과를 보여주는 파장만 반사한다. 전에 이미 설명했듯이 우리 눈에 들어와 우리 두뇌에 녹색 사과의 색을 전해 주는 것은 바로 파장의 반사이다. 그래서 우리는 물체가 우리가 눈으로 보는 색을 제외한 모든 색을 가진다고 말한다. 우리 눈에 보이는 색만 유일하게 반사하기 때문이다. 그러나 사과, 커튼, 나무판자처럼 대부분의 물체는 거울을 보는 것과 똑같은 느낌을 주지는 않는다. 우리는 그 물체에서 반사하는 것을 보지 못한다. 이유가 무엇일까?

사과와 같은 보통의 물체는 빛을 확산의 방식으로 반사하는데, 이를 확산 반사라고 부른다. 확산 반사는 물체의 표면이 불규칙하고 빛이 순서대로 튕기는 것이 아니고 각자 분리되어 한 방향으로 나간다. 그러나 거울은 표면이 매우 매끈하고 부드럽고 규칙적인 물체이다. 이것은 빛이 영향을 미치는 각도로 질서 있게 나가도록 만들어 준다. 거울은 반사의 법칙 즉, 스넬의 법칙[40]을 따르는 것이다. 그렇게 우리의 얼굴이나 그 앞에 있는 물건에 대한 거울의 영상이 만들

---

40 역자 주: 1621년 네덜란드의 천문학자이자 수학자인 빌레브로르트 반 로이옌 스넬이 빛이 휘는 정도는 굴절물질의 성질과 관계가 있다는 굴절법칙, 즉 스넬의 법칙을 발견했다.

어진다. 거울의 표면이 매끄러울수록 현실의 영상은 충실해진다. 평평한 거울은 물체의 균형에 맞는 영상을 만들어주지만, 우리가 놀이동산 같은 곳에서 보는 오목하거나 볼록한 거울은 왜곡된 영상을 보여준다. 우리의 모습을 더 길거나 더 짧게 보이도록 한다. 재미는 있지만 끔찍하기도 하다. 작가인 라몬 라몬 델 바예잉클란Ramon del Valle-Inclan은 망가진 거울의 영상에서 영감을 얻었다. 그는 마드리드의 까제혼 델 가또에서 괴기 문학을 만들었다. 작가는 굽은 거울에 비친 것처럼 현실을 과장된 방식으로 변형하여 비판하였다. 오늘날 거울은 아주 정교한 알루미늄 혹은 은으로 된 막을 일반적으로 실리콘, 소듐, 칼슘으로 만들어진 투명한 유리에 입혀 만든다.

과학 뭉게뭉게 .... 칠레 북쪽에 아타카마 사막의 중심부에, 정확하게는 해발 3,000미터의 높이의 세로 아마조네스 산의 꼭대기에 우주를 관찰하기 위한 세상에서 가장 거대한 망원경이 설치될 것이다. 바로 E-ELTEuropean Extremely Large Telescope이다. 이 망원경은 798개의 육각 세그먼트[41]로 구성된 직경 39m의 주 반사경(반사경은 거울 5개의 보조를 받는다)을 가지게 되며, 거의 축구장 크기인 80m 높이의 돔으로 보호될 것이다. E-ELT는 지구에서 보이는 빛을 관찰하기 위해 만들어질 가장 커다란 시설로, 허블 우주 망원경에서 잡는 파장의 주파수의 5배가 되는 정교한 영상을 잡아낼 것이다. 초기 예산이 10억 유로가 들어간 극도로 커다란 망원

41 역자 주: 메모리 관리 방식의 하나로, 프로그램이나 데이터를 세그멘트 또는 섹션이라는 가변 크기로 관리하는 방법이다.

경이지만 어쩌면 최고의 투자가 될 수도 있다. 수억 가지의 비밀과 새로운 은하와 별을 발견하는 데 도움을 줄 수도 있을 테니 말이다.

그렇다면 거울은 무슨 색일까? 많은 사람들이 즉각적으로 은색이라고 말할 수도 있다. 많은 경우에 그렇게 보이기 때문이다. 그러나 거울은 그것을 반사하는 물체의 색이다. 노란색 벽 앞에 세워 놓으면 노란색이 되고, 하늘 앞에 세워 놓으면 파란색이 될 것이다. 우리의 얼굴 앞에 세워 놓으면 정확하게 우리의 얼굴과 같은 색이 될 것이다. 하얀색 물체는 비록 그것이 확산의 방식이기는 하지만 거울처럼 모든 빛을 반사하는 특성이 있다. 그래서 천문학자인 필 플래이트Phil Plait는 흰색을 인공지능 백색이라고 말했다. 즉 흰색처럼 모든 것을 반사하지만 확산의 방식이 아니라 질서정연하게 반사하여 영상을 만든다는 것이다.

정확하게 말하자면 거울은 완벽하지 않다. 항상 받아들인 빛의 일정 비율을 흡수한다. 비록 적은 양이지만 흡수하고 나머지는 반사한다. 우리의 눈은 정교하게 그것을 감지하지는 못한다. 그러나 과학자들은 거울이 반사하는 전자기 스펙트럼을 연구해 왔다. 그리고 이런 흡수 현상을 발견했다. 또한, 놀라운 사실을 발견했다. 거울이 가장 잘 반사하는 파장의 길이는 유리와 금속처럼 그것의 일반적인 구성 때문인지 510나노미터의 파장의 길이였다. 그 파장의 길이는 인간의 뇌에서 녹색으로 인식된다. 그러므로 우리는 거울이 조금은 초록빛을 띤다고 말할 수도 있다. 이것을 실험으로 확인할 수 있을까? 그렇다. 가능한 일이다. 두 개의 거울을 마주 보게 만들면 무한정 가라앉는 이상한 터널이 만들어진다. 어떤 사람은 두 개의 거울 사이에 무한이 있다고도 말했다. 다음에 두 개의 거울 사이에 있게 되면 집중해서 봐라. 앞에서 언급한 터널이 사라지면 가벼운 녹색의 빛을 분명하게 볼 수가 있을 것이다. 그것은 녹색이 아니라 빛을 반복적으로 흡수하여 나타난 결과이다.

거울은 무슨 색일까?

인스타그램

Nacho Triana Toribio

내 거울은 흰머리가 늘어나는 검은 색이다.

페이스북

edumartin237

투명하다.

브로콜리의
기하학적 미스터리

폐포, 번개, 해안선, 우리 몸의 피를 순환해 주는 순환계, 나무, 구름 그리고 브로콜리와 꽃양배추를 조합하여 만든 이상하게 생긴 로마네스크 브로콜리(로만 브로콜리), 이것들의 공통점은 무엇일까? 다양한 답이 나올 수 있겠지만 이 책에서 다루려는 것은 자연의 광범위한 부분에서 존재하지만 과학자들의 눈에 명백하게 들어오기까지 꽤 시간이 걸린 프랙탈 기하학이다. 프랙탈은 무엇인가? 프랙탈이라는 이름 안에 힌트가 있다. 프랙탈은 라틴어로 '부서지다Fractus'라는 단어에서 유래됐다고 한다.

먼저 그간의 역사를 짚어보고 시작해보자. 수학자 브누아 맨델브로Benoit Mandelbrot는 70년대 초 처음으로 자연계의 복잡하고 불규칙한 상태를 다루는 프랙탈 이론을 발표하였다. 전통적으로 수학은 부드럽고 단순한 형태를 다뤘다. 그러나 맨델브로는 부서지고 울퉁불퉁한, 그리고 똑같은 모양이 반복해서 나타나는 프랙탈 모양을 관찰했다. 그는 공식보다는 이미지를 다루는 것을 더 좋아했다.

이게 무슨 뜻일까? 간단히 설명하자면 점점 작은 부분을 계속 확대하더라도 처음과 똑같은 모양이 반복해서 나타난다는 것이다. 브로콜리 조각 하나는 브로콜리 전체와 똑같은 모양을 가지고 있다. 구름의 일부분은 전체 구름과 유사하다. 우리가 도끼를 들고 나무의 가지를 베면 그 가지에서 더 작은 가지들이 뻗어 나오는데, 그 가지는 또 하나의 나무 형태를 보인다. 이렇듯 프랙탈은 무한히 반복되는 형태를 지니고 있고 주로 양치식물[42]에서 이런 현상을 살펴볼 수 있다. 바로 이 점이 프랙탈의 가장 중요한 본질이다. 프랙탈은 불규칙한 모습을 하고 있다. 그래서 전통적인 수학자들은 그런 형태를 묘사할 수 없었다.

고전 기하학은 유클리드Euclid로 인해 2,500년 전부터 시작되었지만, 추상적이고 차갑고 현실과 동떨어진 학문으로 간주되어 왔었다. 항상 완벽한 형태와 물체를 묘사했기 때문이다. 그러나 프랙탈 기하학과 함께 이제 수학은 자연에서 볼 수 있는 형태들, 일상생활의 일부로 우리와 공존하는 구름, 산맥 혹은 해안선들을 생성할 수 있는 강력한 도구를 가지게 되었다.

실제로 수학 수업 시간에 칠판에 그려지는 완벽한 직선, 완전무결한 원들 그리고 부드러운 곡선들은 자연 속에서 관찰하기가 그렇

42 역자 주: 관다발식물 중에서 꽃이 피지 않고 포자로 번식하는 종류들을 일컫는다.

게 쉽지는 않다. 오히려 인간들이 만드는 도로, 건물, 다양한 디자인들에서 많이 찾아볼 수 있다. 인간은 프랙탈 기하학을 사용하여 비디오게임에서 현실적인 이미지들을 생성하고, 원단에 아름다운 무늬를 넣어서 옷을 만든다. 프랙탈 예술가들은 아름다운 이미지들을 창조하는 방법을 모색한다. 붓과 유화 대신 컴퓨터 프로그램들을 고안해서 형태와 색으로 가득한 창조적인 프랙탈 이미지를 만들어낸다. 실제로 20세기 말에는 프랙탈리즘이라는 예술 운동이 일어나기도 했으며, 모든 전위 운동에서와 같이 고유의 성명을 발표하기도 했다.

프랙탈은 형태뿐만 아니라 선의 아름다움에도 놀라운 점이 있다. 예를 들어 인간이 손으로 그은 것이 아니라 자연이 만들어낸 예술인 해안선은 매우 신비한 프랙탈 사물이다. 해안의 길이는 얼마일까? 계산하기 어렵다. 제아무리 지도가 세밀하고 정확하다고 해도, 불규칙한 선들이 예기치 못한 곳에서 불쑥 나타나고, 바위들 사이의 휘어진 곳들이 여기저기 숨어 있을 수 있다. 갈리시아의 리아스 바이사스처럼 말이다. 지도를 확대시키고 축소시키는 방식에 따라, 즉 지도의 축척에 따라서, 둘레의 길이는 꽤 많이 변할 것이다. 즉 어떤 자를 가지고 측정하냐에 따라서 길이가 달라질 거란 말이다. 킬로미터, 미터 혹은 센티미터 자에 따라 우리가 측정하려는 길이는 같지 않을 것이다. 단위가 작으면 작을수록 해안은 더 길고 불규칙하게 보일 것이다. 이 예를 생각해보자. 큰 돛단배를 타고 리아스식 해안가[43]에 바짝 붙어서 항해한다고 가정하자. 해안을 항해하는 동안 해안선에 최대한 붙어 갈 수 없는 불규칙한 구간들이 있을 것이다. 그래서 해안의 길이는 들쑥날쑥한 해안가의 바위들을 모두 기어갈 수 있는 개미 한 마리가 측정한 것보다 훨씬 더 짧을 것이다. 만약 우리가 개미처럼 작아진다면 우리가 측정하는 것이 더 정확할 것이다. 물론 더욱 피곤해지겠지만 말이다. 다시 말하자면 모든 게 상대적이다. 해안 한 구간의 길이는 상대적이고 변수가 있다. 길이를 측정하는 방법과 축척에 따라 길이는 달라진다. 정확하게 측정한다는 것은 정말이지 너무 어려운 일이다.

과학 뭉게뭉게 .... 고전적인 신기한 프랙탈 물체는 바로 코흐 곡선Koch Curve으로 전체 모양은 눈 조각의 일부와 같으며 정삼각형으로부터 그릴 수 있다. 코흐 곡선은 삼각형 각 변의 중간에 다른 삼각형을 놓고, 그 삼각형의 각 변의 중간에 더 작은 다른 삼각형을 그리고 이렇게 무한대로 반복해서 만들 수 있다. 이와 같은 처리방식을 반복이라고 하며 이는 프랙탈을 만드는 데 매우 기본적이다. 매번 앞의 결과물을 토대로 반복적으로 단계를 진행하는 것이다. 컴퓨터는 이런 작업에 아주 이상적이며 수백만 번까지 반복할 수 있다. 어느 순간 이미지는 멀리서 보나 가까이서 보나 유사한 모습으로 보이게 된다. 가장 작은 크기까지 항상 같은 패턴이 반복된다. 이 커브의 특징은 무엇일까? 시작 삼각형의 1.6배라는 유한대의 면적을 가지고 있다. 그러나 그 지름은 무한대다. 감이 잘 오지 않겠지만 사실이다.

---

43 역자 주: 하천에 의해 침식된 육지가 침강하거나 해수면이 상승해 만들어진 해안이다.

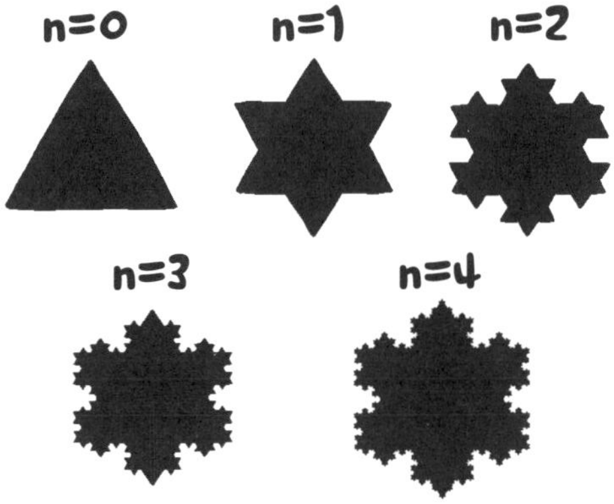

호기심 뭉게뭉게 …………… 코흐 곡선과 유사한 프랙탈 효과 덕분에 비디오 게임과 만화 영화 분야는 혁신적으로 발전할 수 있었다. 초기의 이미지들은 삼각형, 네모 그리고 적은 수의 면이 있는 다면체를 토대로 만들어졌는데, 산들 또는 얼굴은 지나치게 다면체 효과가 드러났다. 하루가 다르게 출시되는 최신 컴퓨터와 정보과학의 발달과 함께 프랙탈은 가상 현실 무대에서 주인공이 되었다. 캘리포니아 대학교에서 물리학 석사와 컴퓨터공학 박사학위를 받은 픽사Pixar[44]의 가장 존경받는 수학 천재인 토니 드로즈Tony DeRose는 마름모꼴에서 시작해서 수천 번 프랙탈 프로세스를 시뮬레이션했다. 그리고 원하는 이미지들, 가령 구름, 산, 숲 그리고 상상할 수 있는 것 모두(픽사의 작품들을 보면 상상할 수 있다)를 어떻게 보다 부드럽게 만들 수 있었는지 설명한다. 그 모든 게 프랙탈 성질 덕분이다. 픽사의 수학 팀은 매년 〈곱슬머리의 예술적 시뮬레이션〉과 같은 의미심장한 논문들을 많이 발표한다. 〈메리다와 마법의 숲

---

44 〈토이 스토리〉와 〈몬스터 주식회사〉를 만든 컴퓨터 그래픽 회사이다.

Brave〉의 주인공인 빨강 곱슬머리의 메리다가 어떻게 세상에 태어날 수 있었는지 짐작이 갈 것이다.

그리고 아직 더 좋은 게 남았다. 모든 사물이 가지고 있는 특징은 바로 위상적 차원이다. 즉, 선은 1차원이고 면은(네모 혹은 세모) 2차원이며 자동차 또는 축구공은 우리가 사는 공간과 마찬가지로 3차원이다. 그러나 프랙탈 물체의 차원은 1차원, 2차원 혹은 3차원일 필요가 없다. 예를 들어 프랙탈 선은 너무 꼬불꼬불하고 얽히고 설켜서 동선이 한 물체의 거의 모든 면을 차지할 수 있다. 이런 경우 몇 차원이라고 할 수 있을까? 프랙탈 차원은 선과 같은 1차원과 면과 같은 2차원 중간쯤일 것이다. 그러므로 소수 차원이 될 것이다. 만약 아주 꼬불꼬불하다면 2차원에 가까워질 것이고(예를 들면, 프랙탈 차원 1.8), 덜 꼬불꼬불하고 적은 면적을 차지한다면 차원의 수치는 내려갈 것이다(예를 들면, 프랙탈 차원 1.3). 코흐 곡선[45]의 차원은 1.2618이다. 코흐 곡선은 해안선과 비슷하므로 해안의 프랙탈 차원을 계산하여 해안선이 얼마나 불규칙한지 알 수 있다. 면이 '울퉁불퉁한 것'도 이런 방식으로 계산할 수 있다. 예를 들어 지구 면적의 프랙탈 차원이 2.1이고 화성은 2.4라면 우리는 붉은 행성, 화성의 표면이 우리의 푸른 집, 지구보다 더 울퉁불퉁하고 험악하다는 걸 알 수 있다.

---

45 역자 주: 별 모양의 형태를 띤 곡선이다.

사랑에 빠진 입자들

동양에서는 오래전부터 '운명의 붉은 실'이라는 이야기가 전해져 내려오고 있다. 이 환상적인 이야기에 따르면 신들은 서로 만나야 하는 두 사람을 전통에 따라 발목 혹은 손톱에 붉은 실로 묶어 놓는다고 한다. 그리고 붉은 실은 어떤 방식으로든지 두 사람이 서로를 찾아가 사랑에 빠지게 하거나 삶에서 매우 중요한 무언가를 서로 나누게 한다. 붉은 실은 무한대로 늘어날 수 있지만 절대로 끊어지지 않는다. 서양에도 나의 반쪽 오렌지를 찾는다거나 나의 쌍둥이 영혼을 만났다는 등 이와 비슷한 개념의 말이 있다. 어쨌든 우리는 사랑에 빠지면 사랑하는 사람과 매우 강하게 연결되는 것을 느끼고, 상대방에게 일어나는 일들 하나하나가 제아무리 멀리 있더라도 우리에게 어떻게 해서든 영향을 준다는 것을 안다.

믿을 수 없겠지만, 마찬가지로 아원자 입자들도 양자 역학의 신비한 법칙들 아래 그들만의 붉은 실을 가질 수 있다. 즉 아원자 입자들끼리 어떤 식으로든 사랑에 빠질 수 있다는 말이다. 어느 순간 하나였던 입자는, 어떤 의미로는 계속 하나다. 서로 얼마나 멀리 떨어져 있든 간에, 한 입자가 우주 반대편 끝에 몇 광년의 거리에 있더라도, 다른 한 입자에게 영향을 미치게 되어 있다. 두 입자들 간의 연결은 즉각적이다. 이런 현상을 '양자 얽힘'이라고 하며 디랙 방정식Dirac Equation으로 표현할 수 있다. 만약 어떤 물리적 공식으로 사랑을 묘사할 수 있다면 아마도 의심할 여지없이 아래와 같을 것이다.

$$(\partial + m)\,\Psi = 0$$

양자 얽힘은 다양한 입자particle들로 구성된 계의 상태를 하나의 수학적인 대상으로 묘사할 수 있을 때 발생한다. 양자 이론에서는 파동함수로 모든 물질의 특성을 설명한다. 양자 얽힘은 소립자 또는 양자 차원으로 더 깊숙이 들어가면 입자들이 분명히 분리되어 있을 때도 서로 연결되어 있다는 개념이다.

예를 들어 입자 두 개로 구성된 양자 계가 존재한다고 할 때, 양자 계의 스핀 속성(정확하게 똑같지는 않지만, 양자 계의 회전을 상상하면 되겠다.)이 0이라고 하자. 양자 계를 구성하고 있는 두 개의 입자 중 하나는 −1/2, 그리고 나머지 입자는 1/2이라는 뜻이다. 두 스핀의 합은 0이어야 하기 때문이다.

이런 상황에서 신기한 점은, 만약 앞의 두 개의 입자 중 하나는 지구에 있고 다른 하나는 안드로메다 은하에 있다고 가정하고 스핀 신호를 측정하여 1/2이라면, 나머지 입자의 스핀은 계가 계속해서 0 스핀을 유지하도록 −1/2이 되어야 한다는 것이다. 마찬가지로 얽혀 있는 동전을 상상할 수 있다. 만약 어느 한 곳에서 동전의 앞이 보인다면, 아무리 멀리 떨어져 있더라도 같은 시간에 다른 곳에서 그 동전은 뒷모습을 보일 것이다.

이런 식으로 설명하면 매우 복잡하고 어려운 개념이라 생각할 수 있다. 이제 좀 더 쉬운 방법으로 간단하게 설명해보자. 우리가 지금 여기 지구에서 특정 행동을 하고 있다고 가정할 때, 동시에 안드로메다 은하에서 그 행동의 결과가 벌어진다. 나는 지구에 남아 있고 친구 한 명이 저 멀리 떨어진 은하에 있다고 상상해보자. 누군가 나를 바늘로 찌른다. 그러면 바로 그 순간, 230만 광년 거리에 떨어져 있는 친구가 고통을 느낀다. 이 모든 건 양자 체제Quantum Regime에서, 아원자 입자Subatomic Particle 세계에서 벌어질 수 있는 현상이다. 혹자는 이를 '사랑에 빠진 입자들'이라고 말하기도 한다.

이러한 속성들이 세상에 발표되었을 때 많은 논란이 있었다. 알버트 아인슈타인이 주장한 이론에 맞지 않았기 때문이었다. 아인슈타인은 빛의 속도는 우주의 한계 속도라고 했으며, 그 어떤 정보도 빛의 속도보다 빨리 이동할 수 없다고 했다. 그런데 이게 웬일인가? 양자 물리학에 따르면 정보가 순간이동해서 안드로메다까지 230만 광년의 거리를 이동할 수 있다니! 이 정도의 속도면 빛의 속도보다 훨씬 더 빠르다. 빛이 안드로메다까지 가는 데 230만 광년이라는 시간이 필요하니 말이다. 천재 물리학자는 이와 같은 이론을 '원격적으로 일어나는 요상한 활동'이라고 불렀고, 이렇게 이상한 주장이 이론으로 나올 수 있는 이유가 양자 역학에서 아직 발견하지 못한 '숨겨진 변수'가 모자라서라고 믿었다. 이론이 아직 충분히 발전되지 않았다. 아인슈타인Einstein과 동료 포돌스키Podolsky와 로젠Rosen은 1935년에 양자 물리학의 불완전성을 부각하기 위해 EPR 패러독스를 발표했다. EPR은 세 사람의 영문이름 머리글자를 딴 것이다. 그들은 만약 얽힘 상태가 존재한다면 양자 역학은 어디선가 뭔가 부족하며 불완전하다고 주장했었다.

1964년까지 과학 철학 분야에서 이에 대한 논쟁은 지속되었다. 북아일랜드의 이론물리학자 존 S. 벨John S. Bell이 발견한 심오한 부등식인 벨 부등식 혹은 벨 정리가 비국소성에 대한 양자 역학의 해석이 옳음을 보여줄 때까지 말이다. 벨은 과학이 우리가 현실을 이해하는 것처럼 '현실적'일 필요가 없다고 주장했다. 사실 벨은 아인슈타인이 옳다는 것을 보여주기 위해 실험을 고안했다. 그러나 양자 역학은 모든 게 이상해 보임에도 불구하고, 다시 한 번 가능하단 사실을 알게 됐다.

그때부터 시간과 실험은 얽힘이 현실에서 일어난다는 것을 보여주었다. 실제로 양자 컴퓨터 또는 양자 암호문과 같은 기초과학에 활용된다. 얽힘에 관한 가장 최근의 발견은 2017년 빈 대학교와 매사추세츠 공과대학교(MIT) 과학자들이 참여한 연구에서였다. 마찬가지로 2017년에 중국 과학자들은 1,200km 이상 떨어져 있는 광자들을 양자학적으로 얽는 데 성공했다. 이전의 최고 기록은 100km에 불과했다.

양자 얽힘은 판타지 소설 속에서나 가능했던 새로운 세계로 가는 문을 열어준다. 텔레포테이션(공간이동)을 예로 들어보자. 우리는 다수의 공상과학 영화에서, 특히 〈스타 트렉Star Trek〉과 같은 영화에서 텔레포테이션 장면을 많이 보았다. 상상해보자. 나를 이루는 입자가 다른 은하에 있고 지구에 있는 얽힌 입자들의 상태를 내가 조작할 수 있다면, 저 먼 은하 구석에서 내가 원하는 것을 만들어낼 수 있을 것이다. 즉 물건들도 공간이동시킬 수 있을 것이다. 그러나 여기에는 한 가지 명심해야 할 점이 있다. 공간이동을 시키는 것은 물체의 '상태'이지 그 물체 자체가 아니라는 것이다. 물질이나 에너지 또는 빛보다 빠르게 공간이동이 진행되지 않는다. 양자 역학은 이쯤에서 걸림돌을 하나 놓는데, 그것은 바로 모든 게 그렇게 쉽지 않다는 것이다. 비록 정보는 순간이동할 수 있지만 우리는 랜덤으로만 정보를 이동시킬 수 있다. 이것만 보아도 꽤 복잡해진다. 그러나 물리학자들은 이러한 문제들을 해결하는 데 성공했다.

실제로 양자 속성을 공간이동시켰다. 2012년에 143km 떨어진 곳에 있는 라 팔마[46]의 야코부스 캅테인Jacobus Kapteyn 망원경과 테네리페섬[47]의 유럽우주국 지구 광학 정거장 간에 광자의 물리적 속성

---

46 역자 주: 미국 캘리포니아주 오렌지카운티에 있는 도시이다.

47 역자 주: 대서양의 북아프리카 모로코 근해에 있는 에스파냐령 카나리아 제도에서 가장 큰 섬이다.

을 공간이동시키는 걸 성공했다. 이런 특징들은 양자 컴퓨터에서 활용되어 우리는 상상조차 하기 힘든 어플리케이션을 가진 강력한 컴퓨터들을 만들 것이다. 참고로 스페인 물리학자 후안 이그나시오 시락Juan Ignacio Cirac은 노벨 물리학상 후보자이자 이 분야에서 세계 최고 권위자들 중 한 명이다.

텔레포테이션은 아직 양자 세상에 국한되어 있다. 텔레포테이션을 응용한 것들은 광학 섬유를 통해 더 빠르고 안정된 통신과 연관되어 있다. 그리고 사람을 공간이동시키는 기술은 아직 먼 훗날의 일이다. 더구나 사람을 공간이동시키는 문제는 매우 어렵고 까다로운 철학적 문제들을 맞이하게 된다. 만약 양자역학 방법을 통해 다른 은하에 사람을 복제한다면, 그곳에 여기에 있는 사람과 똑같은 사람을 복제한다면, 그 사람의 '영혼'도 마찬가지로 공간이동되는 걸까? 실제로 영혼은 존재하는 걸까? 그러면 지구에 남아있는 육체는 어떻게 처리해야 할까? 이론에 따르면, 특정 대상을 공간이동시키려면 원상태의 것을 파괴해야 한다고 한다. 그리고 1982년 복사불가능성 정리No-Cloning Theorem[48]가 발표되었다. 인간의 공간이동은 위험부담이 매우 큰 것이다. 〈스타 트렉Star Trek〉에서 공간이동을 한 사람이 우리를 바로 죽일 수도 있다. 모두가 혼란스러워할 게 불 보듯 뻔하다.

---

48 역자 주: 정확한 상태가 알려지지 않은 임의의 양자 상태와 완전히 동일한 양자 상태를 복사해내는 것은 불가능하다는 이론이다.

LSD와 세렌디피티

예상치 못했던 것을 순전히 운으로 얻은 적이 있는가? 과학자에게도 비슷한 일이 종종 일어난다. 과학은 일반적으로 다음과 같은 과정을 거친다. 가설을 세우고 실험을 설계하고, 그 가설이 맞는지 혹은 모순이 있는지를 확인한다. 모순이 있다면 실험을 계속할 것이다. 그러나 과학적 방법이 그렇게 엄격하기만 한 것은 아니다. 순전히 우연에 의해 과학적 발견이 이루어지기도 한다. 과학자들도 보통 사람들과 같은 인간이다. 행운이나 우연이 따를 수 있다. 하지만 남들이 알아차리지 못하고 그냥 지나치는 우연을 포착하기 위해서는 충분한 지식이 있어야 하고 지속적인 노력도 필수적이다.

이런 상황을 설명하는 단어가 '세렌디피티'이다. 이 단어는 18세기 영국의 작가인 호레이스 월폴Horace Walpole이 쓴 《세렌디프의 세

왕자》라는 페르시아의 옛날이야기에서 출발한다. 세렌디프는 지금 현재 스리랑카라고 알려진 섬의 옛날 이름이다. 이 책의 주인공들은 우연히 상상할 수 없는 존재의 도움으로 문제를 해결했다. 1955년에 미국의 권위 있는 잡지인 《사이언티픽 아메리칸[49]》은 우리가 차지하고 있는 과학 영역을 위해서 그 용어를 복원시켰다. 스페인 왕립 학술원은 세렌디피티를 '우연한 방식으로 만들어지는 귀중한 것의 습득'이라고 정의했다. 세렌디피티는 과학 영역에서 특정한 것을 찾고 있던 과학자나 집단이 다른 것을 우연히 발견하는 것을 말한다. 세렌디피티를 발견한 사람은 우연이라고 해도 그 나름대로 공로가 있다. 우연히 발견했다 하더라도 이를 감지하기가 쉽지 않기 때문이다. 눈앞에 의도하지 않았지만 우연한 결과로 나타난 것이 있을 때 그 가치와 중요성을 알아볼 만한 눈이 있어야 한다. 이제 세렌티피티의 다양한 사례들을 알아보도록 하자.

.... 가장 널리 알려진 이야기는 영국의 미생물 학자인 알렉산더 플레밍Alexander Fleming과 그가 발견한 페니실린이다. 1928년 플레밍은 3주간의 휴가를 마치고 연구실로 돌아왔다. 그곳에 그가 깜박 잊어버리고 두고 간 황색포도상구균을 배양하던 접시가 있었다. 배양 접시를 확인하던 중 우연히 박테리아의 번식을 막고 있는 곰팡이를 발견했다. 그리고 박테리아 병원체는 이미 형성된 곰팡이

49 이 잡지의 스페인 판은 《연구와 과학》이다.

근처에서 자라지 못하고 있었다. 거기에 있어서는 안 되는 곰팡이가 박테리아를 죽이고 있었다. 그 곰팡이의 정체는 페니킬리움 노타툼이었다. 플레밍은 그것의 이름을 페니실린이라고 지었고 그렇게 항생제의 시대가 열렸다.

우연한 발견이었지만 절대로 사소한 일이 아니었다. 페니실린의 발견은 세계 의학의 역사를 바꾸었다. 플레밍은 1945년에 미국의 화학자인 언스트 보리스 체인Ernst Boris Chain과 하워드 월터 플로리Howard Walter Florey와 함께 노벨상을 받았다. 그들은 2차 세계 대전 동안 이 물질을 순화하여 사람들이 사용할 수 있도록 하였고 상업화하였다. 그때 발견한 항생제 덕분에 사람들은 자신의 몸을 공격하는 무수한 세균을 이길 수 있게 되었다. 페니실린은 수백만 명의 생명을 구했고 인류의 복지에 희망을 주었다. 물론 운이 따르기도 했지만, 플레밍이 평소와는 다른 이상한 점을 단번에 발견하고 발전시킬 수 있는 일류 과학자가 아니었다면 아마도 페니실린과 같이 중요한 발견은 이루어지지 않았을 것이다.

조금 이상하지만 또 다른 세렌디피티의 사례로 독일의 유기 화학자인 아우구스트 케쿨레August Kekule가 벤젠의 구조를 발견한 것을 들 수 있다. 이 분자는 향기가 나는 탄화수소로 화학 산업에 대단히 유용했다. 벤젠은 고무, 염료, 세척제, 살충제, 의약품을 만드는 데 사용되었고 담배 연기 속에서 발견되기도 한다. 화학적 관점에서 보면 원자 중 일부가 반지 모양을 하고 있다는 특징이 있다. 향기 나는 화합물에 공통적으로 발생하는 이런 구조를 발견한 것은 케쿨레의 업적이었다. 벤젠을 발견한 지 25년이 지나자 독일 화학계가 그에게 존경을 표했고, 그는 벤젠의 구조를 어떻게 알게 됐는지 이야기했다. 그가 일 년간 연구를 하는 동안 어느 날 꿈속에 벤젠의 반지 모양의 고리가 나타났다고 한다. 그것은 고대 그리스와 이집트 연금술사의 상징인 우로보로스처럼 꼬리를 물고 있는 뱀의 모양이었다. 우로보로스는 사물의 영원한 순환을 상징하는데, 여기서 꼬리를 물고 있는 우로보로스를 말하지만 사실상 그렇게 암시적이지는 않다. 케쿨레의 일화는 그다지 과학적으로 들리지 않는다. 이 일화가 세렌디피티의 범위에 들어가는지도 확실하지 않다. 그러나 그의 발명이 과학의 역사에서 나름 호기심을 일으킨다는 점은 분명한 사실이다.

이외에도 세렌디피티의 사례로 알렉산더 그레이엄 벨Alexander Graham Bell의 전화기나 닐스 보어Niels Bohr의 원자 모델, 로이 플렁킷Roy Plunkett에 의해 우연히 발견된 테프론이 있다. 보어의 원자 모델도 벤젠과 마찬가지로 꿈에 나타났다고 한다. 또한 스위스 화학자인 앨버트 호프만Albert Hofmann이 발견한 LSD는 히피들을 광분시켰고 환각제의 새로운 차원의 문을 열어주었다.

1938년에 호프만은 바실레아의 산도스 연구실에서 맥각[50]으로 약품을 만들기 위해 작업하고 있었다. 거기에서 LSD가 합성되었지만 별 쓸모가 없어서 1943년에 다시 꺼내기 전까지 쭉 보관된 채로 있었다. 그때 실험 도중 그 화합물질이 우연히 그의 손가락에 닿았고 그의 몸에 흡수되었다. 그는 어지럼증과 이상한 감각을 느껴서 실험실에서 나와야 했다. 그는 집으로 가서 침대에 파묻혔다. 2시간

50 맥각균이 호밀과 같은 화본과식물의 이삭에 기생하여 균핵(菌核)이 된 것이다.

동안 호프만의 의식 속에서 '환상의 세계'가 보였고 색채의 만화경과 모든 형태의 모양과 소리가 나타났다. 환각을 경험한 후 호프만은 정신 의학에서 그의 새로운 발견을 사용할 수 있는 방법을 연구했다. 그러나 LSD는 치료제보다는 '오락용 마약'으로 번창했다.

전자레인지나 비아그라의 발명은 순수한 우연의 결과였다. 실패한 실험의 결과물이 다른 용도로 제 역할을 하게 된 것이다. 1970년, 화학자인 스펜서 실버Spencer Silver는 강력한 접착제를 만들려고 했다. 그러나 결과는 기대치에 미치지 못하는 수준이었다. 그래도 어느 정도 접착력이 있어서 책상 위에 널려있는 종잇조각들을 고정하기에는 충분하다는 것을 알게 되었다. 흔적을 남기기에 접착력이 너무 약했지만 대신 쉽게 떼어낼 수 있는 장점이 있었다. 그렇게 포스트잇이 출현했다. 전자레인지의 경우 레이시언사의 공학자인 퍼시 스펜서Percy Spencer가 실험하고 있던 마그네트론[51]이라는 진공관이 그의 주머니에 있는 초콜릿을 녹였다는 사실을 알게 되면서 발명되었다. 일단 화를 가라앉히고 그는 다시 한 번 다른 음식을 금속 그릇에 넣고 낮은 밀도의 작은 마그네트론 파장 안에 놓았다. 그리고 3분 만에 팝콘을 만들어주는 전자레인지가 세상에 태어났다.

---

51 역자 주: 전기 에너지를 전자기 에너지로 바꾸어 주는 것으로 1930년대부터 레이더를 만드는 데 사용되었다.

과학 뭉게뭉게 .... 비아그라라는 파란색 알약은 갱년기의 모든 남성에게 도움을 준다. 정말 신기한 일이다. 원래 비아그라는 고혈압이나 협심증이 있는 환자들을 위해 만들었다. 게일즈의 모리스톤 병원의 간호사들이 깜짝 놀랄 정도로 첫 실험은 아주 대단했다. 비아그라를 먹고 치료받은 환자들은 심장에는 약간의 효과만 보았지만, 신기하게도 환자들은 평소보다 '매우 만족스러워 했다.'

세렌디피티가 과학 분야에서만 일어나는 현상은 아니다. 움베르토 에코Umberto Eco가 지적한 것처럼 1492년에 콜럼버스가 미국을 발견한 것도 우연이었다. 콜럼버스와 세 척의 배는 동양의 인도를 찾아가고 있었다. 그러나 그들은 구대륙에서 아무도 알지 못했던 거대한 대륙을 발견하게 되었다.

그런 의미에서 마지막으로 몇 가지 조언을 한다면 첫째, 피카소가 영감에 대해 말한 것처럼 행운은 일하면서 잡는 것이라는 것을 명심하라. 침대에 누워 스마트폰만 보고 있으면 행운을 잡을 가능성이 별로 없다. 둘째, 세렌디피티가 나타나면 반드시 집중하라. 오직 매우 현명한 자들만 새로운 발견이 될 수 있는 그것을 식별할 능력을 갖추고 있다. 우리가 행운에 관해 이야기하지만, 그것만으로는 충분하지 않다. 그래서 나는 학생들이 시험을 볼 때 행운을 빌어주지 않는다. 대신에 나는 '노력이 함께하길'이라고 말하는 것을 좋아한다.

트랜지스터는 단순히 라디오가 아니다

원격통신 수업 첫해에 나는 6개 과목을 수강했고 두 개의 과목에서 낙제했다. 물리와 전자부품 과목이었다. 나는 그 과정을 통과할 수 없었다. 나는 전공도 거의 포기할 지경이었다. 물리 과목의 반도체와 전자부품 과목의 트랜지스터는 그 시절 나의 가장 큰 고민거리였다. 그 당시 나는 내 분야에서 그것들이 중요하단 사실을 알지 못했다. 그러나 일 년 후에 나는 그 이유를 깨달을 수 있었다.

스마트폰, 컴퓨터, 비디오 같은 전자 장치는 마법처럼 보이지 않는가? 어떤 면에서는 그렇다. 공상과학 소설가 아서 C. 클라크Arthur C. Clarke가 말했듯이 충분히 발전된 과학은 마법과 구별할 수가 없다. 우리의 기술은 뛰어나게 발전했기에 마법이 아니더라도 충분히 마법처럼 보일 수도 있다.

사상가이자 철학자 그리고 사회 과학자인 브뤼노 라투르Bruno Latour는 우리가 누리는 과학과 기술 발전의 많은 혜택을 '블랙박스'에 빗대어 표현했다. 과학과 기술 발전 내용은 일반인이 이해하기엔 너무 복잡해서 블랙박스 같다고 말한 것이다. 많은 사람들은 블랙박스 안에 무엇이 있는지 관심이 없다. 스마트폰 사용자나 컴퓨터 사용자가 그것의 작동 원리를 묻는 것은 그리 흔한 일이 아니다. 만약 당신이 공학자가 되기를 원한다면 그 이유를 배울 필요가 있다. 그렇지만 당신의 꿈이 공학자나 과학자가 아니더라도 과학 기술의 발전에 대한 기초 지식을 아는 것은 필요하다고 생각한다. 우리 아이들이나 학생들에게 과학과 수학을 공부하는 것이 얼마나 중요한지 설명하기 위해서가 아니다. 우리 일상에서 적용되는 수많은 과학 기술의 발전들에 눈을 감는다면 우리는 계속 마술 같은 블랙박스만 사용할 것이고, 심지어 어떤 사람들은 그것들이 외계인의 손에서 나온 것으로 착각할 것이기 때문이다. 이 물건들 안을 자세히 살펴보면 단지 회로와 전자와 전류만으로 구성된 것을 알 수 있다.

기술 발전을 추구했던 인간의 역사를 살펴보면 열쇠가 되는 중요한 기술을 연구한 공학자가 세상을 바꾸었다. 우리가 일상생활에서 트랜지스터에 대해 말한다면 아마도 연세가 있으신 분들은 라디오 장치를 떠올릴 것이다. 일반적으로 들고 다닐 수 있고 축구 경기나 뉴스를 들을 수 있는 그런 기계 말이다. 그러나 실제로 트랜지스터는 우리의 컴퓨터에도 사용된다. 트랜지스터는 시간이 흐르면서 믿을 수 없을 정도로 작게, 마치 개미 인간처럼 크기가 줄어들었다.

그리고 그것은 지난 수십 년 동안 우리를 사로잡은 기술 혁명을 가능하게 했다.

처음부터 시작해보자. 컴퓨터와 스마트폰은 계산하는 기계이다. 그것은 수십, 수백만 개의 수학 작업을 아주 빠른 속도로 수행한다. 그래서 컴퓨터라고 불린다. 컴퓨터라는 이름은 영어에서 유래했다. 스페인어 이름은 더욱 신뢰감을 준다.[52] 처음에는 계산하는 기계들로 간단한 대수 계산만 가능했었다. 2,500년 전에 바빌로니아에서 사용되었다.

몇 세기가 지난 후 1642년에 철학자인 블레이즈 파스칼Blaise Pascal이 사용한 계산기가 나타났다. 찰스 배비지Charles Babbage의 계산기는 1837년에 등장했는데 여러 개의 수학 계산을 한 번에 할 수 있었다. 그 계산기는 구멍이 뚫린 종이를 사용하여 프로그래밍하여 정보 공학의 기반을 닦아주었다. 20세기에는 수학자 앨런 튜링Alan Turing이 나타났다. 그는 2차 세계 대전 당시 독일군의 암호인 에니그마[53]를 해독할 수 있었다. 그는 수천 명의 생명을 구했고 계산대로 전쟁을 2년이나 단축시켰다. 정보 공학에 있어서 튜링의 진짜 업적은 물리학 기계가 아닌 튜링 기계라고 불리는 정신적 기계를 발명

52 역자 주: 스페인어에서는 컴퓨터를 의미하는 단어가 두 가지 있다. 하나는 영어의 컴퓨터와 유사한 단어이고, 다른 하나는 계산기라는 뜻을 지닌 단어이다.

53 역자 주: 제1차 세계 대전 이후 1918년 독일의 엔지니어인 아르투어 세르비우스가 발명한 에니그마는 평이한 문장을 이해할 수 없는 글자 배열로 바꾸어 2,200만 개의 암호 조합을 만들어내는 암호 생성기이다.

한 것이었다.

튜링 기계는 우리가 만지거나 박물관에서 볼 수 있는 물리적인 기계가 아니라 오히려 이론적 개념이자 상상력의 재능이었다. 튜링 기계는 가상의 연산 기계를 상징하는 것으로 그때부터 과학자들에게 기계적 계산의 한계를 이해할 수 있게 해주었다. 또한, 정해진 규칙에 따라 연속적인 작업을 수행하는 기다란 종이 띠와 같은 개념을 상징하는 것이었다. 그것은 컴퓨터의 정신을 상징하는 것이자 알고리즘을 나타내는 것이었다. 알고리즘은 많은 사람이 사용하는 단어이지만 그 말의 정의를 아는 사람은 많지 않다. 알고리즘이란 어떤 결과를 얻기 위해 사용되는 체계적 작업의 집합체를 의미한다. 알고리즘이란 요리 재료들을 가공하여 접시 위에 요리를 만들어 주는 요리법을 말하는 것과 비슷하다. 컴퓨터란 그 과정의 요리사가 되는 것이다. 재료를 집어 넣고(input), 그것을 가지고 일반적으로 수백 번의 일정한 작업을 하고, 그리고 조리된 요리를 제공한다(output).[54]

---

54 역자 주: '튜링 기계'는 테이프를 읽는 장치와 쓰는 장치, 그리고 제어 센터 이 세 가지만 있으면 모든 문제들을 계산할 수 있고, 오늘날의 컴퓨터가 튜링 기계를 그대로 구현하고 있다. 튜링 기계에 내장된 테이프는 메모리칩으로, 테이프를 읽고 쓰는 장치는 메모리칩과 입출력 장치로, 작동 규칙표는 중앙처리장치(CPU)로 발전했다.

앨런 튜링은 인류를 위해 위대한 업적을 남겼지만 그 당시 범죄 행위였던 동성애를 했단 이유로 영국 정부의 재판을 받아 화학적 거세형을 당했다. 그는 1954년에 청산가리를 주입한 사과를 먹고 자살을 했다. 애플사의 로고가 한 입 베어 문 사과의 모양을 한 것도 여기에서 비롯된 것이라는 말이 있다. 물론 애플사에서는 이 사실을 부인했다. 2013년, 그가 죽은 지 60년이 지나고 나서야 영국의 이사벨 2세 여왕은 그의 모든 혐의에 대해 사면령을 내렸다.

최초의 현대적 컴퓨터는 에니악ENIAC이다. 1946년 대중에게 소개된 에니악은 167평방미터의 커다란 방을 가득 채울 정도로 거대한 기계였다. 에니악은 미국 군대의 총알의 탄도를 계산할 목적으로 설계되었다. 탄도 계산 이후에 에니악은 파이의 계산과 원자 폭탄과 관련된 계산을 하기 위해 사용되었다. 무게는 27톤이나 나갔고 6,000개의 스위치와 많은 전구와 전선이 달려있었다. 그래서 50년대의 영화에서 컴퓨터들은 에니악 같은 모습으로 소개되었다. 크기만 보면 뛰어난 계산 능력을 갖춘 것 같지만 손바닥 안에 들어가는 스마트폰이 에니악보다 수천 배 빠르게 계산한다. 게다가 이 거대한 컴퓨터는 방 안의 온도를 섭씨 50도까지 올릴 만큼 뜨거웠다. 그래도 에니악은 인간의 정신으로 감당하기에는 너무 어렵고 시간이 오래 걸리는 계산을 빠른 속도로 할 수 있는 능력을 갖추고 있었다. 그러나 계산을 하기 위해서는 수많은 전선을 연결하고 단절하는 작업을 여러 날에 걸쳐서 해야만 했다. 에니악은 17,500개의 진공관과 비슷한 양의 전구, 그리고 넓은 공간이 필요했다. 또한 쉽게 고장 나서 자주 교체해야만 했다. 바로 여기에 트랜지스터가 들어간다.

.... 에니악의 발명에 가장 크게 이바지한 주인공들은 에니악을 설계한 공학자인 존 프레스퍼 에커트John Presper Eckert와 존 윌리엄 모클리John William Mauchly라고 할 수 있다. 그러나 그들 말고도 에니악을 프로그래밍한 6명의 여성이 더 있었다. 그들의 이름 역시 알려져야 한다고 생각한다. 베티 스나이더 홀버튼Betty Snyder Holberton, 진 제닝스 바틱Jean Jennings Bartik, 캐슬린 맥널티 모클리 안토넬리Kathleen McNulty Mauchly Antonelli, 마릴린 메스코프 멜처Marlyn Wescoff Meltzer, 루스 리히테르만 테티텔바움Ruth Lichterman Teitelbaum, 프란시스 빌라스 스펜스Francis Bilas Spence가 그들이다. 다시 말하지만, 여성 과학자들은 그들의 업적에 비해 너무 세상에 알려지지 않았다.

몇 년 후 1951년에 반체제주의자인 에커트와 모클리는 다시 한 번 운이 좋게도 최초의 상업용 컴퓨터인 유니박UNIVAC을 만들었다. 유니박은 이전의 것보다 훨씬 가벼워서 7톤 정도의 무게가 나갔고, 초당 수천 개의 계산이 가능했다. 그러나 상업적으로는 맞지 않았다. 당시 유니박의 가격은 100만 달러로, 지금의 가치로 환산하면 약 600~900만 달러 정도이다. 당연히 아무도 그 돈을 낼 수 없었다. 결국 뛰어난 머리와 이타심을 가진 그들은 유니박을 하버드와 펜실베이니아 대학에 기증했다.

진공관의 용도는 무엇일까? 기본적으로 계산 로직에 참 또는 거짓의 개념을 도입하기 위해서였다. 컴퓨터는 이진법으로 작동되어 0과 1만 계산한다. 비록 지금은 16진법의 언어로도 작동되지만, 우리가 알고 있는 각각의 숫자는 이진법으로 해석되어야 한다. 그것은 계속되는 0과 1로 표시된다. 따라서 4자리의 숫자로 0에서부터 10까지 표기된다.

이진법과 십진법의 비교표는 다음과 같고 그렇게 무한하게 나간다.

음이 아닌 정수	등가 이진수
0	0
1	1
2	10
3	11
4	100
5	101
6	110
7	111
8	1000
9	1001
10	1010

이 사실이 흥미로운 이유는 무엇일까? 기계가 단지 두 개의 숫자만 인식하면 되기 때문이다. 그럼 그것이 왜 중요한가? 0과 1로 물리적 세상을 쉽게 표현할 수 있기 때문에 중요하다. 회로에 전기가 들어가지 않으면 기계는 그것을 0으로 인식하고, 전류가 들어오면 1로 인식한다. 이게 핵심이다. 컴퓨터는 그렇게 작동된다. 전류를 해석하여 이진법으로 전환하고 전속력으로 작동한다.

그래서 진공관이 사용된다. 방에 불이 켜지고 꺼지는 것과 같이 진공관은 시스템에 전기를 들어오고 나가게 만드는 초기의 방식이었다. 그 전류를 가지고, 0과 1로 보다 복잡한 수학 계산이 가능했다. 진공관은 모든 것의 토대였다.

과학 뭉게뭉게 .... 1835년 조셉 헨리Joseph Henry에 의해 발명된 계전기는 진공관의 선구자로 롤과 전자석으로 구성된 전기회로이다. 계전기[55]는 회로의 접촉을 통해 작동하며 다른 전기회로의 전기의 흐름을 자동 스위치처럼 독립적으로 여닫는 일을 수행한다. 계전기는 수십 가지의 산업에 적용되고 있으며 오늘날 가정에서도 흔히 찾아볼 수 있다. 전자 제품의 모든 스위치에 있으며 집 안에 전기가 나가면 제일 먼저 계전기를 찾게 된다.

전설이 하나 있다. 1947년 해군 소장인 그레이스 호퍼Grace Hopper가 역사상 프로그래밍할 수 있는 컴퓨터 중 하나인 하버드 마크 II 컴퓨터로 작업하고 있었다. 그녀

55 역자 주: 전기회로를 열거나 닫는 구실을 하는 기기이다.

는 계전기 한 개가 불량이라서 컴퓨터가 오작동하는 것을 발견했다. 계전기 사이에 끼어있는 나방으로 인해 발생한 일이었다. 종종 이런 종류의 부품을 사용할 때 흔하게 일어나는 일이었다. 그녀는 나방을 꺼내 자신의 일기에 테이프로 붙여 놓았다. 그녀의 이상한 행동 이후로 신기하게도 컴퓨터 프로그래밍에서 오류가 날 때마다 벌레를 의미하는 버그Bug라는 단어를 사용했다. 한편 프로그램의 오류를 잡을 때는 디버깅이라는 단어를 사용했다. 그러나 호퍼가 벌레를 일기에 붙인 일화 하나 때문에 유명해진 것은 아니었다. 그녀는 233년 만에 예일 대학에서 수학 박사학위를 받은 최초의 여성이었다. 그녀는 혁명적인 프로그램 언어인 코볼의 전신에 해당하는 FLOW-MATIC을 만들었는데, 덕분에 프로그램의 한계를 극복할 수 있었고 우리가 컴퓨터를 이해할 수 있게 만들어 주었다. 다시 말하자면 컴퓨터와 영어로 의사소통이 가능하게 되었다는 의미이다. 당시 컴퓨터 분야에서는 혁명 같은 일이었다. 여자들은 과학 분야에서 두각을 나타내지 않는다고 주장하는 사람들이 종종 있다. 그런 사람들이 꼭 알아야 할 것 같아 여기에서 잠시 소개했다.

진공관이나 계전기보다 훨씬 작은 트랜지스터의 출현은 기술의 혁신을 가져왔다. 트랜지스터는 고장도 잘 나지 않았고 2세대 컴퓨터인 디지털 컴퓨터가 등장하게 했다. 트랜지스터는 반도체 물리학의 산물이자 양자 물리학(우리 생활에 물리학과 화학의 세계를 응용한 것)의 산물이었다. 1943년에 존 바딘John Bardeen, 월터 브래튼Walter Brattain, 윌리엄 쇼클리William Shockley는 트랜지스터를 발명했고, 1956년에 그들은 노벨 물리학상을 수상했다.

거기서부터 기술의 진보는 가속화되었다. 트랜지스터가 갈수록 작아지고 컴퓨터 수준이 갈수록 향상되었기 때문이었다.

콜렉터, 베이스, 에미터, 이 세 개의 다리를 가진 트랜지스터가 대학 시절 나의 전자 과목 시험을 망친 주범이었다. 트랜지스터는 실리콘의 산화물인 산화규소로 만들어지며 산소 분자 2개를 빼앗으면 지구상에서 가장 순수한 물질인 실리콘이 나온다. 현재 마이크로프로세서의 표준이 되는 순도 99.9999999%의 물질이다. 대학교에서 트랜지스터가 어떻게 작동하며 어디에 응용되는지를 배우는 과정은 꼭 필요하다. 트랜시스터는 전자의 이동을 방해하는 물질이다. 그래서 이동을 방해한다는 의미의 합성어로 이름이 지어졌다.

내가 몇 년 전에 알게 된 런던 대학의 교수인 안드레아 셀라 Andrea Sella는 내게 이렇게 설명했다. 안타깝게도 내 영어 실력이 뛰어나지 못해서 그와 '대화'를 나누지는 못했다. 그는 기본적으로 실리콘의 전기 전도도를 제어하기 위해 불순물을 집어넣는다고 했다. 그리고 그 불순물은 전자가 흐르는 방해물로 전기가 들어오고 나가는 것을 조절한다. 이런 장애물이 이진법 언어와 관련된 모든 활동을 가능하게 만들어 준다. 그것이 인류 역사상 가장 중요한 발명품인 트랜지스터이다.

어떤 원소들은 도체(1)로 혹은 절연체(0)로 전기장이나 자기장 속에서 활동한다. 그것은 압력이나 방사선 혹은 주변의 온도에도 영향을 받는다. 이런 원소들, 내가 이미 언급한 반도체에는 실리콘, 게르마늄, 갈륨… 그리고 황도가 포함된다. 이 중에서 가장 많이 사용되는 것은 실리콘이다. 고대 메소포타미아에서는 실리콘으로 화살촉을 만들었고, 지금은 성당을 빛내주는 유리를 만들기도 한다. 실리콘은 단단함이나 전기적 안정성 말고도 구하기 쉬워서 널리 사용된다. 실리카는 어디서든 찾을 수 있다. 그것은 땅 표면의 75%를 차지하고 있고 해변의 모래에서도 찾을 수 있다.

과학 뭉게뭉게 .... 1971년에 캘리포니아의 샌프란시스코 근처에 실리콘 밸리라는 이름의 전자 산업의 중심지가 생긴 것은 우연한 일이 아니다. 미국의 동쪽 뉴욕에서 엄격함과 진지함을 바탕으로 산업이 발전했다면, 히피의 영향이 있었던 이 계곡에서는 창조적 자본주의의 이상을 가진 그 시대의 기술 회사들과 스타트업 회사들 대부분이 자리 잡았다. 그들은 '구글 정신'으로 무장하고 페이스북의 창시자 마크 저커버그처럼 넥타이 없이 땀복을 입고 다닌다. 이제는 그곳에 애플(쿠퍼티노), 페이스북(멘로 파크), 구글(마운틴 뷰), 그리고 수많은 기술 회사들이 있다. 언젠가 해변에 가게 되면 모히또 음료만 생각하지 말고 모래에 주목하라. 모래는 모래성을 짓는 데만 사용되는 것이 아니라 세계 경제의 토대가 되고 있다.

70년대가 되자 트랜지스터는 점차 사라지고 집적 회로[56]의 내부로 들어가면서 눈에 보이지 않게 되었다. 그렇게 우리는 '제3세대'에 들어섰다. 대학

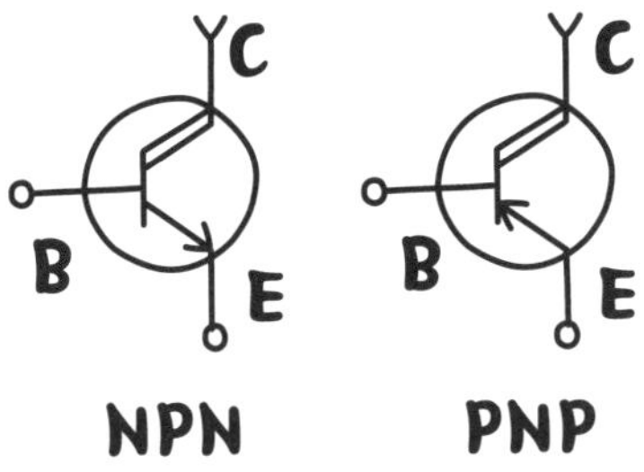

시절 원격통신을 배울 때 우리는 그것을 '바퀴벌레'라고 불렀었다. 버그에 이어 다시 한 번 벌레의 이름이다. 집적 회로는 슬롯머신부터 멜로디 작곡기에 이르기까지 모든 종류의 전기회로를 통제하는 데 사용된다. 덕분에 나는 낙제하기는 했지만, 지금 생각해보면 그때가 가장 즐거웠던 시기였다. 빛을 통해 미세하게 조각된 이 얇은 판 안에 콘덴서, 저항, 트랜지스터처럼 모든 전자 부품이 들어가 있다. 집적 회로는 모두 같은 재료로 만들어지고 갈수록 적은 공간을 사용하여 최적화된 제작 과정을 마련해 주었다. 더 적은 크기로, 더 적은 비용으로, 더 많은 연산 능력을 가지고 상자 안에 들어갔다. 지난 수십 년 동안 기술의 역사에서 일어났던 일이었다. 점점 더 작아지는 이런 컴퓨터의 능력은 개인용 컴퓨터와 휴대용 컴퓨터를 개발하는 것을 가능하게 해주었다. 그리고 최근에는 우리 몸의 연장이나 다름없는 태블릿과 스마트폰을 개발하도록 해주었다.

그때부터 발전은 멈추지 않았다. 70년대에 IBM은 IBM7070을 만들었다. 1968년에 인텔의 창시자인 로버트 노이스Robert Noyce와 고든 무어Gordon Moore는 지금도 생산되는 유명한 펜티엄 프로세서를 만들었다. 기술의 눈부신 발전을 뜻하는 '무어의 법칙'을 명명한 것은 무어 자신이었다. 인텔은 텍사스 인스트루먼트사의 잭 킬비Jack Kilby가 발명한 마이크로칩과 집적 회로를 생산하는 데 주력하고 있

56 역자 주: 집적회로란 작은 플라스틱 상자에 든 아주 작은 회로다. 보통 검은색인 이 직접 회로에는 내부의 회로와 다른 부품들을 연결할 수 있는 금속 핀들이 있다. 직접 회로는 'integrated circuit(직접된 회로)'의 약자 IC라고도 부른다.

고 잭 킬비는 2000년에 노벨 물리학상을 받았다.

2017년에 인텔은 7나노미터 크기의 최신 트랜지스터가 2020년까지 나올 것이라고 발표했다. 참고로 얼음 원자의 지름은 0.1나노미터이고 세포 안의 리보솜은 20나노미터이다. 이것은 물리학의 한계까지 도달했음을 의미한다. 이제 원자의 크기에까지 접근하고 있는 것이다. 우리가 아는 것처럼 원자보다 작은 것은 만들 수가 없다. 그렇게 작은 크기에서는 칩들이 과열되고 쓸모없어지는 효과가 나올 수도 있다. 이런 문제로 인해 무어 자신이 지적한 것처럼 무어의 법칙에 제동이 걸리게 될 것이다. 그리고 기술 장치의 최소화에도 제동이 걸릴 것이다. 수십 년 동안 이러한 혁신적인 기술력에 힘입어 지속적인 발전을 거듭했던 산업이 어떤 반응을 보일지는 두고 봐야 할 것이다. 그러나 이미 트랜지스터의 기술을 넘어서서 발전에 제동이 걸리지 않도록 다른 방향에서의 연구가 진행되고 있다.

인간이 이렇게 뛰어난 수준까지 도달한 것을 볼 때마다 나는 마치 기적 같은 일이라고 생각한다. 무엇보다도 찬양할 만한 발전이다. 혹자는 트랜지스터 같은 기술은 외계인이 우리에게 전해준 것이라고 주장하지만 나는 인간의 호기심과 우리의 과학 정신의 산물이라고 말하는 편이 옳다고 본다.

이제 당신이 휴대용 장비를 사용하거나 멀리서 TV를 조정하거나 차고의 문을 원격으로 열 때 더 이상 그것을 마법이나 풀 수 없는 암호를 가진 블랙박스로 생각하지는 않을 것이다. 당신은 이제 답을 알고 있다. 그러한 작동이 작은 공간 안에 들어간 작은 전기 신호와 수백만 가지의 수학적 계산으로 이루어지는 것이라는 걸 말이다. 그 안에 단지 트랜지스터가 들어가 있어서 가능하다는 걸 말이다.

보잉 747을 멈추려면 거미 몇 마리가 필요할까?

대부분의 사람들은 거미를 무서워하지만 내게는 매혹적인 대상이다. 〈스파이더맨Spider-Man〉의 피터 파커는 과학전시관에서 방사능에 오염된 거미에게 물리고 거미가 가진 초자연적인 힘을 얻는다. 강력한 힘, 초월적인 민첩성, 거미의 감각 그리고 벽을 타고 오르는 능력을 얻는다. 그 젊은이는 1962년 잡지《어메이징 판타지Amazing Fantasy》15호에서 시나리오 작가인 스탠 리Stan Lee와 화가인 스티브 딧코Steve Ditko에 의해 마블의 또 한 명의 슈퍼 영웅, 스파이더맨이 된다. 그때부터 스파이더맨은 믿을 수 없을 정도의 인기를 얻게 된다. 아마도 소극적인 성격의 청소년들이나 마니아 기질이 있는 사람들이 자신을 스파이더맨과 동일시했기 때문이 아닐까 싶다. 최근 개봉된 스파이더맨 시리즈들이 상영된 후 그는 폭발적인 인기를 얻었다. 나 역시 간단한 진자 운동을 설명하기 위해 동영상에서 그를 이용했었다. 나는 내 생각을 표현해주는 멋진 문장을 찾기 위해서 스파이더맨 시리즈를 전부 다시 봐야 했다. 좀 힘들었지만 찾긴 했다. 하지만 머피의 법칙은 피할 수가 없었다. 내가 원하던 장면을 발견하기 위해 거의 마지막 편까지 봐야만 했다. 물론 스파이더맨 시리즈를 순서대로 본 건 아니고 그냥 마구잡이로 쭉 봤다. 찾아낸 장면은 두 명의 물리학과 학생이 캠퍼스에서 산책하면서 스파이더맨의 무게에 대해 토론하는 부분이었다. 둘 중의 한 학생이 말했다. "너도 알겠지만 진자 운동에서 추의 무게는 진동의 속도에 영향을 미치지 않아." 그것은 내가 찾던 주옥같은 말이었다.

다시 거미와 관련된 과학 이야기로 돌아가 보자. 앞으로 소개할 거미에 관한 이야기는 상상 이상으로 과학과 관련되어 있다. 거미는 거미강 안의 거미목에 속하며 전갈이나 진드기가 속한 절지동물의 일종이다. 거미는 크기만 확대된다면 모든 종말론 영화의 주인공으로 적합할 것이다. 세상에는 약 46,500종의 거미가 있고 거미들 저마다 놀라운 특성을 지니고 있다.

과학 뭉게뭉게 .... 2014년 BBC에서 인간이 거미의 능력을 갖춘다면 발휘할 수 있는 대단한 능력에 대해 생각해보는 기사를 썼다. 그것은 스파이더맨과 같았다. 스파이더맨은 천장에서 움직일 때 자기 몸무게의 170배의 물건을 들 수 있다. 다시 말하자면, 런던 중심지에서 움직이는 이층 버스를 들 수 있다. 그리고 자신의 키의

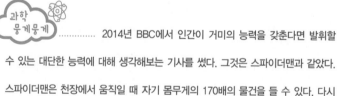

50배의 길이를 도약할 수 있다. 즉 축구장 크기의 땅을 한 번에 도약할 수 있다. 속도에 관해서는 초당 자신의 몸 길이의 70배를 달릴 수 있다. 우사인 볼트는 100미터를 9.58초에, 200미터를 19.19초에 달린 두 개의 세계 신기록으로 번개 볼트라는 별명이 있을 정도로 빠르다. 8개의 올림픽 금메달과 11개의 세계 타이틀을 보유하고 있으며, 여러 개의 세계 신기록을 가진, 세상에서 가장 빠른 인간인 자메이카의 육상 선수인 우사인 볼트! 하지만 스파이더맨은 볼트보다 10배나 빠르게 달릴 수 있다. 만약 우사인 볼트가 거미의 능력을 갖춘다면 놀랍게도 100미터를 1초 만에 달릴 수 있을 것이다.

그러나 이보다 놀라운 것은 올림픽 선수로서의 거미의 능력이 아니라 거미가 가지고 있는 탁월한 거미줄 제작 능력이다. '거미줄'은 질기고 탄력 있는 단백질로 된 섬유질이다. 참고로 모든 거미가 거미줄을 만드는 것은 아니다. 시력이 약하고 먹이를 잡기 위해 거미줄이 필요한 거미들만 거미줄을 만든다. 거미줄은 많은 과학자와 공학자들이 새롭고 유용한 도구를 만들기 위해 연구 대상으로 삼는 특별한 재료이다. 거미줄이 얼마나 질기고 강한지 혹시 아는가? 불과 70mm 연필심 두께밖에 되지 않는 거미줄은 비행 중인 보잉 747을 멈춰 세울 수 있을 만큼 강하다. 거미줄은 강철보다 5배 강하고 방탄조끼에 사용되는 케블라 섬유만큼 질기다. 우리가 재료만 모아 온다면 7만 마리의 거미가 보잉 747을 멈춰 세울 수 있는 것이다. 거미 한 마리의 거미줄의 두께는 1마이크론이고 1마이크론은 1mm의 천분의 일이다. 작은 거미가 이렇게 강력할 줄 누가 상상했겠는가.

거미줄은 비행기를 멈추는 힘만 있는 것이 아니다. 거미줄은 생명 공학에서도 사용할 수 있는 무한한 잠재력을 가지고 있다. 재생 의약품, 녹는 외과용 봉합실, 세포 배양 등으로 활용될 수 있다. 또한, 스마트폰이나 태블릿에 적합한 효율적이고 오래가는 배터리를 만들기 위한 연구도 진행되고 있다. 스파이더맨의 거미줄은 스파이더맨만 가질 수 있는 고유의 것이 아니다. 과학 지식을 통해 그 유명한 거미줄을 쏘는 기계를 만들 수도 있다. 어느 누가 물리학과 생물학 수업이 쓸모없다고 말할 수 있겠는가?

거미는 거미줄뿐만 아니라 자신의 섬유질을 활용할 수 있는 다양한 방법을 제시해 준다. 둥지 건설, 번식 방법, 벽 타기, 항공 교통(거미 비행기라고 불린다), 잠수 기구(물거미는 물속에서 살 수 있다), 동작 감지기와 식량에 이르기까지 다양하게 활용된다. 거미 비행은 우리가 패러글라이딩을 연습할 때 하는 일과 비슷해서 기구 타기라는 이름으로 불리기도 한다. 거미는 바람에 날릴 수 있는 거미줄을 펼치고 동물들에게 달라붙어 수십 킬로미터를 이동한다. 그렇게 거미들은 섬이나 선박에 도달해 생존하거나 종을 유지해 간다. 1883년 자바와 수마트라 사이에 있는 섬에서 크라카토아 화산이 폭발하여 섬 전체가 황폐해졌다. 7개월 후에 탐험가들이 그 섬에서 처음 발견한 것은 그런 방식으로 이동한 거미들의 군체였다.

이제 거미 이야기에서 거미 인간으로 돌아가 보자. 스파이더맨의 능력에 대해 과학적으로 설명해줄 수 있을까? 우선 벽을 타는 능력을 검토해보자. 영화를 보면 손가락 끝부분에서 작은 가시들이 나오는 것을 볼 수 있다. 엄격하게 따져보면 그 작은 가시들이 벽을 타는 것을 가능하게 만들어 주는지 명확하지 않다. 거미들은 실제로 어떻게 하는가? 거미는 물리학자들이나 화학자들이 잘 알고 있는 '반데르발스 힘'을 이용한다. 반데르발스 힘은 분자들이 아주 가까이 있을 때 생기는 인력이다. 거미나 도롱뇽, 그리고 도마뱀 등은 다리에 있는 수천 개의 작은 섬유소 실을 이용한다. 이 힘은 분자의 양전기와 음전기가 항상 고르게 분산되어 있지 않는 현상에서 출발한다. 분자 사이에 일시적으로 양전기와 음전기가 생기면서 서로 끌어당기는 힘이 생긴다. 아주 작은 힘이지만 수천 개가 모이면 그 효과가 배가 된다. 그게 바로 거미의 털에서 일어나는 일이다.

우리가 '가장 높이 쌓을 수 있는 모래성의 높이'에서 살펴 본 사각형과 정육면체의 법칙과 비슷하게 벽을 타고 오르는 데 필요한 표면의 비율은 대상의 무게에 따라 다르다. 거미는 가벼워서 그의 발이 필요로 하는 표면적이 작지만, 인간은 자신의 몸의 40%를 표면적으로 가져야만 한다. 케임브리지 대학의 연구에 따르면 145개의 신발만큼의 표면적이 있어야 인간이 벽을 탈 수 있다고 한다.

감각에 관해서 보자면 거미는 4쌍의 눈이 다양한 방향으로 초점을 맞출 수 있어 그의 주변의 모든 것을 볼 수 있다. 덕분에 피터는 안경을 벗고 근시안을 극복할 수 있었다. 비록 시야가 좁기는 하지만 깡충거미는 동물의 왕국에서 가장 좋은 시각을 가지고 있다. 보통의 동물은 광감지 막을 하나만 갖지만 거미는 각막에 4개의 광감지

막을 가지고 있다. 시각 능력이 없는 거미는 온몸에, 특히 다리에 진동을 감지할 수 있는 털을 가지고 있다. 그래서 다가오는 위험을 빠르게 감지할 수 있다. 바로 그 유명한 스파이더맨의 거미 감각이다.

'큰 힘에는 큰 책임이 따른다'라는 유명한 말이 있다. 곰곰이 거미의 초능력 중에 무엇을 가지고 싶은지 한번 생각해보자.

보잉 747을 멈추려면 거미 몇 마리가 필요할까?

트위터

@SirHadouken

거미 한 마리면 충분할 듯. 조종실 안에 거미 공포증이 있는 조종사 앞에 놓으면 된다!

@Ayos_Nexz

스파이더맨만 있으면 가능할 듯?

환상의 차 키트와 풍차의 공통점

현재는 여러분의 것이다, 그러나 미래는
내가 그만큼 노력했기 때문에 나의 것이다.

니콜라 테슬라Nikola Tesla

환상의 차 키트와 풍차는 마이클이라는 이름과 관련 있다는 공통점을 가지고 있다. 데이빗 핫셀호프David Hasselhoff가 연기한 마이클 나이트는 환상의 자동차 키트[57]를 운전하지만 내가 말하는 마이클은 19세기의 마이클이다. 그는 역사상 가장 중요한 물리학자이자 화학자인 영국인 마이클 패러데이Michael Faraday이

57 역자 주: 미국 드라마 〈전격 Z작전〉에 나오는 인공지능 자동차이다.

다. 아인슈타인이 자신의 사무실에 뉴턴과 맥스웰 그리고 그의 초상화를 걸어 두었을 정도로 패러데이의 업적은 대단하다. 마이클 패러데이 덕분에 스위치를 누르면 불이 켜지는 것처럼 우리는 수많은 일상적인 기적을 누릴 수 있었다.

패러데이는 그의 업적에 합당하는 대우를 받지는 못했지만, 자기장 내에서 유도체를 움직이면 전기를 만들 수 있다는 매우 중요한 사실을 밝혔다. 그것은 전자기 유도라는 현상으로, 폐쇄 회로 안의 압력(우리가 볼트라고 측정하는 것)은 그 안의 자기장 변화 속도에 비례한다는 것에 토대를 두고 있다. 그 압력이 전류를 만들고 연결된 모든 장치를 움직이게 만든다. 시간에 따라 변화하는 자석이 만드는 자기장만으로 충분했다. 이 현상에서 중요한 것은 전자기 유도의 다양한 형태가 에너지를 만드는 데 아주 유용하다는 사실이다. 전자기 유도는 풍력 발전, 발전기, 수력 발전, 변압기의 기초였다.

호기심 뭉게뭉게 .... 미국 드라마 〈로스트Lost〉를 집필한 시나리오 작가 중 한 명은 마이클을 알았던 게 분명하다. 시리즈의 등장인물 중 한 명의 이름이 대니얼 패러데이이기 때문이다. 그가 등장인물 중에서 가장 과학적 정신을 가진 사람인 것은 우연이 아니다. 옥스퍼드 대학의 물리학 박사인 그가 졸업할 때 어머니는 유명한 마이클 패러데이의 일기를 그에게 선물했다. 그는 패러데이의 성을 자기 성으로 삼았다. 그는 훌륭한 물리학자로서 섬 안에 있는 여행자가 밖에 있는 사람들과 비교해서 겪는 시간의 확장에 대한 증거를 발견하게 된다. 그래서 시간 길이의 압축은 빛이 정상적으로 확산하지 못하게 만든다. 이 모든 것들은 아인슈타인의 이론에 기반한다. 그래서 대니얼은 섬의 에너지가 시공간을 변형시키고 시간 여행을 가능하게 하려고 웜홀(벌레구멍)을 만든다고 의심하게 된다. 이 드라마를 안 본 사람들을 위해 더 이상 말하지는 않겠다. 나는 스포일러[58]가 되고 싶지는 않다. 단지 그들의 신비한 이야기를 남기고 싶다. "우리가 지금 하는 모든 일은 미래에 이미 일어났던 일이다. 무슨 의도를 가졌건 무슨 일을 하건 상관없다. 지난 일은 이미 지나갔다." 시나리오 작가들에게 박수를…. 결말은 그다지 훌륭하지 않았으니 그 부분은 제외하자. 세상에 완벽한 사람은 아무도 없다.

자기장 영역 안에서 움직이는 유도체가 발전기가 될 수 있다. 유도체를 보충해준 것은 전기 모터였고 전기 모터는 전기를 동작으로 바꾸어 주었다. 패러데이의 발견은 세상을 바꾸었다. 페러데이는 전기를 생산하는 시대로 가는 통로를 열어주었다. 오늘날 우리는 토스터를 전원에 연결하고 빵을 구울 수 있다. 또한 TV를 보고 에어컨과 컴퓨터를 사용할 수 있다.

과학 뭉게뭉게 ………….. 한 가지 흥미로운 일화를 하나 소개하겠다. 1855년 봄, 패러데이는 학술회의에서 그가 발견한 전기와 자기장의 본질에 대해 발표하고 있었다. 당시 영국의 재무부 장관이 그 회의에 참석해 있었는데, 그는 후에 4차례 수상을 역

58 역자 주: 영화나 드라마의 줄거리를 다른 사람에게 미리 밝히는 사람을 말한다.

임한 윌리엄 글래드스턴William Gladstone이었다. 윌리엄은 지금 설명하는 것이 무슨 용도로 사용되는 것인지 물어보았다. 패러데이가 답변했다. "걱정하지 마십시오. 앞으로 정부에서는 이것에 세금을 부과할 수 있을 겁니다." 패러데이가 예상한 대로 오늘날 전기 요금에 세금을 부과하게 되었고, 전기 혜택을 누리지 못하는 에너지 빈곤층 문제는 각종 언론 매체나 공공 논쟁에서 한 자리를 차지한다.

다시 발전기 얘기로 돌아가 보자. 패러데이의 설명대로라면 전기를 생산하는 방식은 자기장 안에서 유도체를 움직이거나 자기장을 만들어내기 위해 유도체 근처에서 자석을 움직여야 한다. 보통은 자석을 움직이지만 발전기의 경우에는 확실하지 않다. 발전기의 날개를 움직이는 것은 무엇인가? 그것은 바람이다. 우리가 알고 있는 것처럼 에너지는 만들어지지도 파괴되지도 않는다. 단지 변화될 뿐이다. 바람을 이용하는 풍력 에너지는 풍차의 날개를 회전시킨다. 바람은 운동 에너지를 만들고 회전 날개를 움직인다. 그곳에 유도체가 있다. 회전 날개는 중앙에 고정된 자석 주위를 회전하고 거기에서 고정자라는 이름이 유래된다. 수력 발전의 경우에도 기본 원리는 똑같다. 다만 터빈을 움직이게 만드는 것은 물의 힘이다. 화력 발전의 경우에는 석탄이나 천연가스 같은 연료를 연소시킨다. 화력은 물을 가열해서 수증기를 만들어낸다. 수증기의 압력이 2,000년 전에 설계된 기계인 취관에서 좀 더 발전된 기계의 터빈을 회전시킨다. 원자력 발전소도 기본 원리는 같다. 다만 물을 가열하기 위해 사용하는 연료의 종류가 다를 뿐이다. 원자력 발전의 경우, 보통은 우라늄 235나 플루토늄 239를 사용한다. 이러한 연료는 핵분열하는 원자의 핵에서 발생하는 것이다. 이처럼 우리는 패러데이의 법칙 덕분에 강이나 바람 혹은 다양한 연료에서 나오는 에너지를 사용하여 간단하게 전기를 만들 수 있다.

.... 알렉산드리아의 헤론Heron은 공학자이자 수학자로서 고대의 가장 위대한 발명가였다. 그의 가장 성공적인 작품 중 하나는 역사상 최초의 열기관인 취관이었다. 취관은 솥 위에 연결된 두 개의 굽은 관을 가진 속이 비어있는 구형 기계로 회전이 가능했다. 구 안에 있는 물이 가열되면 수증기가 배출되고 수증기가 그 구를 빨리 회전하게 만들어 주었다. 처음에는 어린이용 장난감으로 사용되었지만 얼마 지나지 않아 역사상 가장 중요한 발명품 중 하나라고 판명되었다. 헤론의 뒤를 이어서 18세기에 세이버리Savery, 후크Hooke, 뉴커먼Newcomen이 연이어서 열기관을 만들었고 최종적으로 제임스 와트James Watt에게 영감을 주었다. 와트는 그 유명한 증기 기관을 만들었고 산업혁명 시대가 열렸다. 그리고 인류의 운명이 변화되었다. 오늘날 힘의 국제단위인 와트는 여기에서 나온다.

에너지 생산 방식이 다양하듯, 마찬가지로 생태학적 비용과 폐기물 처리 비용도 다양하다. 물과 바람은 깨끗하고 재생 가능한 에너지지만 석탄과 가스의 연소는 이산화탄소를 방출하여 온실 효과를 일으킨다. 원자력 발전은 아주 효율적이고 많은 에너지를 생산하지만 지구를 황폐화할 가능성이 점점 높아지고 있으며 아주 위험한

핵폐기물을 남긴다. 우리는 그것을 핵 저장소에 수백 년 동안 보관해야만 한다. 사실 방사능 유출은 잘 일어나지 않고 사고도 거의 일어나지 않는다. 다행히도 방사능을 다루는 근로자나 과학자들은 스프링필드의 핵발전소를 책임지는 호머 심슨보다 훨씬 더 책임감을 가지고 있다. 그러나 한 번 사고가 일어나면 그 주변에 아주 심각하고 돌이킬 수 없는 피해가 발생한다. 1986년 소련의 체르노빌의 비극이나 2011년 일본의 후쿠시마 원전 사고만 봐도 잘 알 수 있다. 원전 사고는 인류 역사상 최악의 환경 문제를 일으켰다.

인류에 대한 가장 커다란 위협 중 하나인 원전 문제를 해결하는 것은 중요하다. 날로 증가하는 에너지 수요량을 충족시키기 위해 안전하고 지구에 적합한 방식으로 에너지를 생산하는 방법을 모색해야 한다.

환상의 자동차 키트는 이 모든 면을 고려하여 어떤 모양을 하고 있나? 모든 자동차와 마찬가지로 바퀴의 회전을 이용해서 전기를 만들어내는 교류 발전기는 배터리를 충전시켜주고 그것은 점점 더 전기에 대한 의존도가 높아지는 자동차에 전기를 공급한다. 키트의 경우 인공지능 기능이 있는 컴퓨터를 작동하게 했다. 키트는 마이클보다도 현명하고 말할 수 있는 능력과 터보 엔진을 가동할 능력을 갖추고 있었다. 덕분에 놀라울 정도로 도약해서 우리의 입을 다물지 못하게 하였다.

AC/DC는 교류와 직류에 대한 영어 표기이다. 호주의 신화적인 락 밴드 AC/DC[59]를 말하는 것이 아니다. 교류와 직류는 19세기 말에 회사들 간의 진정한 전쟁을 일으킨 계기가 되었다. 패러데이 덕분에 전기를 생산하는 방법을 알게 되었지만, 전기의 축적과 배포라는 그다음의 문제가 생겼고, 그것은 두 우월한 정신의 소유자 간에 거대한 전쟁을 일으켰다. 사업계의 상어 같은 폭군인 토머스 에디슨Thomas Edison과 나의 영웅인 니콜라 테슬라Nikola Tesla 간의 전쟁이었다. 나행스립게도 데슬라는 훨씬 더 야망이 적었다.

에디슨은 제너럴 일렉트릭의 창시자이자 J. P. 모건의 동업자로 그 당시에 가장 영향력이 있는 백만장자였다. 에디슨의 시스템은 전기를 운송하는 데 있어서 직류를 기반으로 했는데, 이 시스템은 많은 비용이 많이 들었고 열로 인한 손실이 매우 컸다. 반면에 웨스팅하우스 일렉트릭의 지지를 받은 테슬라의 시스템은 교류를 기반으로 했다. 교류는 비용을 낮추었을 뿐만 아니라 고압으로 전기를 운송하는 데 더 적은 전류가 필요했다. 다시 말해 같은 양을 보내지만 손실은 더 적었다.

에디슨과 테슬라의 전쟁은 극단으로 치닫게 되었다. 에디슨은 전기의자의 발명에 협력했고 그것을 사용하여 코끼리를 포함한 많은 동물들을 교류를 사용하여 처형하는 구경거리를 만들었다. 에디슨은 이 사건을 통해 대중들에게 경쟁자가 주장하는 교류 시스템이 해롭고 치명적이라는 것을 보여주고 싶었던 것이다. 불쌍한 코끼리

59 역자 주: AC/DC는 1973년 호주 시드니에서 앵거스 영, 말콤 영 형제를 중심으로 결성된 하드 록 밴드이다. 영 형제의 누나가 재봉틀 뒷면에 쓰인 AC/DC를 보고 큰 소리로 연주하고 있던 이들을 재봉틀에 비유해 이름 붙였다고 한다.

에게 무슨 죄가 있다고…. 이 사실을 알고 난 뒤, 에디슨은 나에게 최악의 인물이 되었다. 반면에 테슬라는 용감하게도 자신의 몸으로 교류가 안전하다는 것을 보여주었고 당연히 그는 아무런 손해도 입지 않았다. 그렇게 '전류의 전쟁'이라는 그 당시의 전투가 끝났다.

테슬라는 항상 그의 발명품들이 인류의 생활수준을 향상시켜주길 원했다. 그는 형광등, 최초의 리모콘, 무선 전기 송신기를 발명했고 레이더에 대한 초기 이론을 마련했으며 이외에도 수십 가지의 놀라운 발견들이 더 있었다. 테슬라는 라디오를 발명한 사람이기도 했다. 테슬라가 대중 앞에서 최초로 라디오 송신을 했으나 일 년 후인 1895년에 마르코니Marconi가 자신의 발명에 대한 특허를 내고 그 영광을 차지했다. 이 사건에 대한 질문을 받았을 때, 테슬라는 이렇게 답했다. "나는 사람들이 내 아이디어를 훔치는 것에 대해 걱정하지 않는다. 나는 그들이 그런 아이디어를 가지지 못한 것을 걱정한다." 아직도 정확하게 그 이유를 알지는 못하겠지만, 시대를 앞서간 천재 테슬라는 아직도 자신의 업적에 걸맞은 대우를 받지 못하고 있다. 1960년에 재판이 열렸고 미국 대법원은 테슬라에게 라디오에 대한 특허권을 복원했다. 늦었지만 마땅히 했어야 할 일이었다.

1943년 그는 죽기 전에 이렇게 예언했다. "미래에 시계 정도의 가격을 가진 장치가 발명될 것이다. 그 장치로 육지에 있건 바다에 있건 장소에 상관없이 멀리 떨어진 곳에 있는 사람이 하는 말을 듣고 음악과 노래, 정치가의 연설도 들을 수 있게 될 것이다. 그림이나 인쇄물들도 한 장소에서 다른 장소로 전송될 것이다." 그가 말한 것은 인터넷일까? 스마트 시계일까? 분명한 건 그가 천재라는 사실이다.

다시 우리의 문제로 돌아가 보자. 기차나 버스도 바퀴의 에너지를 재사용하기 위해서 교류 발전기를 사용한다. 그리고 에너지를 공급하여 냉난방 기능을 하거나 조명을 밝혀주거나 스마트폰을 충천해준다. 어렸을 때부터 탔던 내 자전거조차도 마이클 나이트의 환상의 차만큼은 아니지만 패러데이의 법칙에 따라 작동되는 교류 발전기가 있다. 그 장치는 바퀴의 회전을 전기로 전환해서 전등에 에너지를 공급하여 야간에 내 앞을 밝혀준다. 우리는 실수로 그것을 패러데이가 발명한 발전기라고 부르기도 한다. 발전기는 교류 대신에 직류를 만들어 내기도 하는데 그것 역시 우리의 장치들에 에너지를 공급한다. 그래서 우리는 변압기를 사용하여 직류가 우리 가정에는 교류로 들어오도록 만든다.

그렇지만 패러데이도 교류 발전기도, 그리고 내 자전거의 등도 가끔씩 내가 넘어지는 것을 막을 수는 없었다. 나의 어머니가 나에게 항상 하는 말이다. "네가 정신없이 달리니까 그렇지!" 아직도 아프기는 하지만 패러데이에게 고마움을 전하고 싶다.

환상의 차 키트와 풍차 사이의 공통점은 무엇인가?

인스타그램

davitletico

둘 다 프로펠러가 달린 모자로 추진력을 얻는다.

페이스북

Tomas F M. Ac

둘 다 돈이 많이 들어가지만 실제 생활에는 전혀 도움이 안 된다!

지구에 관한
진실과 거짓

그리고 내가 더 안타까운 것은
이제 더는 우리가 절대 쌍둥이 영혼이 될 수 없다는 것.
씨앗과 나무,
촛불 앞의 바람,
지구 핵에 용해된 철과 니켈.

로스 플라네타Los Planetas의 〈철과 니켈〉

우리는 부서지기 쉬운 우주선을 타고, 우주선을 배려하지 않고 거칠게 다루며 광활한 우주를 여행하고 있다. 우리가 타고 있는 우주선의 이름은 지구이다. 우리는 아주 빠른 속도, 소리보다 87배 더 빠른 속도인 108,000km/h로 이동하고 있다. 태양계 끝에서부터 바라보면, 지구는 광활한 우주에 둘러싸여 있는 밤하늘의 '창백한 푸른 점'에 불과하다. 유명한 천문학자이자 《코스모스》의 저자인 칼 세이건Carl Sagan은 이렇게 말했다. 지구는 거대한 우주라는 대양에 있는 우리의 해안가다. 그리고 아직 이곳 외에 그 어떤 곳에서도 우리 몸을 숨길 수 없다. 칼 세이건은 바로 여기 지구에서 사랑, 전쟁, 중요한 역사적 사건, 재난들처럼 우리에게 중요한 모든 일들이 일어난다고 말했다. 지구는 차갑고 거대한 우주에 있는, 영원에 표류하는 한 알의 모래에 불과하다.

지구는 태양 주위를 도는 구형 물체이다. 그러나 고대인들은 직관적으로 태양이 지구의 주위를 돈다고 생각했다. 더 오래전에는 바닥이 단단하고 안정되어 있어서 지구는 평평하다고 생각했다. 우리가 거대한 구 위에 올라서면 마치 평면 위에 있는 것처럼 느낄 수 있다는 점은 아주 확실하다. 현대과학은 갈릴레오, 코페르니쿠스, 케플러, 뉴턴 같은 위대한 개척자들 덕분에 큰 저항 없이 사실을 예측하고 보여주었다. 아폴로 11호에서 찍은 지구의 사진은 전혀 과학적이지 않은 구시대의 개념을 가진 사람들에게 지구가 구형이라는 사실을 명확하게 보여주었다.

물론 과거에도 지구가 평면이라고 생각하지 않는 사람이 있었다. 현명한 수학자이자 알렉산드리아 도서관의 관장인 그리스의 에라토스테네스Eratosthenes는 2,200년 전에 지구의 지름을 거의 정확하게 측정했다. 그는 아주 거대하지는 않은 해시계를 이용해 시간을 측정하기 위해 만든 계단 위에 투영된 물체의 그림자를 통해서 지구

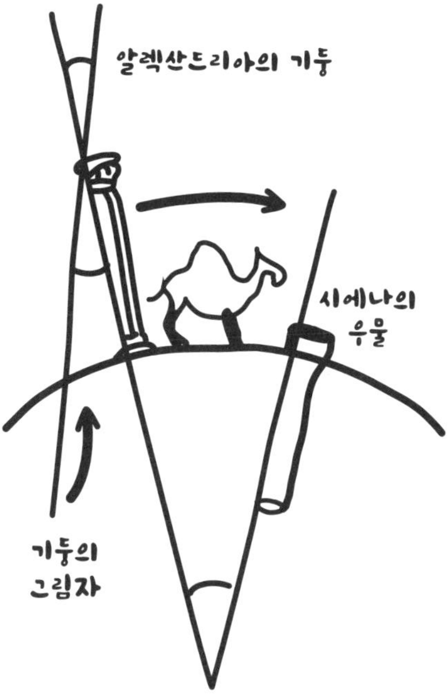

의 지름을 측정했다. 어떻게 해시계로 그러한 발견을 할 수 있었을까? 6월 21일 시에나에서 여름의 하지점에 있는 태양이 정오에 하늘의 최고점에 있었다. 그때에는 빛이 수직으로 내려와 그림자가 형성되지 않았다. 그러나 알렉산드리아는 다른 위치에 있었기에 빛이 수직으로 내려오지 않아서 그림자가 생겼다. 시에나와 알렉산드리아에 있는 두 개의 기둥의 그림자를 비교해서 그는 두 도시 사이의 거리를 측정했다. 둘 사이의 거리를 알고 노예를 시켜 두 도시 사이의 발걸음 숫자를 측정했다. 삼각 측량법을 사용하여 우리가 걷고 있는 지구의 '지름'을 계산했고 약 6,000km가 나왔다. 놀라운 것은 실제 거리인 6,370km와 고작 10%도 안 되는 오차가 있었다는 사실뿐만이 아니었다. 그가 당시의 일반적인 믿음과는 달리 지구가 둥글다고 생각했다는 것이다. 아마도 그가 월식 때 발생하는 달 위에 생긴 지구의 그림자의 모습이 원형이라는 것을 관찰했기 때문이었을 것이다.

실험 지구의 지름 측정하기

말뚝, 말뚝! 말뚝만큼 재미있는 물건도 별로 없다. 그리고 수학만큼 재미있는 것도 없다. 혹시 "그것을 듣고 잊어버렸고, 그것을 보고 믿었으며, 그것을 하고 나서야 배웠다."라는 중국의 속담을 알고 있을지 모르겠다. 당신은 수업이 끝나기 전에 학생들을 놀라게 할 수 있다. 학생들은 이미 많은 시험에 지쳤고 모두 방학만 기다리고 있다. 그들에게 수학이 멋지다는 것을 보여주자. 에라토스테네스의 이야기를 해주고 그의 행동을 따라 해보자. 6월 21일 정오, 정확하게 12시일 필요는 없지만, 학생들이 막대기를 가지고 운동장으로 나오게 하자. 멀리 갈 필요도 없이 간단한 막대기면 충분하다. 50cm에서 1m

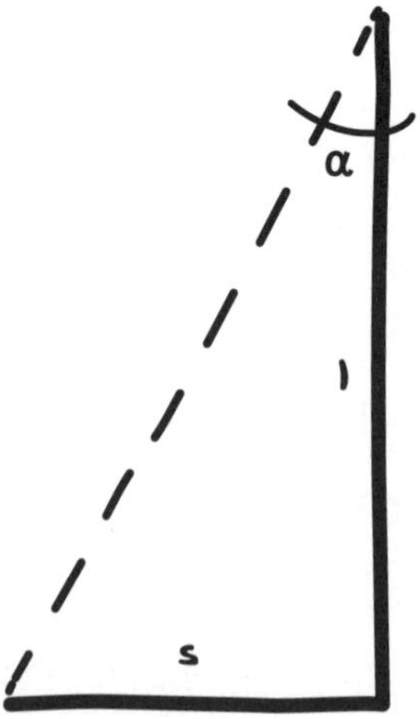

L: 막대 길이
S: 그림자 길이
D: 북회귀선까지의 길이

첫 번째 방법

각도를 계산한다. $\alpha = \arctan\left(\frac{S}{L}\right)$

지구의 전체 원주를 추측한다. $P = D\frac{360°}{\alpha}$

지구의 반지름을 알아낸다. $R = \frac{P}{2\pi}$

두 번째 방법

하나의 공식에 모든 것을 조합한다.

$R = \frac{D \cdot 180°}{\pi \cdot \arctan\left(\frac{S}{L}\right)}$ (도)

$R = \frac{D}{\arctan\left(\frac{S}{L}\right)}$ (라디안)

정도의 길이면 충분하다. 그리고 구글 지도의 도움으로 좌표, 즉 위도와 경도를 얻자. 학생들이 똑똑하게 사용만 한다면 스마트폰은 훌륭한 도구가 된다. 우리는 학교에서 북회귀선(북위 23.26도를 지나는 직선)까지의 거리를 알 수 있다. 학생들에게 그림자의 길이를 재라고 시킨다. 그리고 스마트폰의 계산기를 가지고 간단한 수학 식을 계산한다. 학생 중에 누가 가장 적은 오차로 계산했을까? 과거에 에라토스테네스가 계산한 것보다 정확하게 계산할 수 있을까?

참고로 지구의 공전은 일 년이 걸린다. 지구는 이 회전 말고도 자전이라는 다른 회전도 한다. 지구는 축을 중심으로 하루에 한 바퀴를 돌아 매일 낮과 밤을 만든다. 지구의 자전은 24시간, 즉 하루가 걸린다.

봄, 여름, 가을, 겨울 사계절의 주기는 공전의 움직임과 태양 주위를 도는 지구의 타원 궤도에 의한 것이다. 태양은 근일점[60]에서 가장 가까이 있고 원일점[61]에서 가장 멀리 있다. 그러나 사실, 계절은 지구의 평면에서 23.5도 항상 같은 방향으로 기울어져 있는 지구의 자전축 때문에 나타난다. 북반구는 비록 태양으로부터 가장 멀리 있지만, 원일점에서 빛을 더욱 직접 받아 거의 수직의 형태로 복사열을 받는다. 그래서 여름이 된다. 그러나 남반구는 에너지를 덜 받아 겨울이다. 아르헨티나가 여름이면 스페인은 겨울이다. 적도의 아

60 역자 주: 태양 주변을 도는 천체가 태양과 가장 가까워지는 지점이다.

61 역자 주: 태양 주변을 도는 천체가 태양과 가장 멀어지는 지점이다.

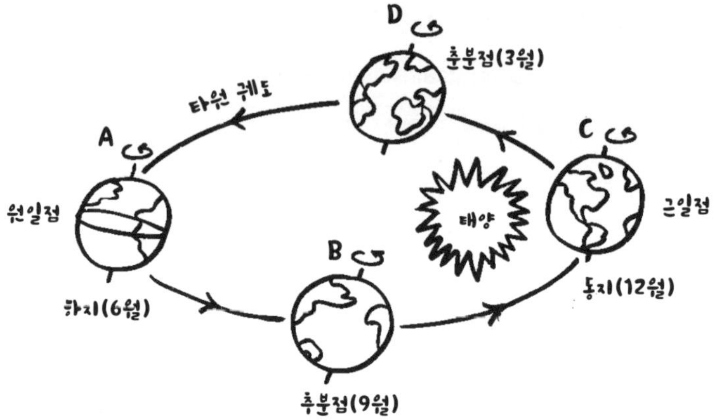

지구 궤도

래쪽은 여름에 크리스마스를 맞이한다.

학교에서 배웠듯이 지구는 회전하고 이동한다. 그리고 추가적으로 세 가지 움직임을 보인다. 그것은 지구가 팽이처럼 움직인다는 것을 상상하면 추론할 수 있다. 세차[62]는 지구 축의 회전 운동 때문에 일어나는 것이다. 25,767년을 주기로 일어난다. 장동[63]은 매 18.6년마다 일어나는데 달의 인력 때문에 세차의 움직임이 완벽한 회전이 아니라서 발생한다. 챈들러 요동이라고 알려진 것은 지구의 경사축이 주기적으로 변화하여 그 위치가 최고 9m까지 변하는 것을 말한다.

---

62 역자 주: 춘분점이 황도를 따라 1년에 50.3초씩 서쪽으로 이동하는 현상이다.

63 역자 주: 자전하는 물체의 회전축이 세차운동에 따라 원을 그리게 되는데, 그 원주 위에 일어나는 진폭이 작은 주기적인 진동을 장동이라 한다.

물리학자들이 챈들러 요동Chandler Wobble의 이름을 지으려고 시도하는 장면이 떠오른다. "챈들러 박사님, 고정된 규칙을 따르지 않는다면 그것을 무엇이라고 부를까요? 요동? 좋아요. 그렇게 적읍시다." 세차의 영향 때문에 작은곰자리의 꼬리 쪽 끝에 있는 북극성은 1,000년 내로 북쪽을 가리키지 않게 될 것이다. 그것을 찾으려면 세페우스자리 감마를 찾아야 한다. 4,500년 후에는 세페우스자리 알파가 될 것이고, 12,000년 후에는 베가가 될 것이다. 그것은 지구에서 가장 가까이 있는 별로 25광년 떨어져 있다.

지구의 축이 기울어져 있지 않다면 계절이 없을 것이고 태양은 항상 적도 위에 있어서 그 인근 지역을 사람이 살 수 없는 장소로 만들 것이다. 그리고 적도는 영원히 여름인 사막 지대가 될 것이다. 반대로 지구의 북쪽과 남쪽은 해가 겨우 뜰 것이고 영원히 겨울일 것이다. 〈왕좌의 게임Game of Thrones〉에 나오는 것처럼 윈터펠 Winterfell 성벽 북쪽은 항상 얼어있을 것이다.

과학 뭉게뭉게 .... 호주의 천문학자인 조지 도드웰George Dodwell의 이론에 따르면 기원전 2345년에 지구가 소행성과 충돌하여 지금처럼 축이 기울어졌고 세계적인 대홍수를 겪었다고 한다. 기독교인들은 노아가 같은 날에 대홍수를 겪었고 그의 유명한 방주를 만들었다고 한다. 또한 충돌 직후에는 처음에는 빠른 속도로 기울다가 천천히 기울어져 1850년에 지금의 각도에 이르렀다고 한다. 이러한 축의 변화 때문에 스톤헨지나 아몬라신을 모시는 카르나크 신전처럼 많은 기념물과 사원을 만들게 되었다고 한다. 그것들은 지구의 축이 태양이 나오는 방향으로 향하게 하기 위해 만들어졌다고 한다.

많은 사람이 내게 '지구는 왜 도는지' 질문한다. 이는 약 50억 년 전에 광대한 먼지구름과 가스에서 우리의 태양계가 형성된 방식과 관련이 있다. 먼지구름이 수축하기 시작했을 때 아주 빨리 회전하는 평면의 원반을 형성했다. 태양이 중심에 만들어졌고 나머지 원반들은 행성을 형성하고 달과 소행성, 그리고 혜성을 형성했다. 그것이 태양 주변에 거의 같은 평면으로 궤도를 돌고 있는 많은 물체, 즉 '황도'가 만들어진 이유이다.

호기심 뭉게뭉게 열 살이 되기 전에 나는 우리 세대의 아이들이 대부분 그랬듯이 영화에 나오는 1978년 크리스토퍼 리브Christopher Reeve 주연의 슈퍼맨이 되고 싶었다. 몇 년 지나지 않아 나는 그것이 가장 비과학적인 영화 중 하나라는 사실을 알게 되었다. 단지 우리의 슈퍼 영웅이 초음속의 속도로 날아도 머리가 흐트러지지 않기 때문만은 아니었다. 영화의 한 장면을 짚어보자. 지진이 일어나자 루이스 레인을 구하기 위해 주인공은 지구의 주위를 돌아 지구의 회전을 반대로 만든다. 처음에는 지구를 멈추게 하고 다음에는 지구를 반대로 돌린다. 이는 시간이 거꾸로 간다는 것을 의미했다. 그래서 주인공은 그녀를 구할 수 있었다. 하지만 말도 안 되는 이야기다. 우선 지구를 갑자기 세우면 인류에게 대재앙이 일어날 것이다. 우리는 관성의 영향으로 지구에서 1,600km/h의 속도로 튕겨 나갈 것이다. 적도에서의 지구 자전의 속도이다. 또한 지구를 반대로 돌려도 시간은 후퇴하지 않을 것이다.

우리의 영웅들이 없어도 지구는 점차 속도가 느려지고 있다. 17 마이크로초[64]씩 매년 바다의 마찰 때문에 느려지고 있다. 4억 년 전에는 하루가 22시간이었고 일 년은 400일이었다. 그렇다면 언젠가 지구는 멈추게 될까? 그러면 어떤 일이 일어날까? 우선 우리가 알고 있는 낮과 밤이 사라질 것이다. 그리고 중앙으로 모으는 힘이 없어서 지구 표면의 모습이 변하는 안 좋은 상황이 일어날 것이다. 물이 극지방을 차지할 것이고 새로운 대륙이 적도 부근에서 도넛 같은 모양으로 나타날 것이다. 극지방에는 두 개의 거대한 대양이 생길 것이다. 소프트웨어 회사 ESRIEnvironmental Systems Research Institute는 시베리아와 남극, 그리고 캐나다가 물에 잠길 것이라고 전망했다. 그러나 그런 일은 일어나지 않을 것이다. 우리는 이미 우주 소멸의 날을 알고 있다. 그런 일이 일어나기 전에 오렌지 색의 거대한 것으로 변한 태양은 지구를 파멸시킬 것이다. 그때까지 60억 년이 남았다.

지구 내부가 비어있다고 주장하는 이상한 생각을 가진 사람들도 있다. 그들은 지구 내부에 아주 고도로 발전한 문명이 있다고 믿는다. 심지어는 외계에서 온 날아다니는 비행접시도 사실상 양극에 있는 거대한 구멍에서 나온 것이라고 믿는다. 게다가 지구 내부에

64 마이크로초는 100만분의 1초이다.

는 다른 태양이 있어 그 문명에 빛을 주고 있다고 믿는다. 당연히 지구의 각 정부는 이 사실을 알고 있지만 국민들에게 숨기고, 이런 믿음이 미친 짓이라고 생각하게 만든다는 것이다. 그 사람들은 그렇게 믿고 있다. 사실 공상과학 소설에 속이 비어있는 지구에 관한 이야기도 나온다. 쥘 베른Jules Verne의 《지구 속 여행》이 그것이다. 작가는 대단한 상상력으로 소설을 썼고 과학 발전에 크게 기여했다. 또한 에드거 앨런 포Edgar Allan Poe나 H. P. 러브크래프트H. P. Lovecraft 같은 소설가의 작품에서 나온 것들도 있다.

음모론에 빠지거나 너무 복잡하게 생각하지 않아도 우리는 지구 내부가 비어있지 않다는 것을 증명할 수 있다. 멀리 갈 필요 없이 파장 시스템은 우리 지구가 여러 개의 층으로 구성된 물질로 '가득' 차 있다는 것을 보여준다. 태양의 플라즈마의 흐름으로부터 우리를 보호하는 지구의 자기장은 핵을 돌고 있는 큰 질량의 자기장 물질인 철, 니켈이나 다른 금속 때문에 나타난다는 것을 알고 있다. 당연히 어떤 인공위성도 양극을 통해 내부로 들어가는 가상의 구멍을 발견하지 못했다.

지구의 온도는 깊이에 따라 증가하고 이를 지열 변화율이라고 부른다. 지구의 중심부는 6,700도 이상으로 우리 눈에 보이는 태양보다 뜨겁다. 이런 열기는 지구의 생성기 때 방출된 열에서 나온다. 그것을 구성하는 입자들이 충돌하고 압축되면서 나온다. 철이 결정화되어 내부의 고체 핵을 형성하면서 방출된다. 그러나 사실상 우라늄(U), 토륨(Th), 칼륨(K) 같은 방사성 동위원소가 분해되어 방출되는 것이다. 그리고 다른 방사능과 마찬가지로 갈수록 그 영향력이 약해진다. 지구는 내부에 만들어지는 열보다 많은 양의 열을 우주로 방출한다. 그래서 천천히 식어가고 있다.

최근 연구 결과들을 토대로 추측해보면 지구 내부 핵에 아주 무거운 원소들이 풍부해지고 있다고 한다. 원소 기호 55 이상이며 금과 수은이 포함되는 이러한 물질들은 40억 년 전에 지구와 충돌했던 유성의 잔재물이다. 핵에는 금이 충분히 많이 있다. 이것은 폭탄이다. 그 양은 지구의 표면에 4m 두께의 금으로 된 막을 형성할 정도이다.

지구의 무게는 다양한 실험을 통해 대략 6×10^{24}kg인 것으로 증명됐다. 만약에 지구가 12km의 두께를 가진 껍질이라면 지구를 구성하는 물질의 밀도는 우리의 육체나 물보다 1,000배는 높을 것이다. 주기율표에 나오는 가장 무거운 물질의 수십 배의 밀도를 가질 것이다. 모래 한 스푼은 수백만 톤이 될 것이다. 속이 빈 물질에 대한 가우스의 정리에 따르면 지구의 내부에는 중력이 없을 것이다. 그러면 이 문명에서 바닥에 남아 있는 것은 회전하는 관 안에 있는 물이나 세탁기에서 탈수되는 옷처럼 지구의 회전에 의한 원심력의 힘뿐일 것이다. 이 힘은 적도에서 최대가 될 것이다.

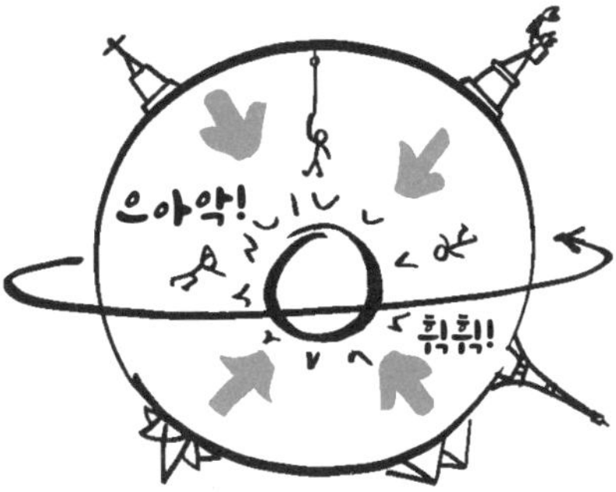

그리고 중력보다 300배는 약할 것이다. 그런 곳에서 주민들은 고꾸라져 넘어질 수밖에 없다.

지구의 내부에 관해서는 여전히 많은 과학적 신비가 남아있다. 아직 우리가 아주 깊은 곳까지 내려가지 못했기 때문이다. 인간이 뚫은 세상에서 가장 깊은 구멍인 콜라 초심층 시추공Kola Superdeep Borehole은 깊이가 12km이고 러시아의 콜라 시추 장비가 설치된 구조물 아래에 있다. 바다에서 가장 깊은 지점인 마리아나 해구는 깊이가 11km이다. 영화감독인 제임스 카메론James Cameron은 2014년 다큐멘터리 영화인 〈딥씨 챌린지Deepsea Challenge〉에 나오는 것처럼 잠수정을 타고 그곳을 탐험한 최초의 인간이 되었다. 그러나 이 깊이는 지구 지름의 0.1%에 불과하다. 나머지는 우리 지구 내부에서 신비롭게 간직하고 있다.

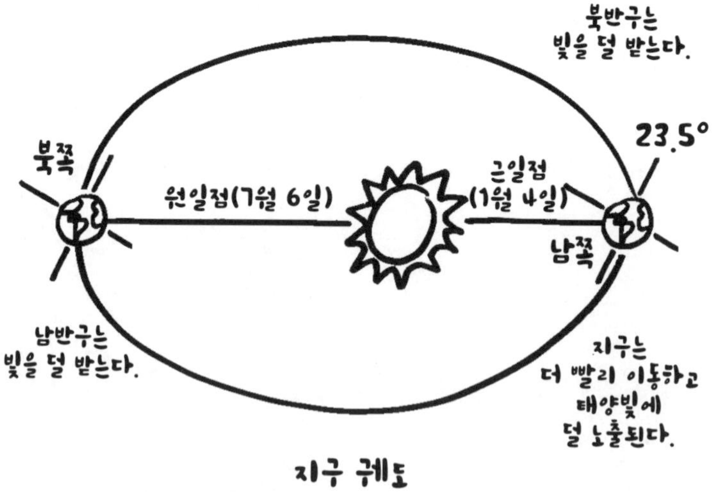

지구 궤도

왜 계절이 존재하는가?

인스타그램

josegarcor

그것이 없으면 AVE 고속열차를 타고 세비야에서 마드리드로 갈 수 없다.[65] #농담

페이스북

Mararía Mararía

계절은 사람이 생존할 수 있도록 자연적으로 변한다. 그러나 나는 잘 알지 못한다. 카나리아[66]에 살기 때문이다.

---

65 역자 주: 스페인어로 계절을 의미하는 'estación'에는 기차역이라는 의미도 있다.

66 역자 주: 연중 온난한 스페인의 섬이다.

무연 가솔린과 지구의 나이

꽤 오래전부터 우리가 자동차의 연료로 사용하는 휘발유에는 납이 없었다. 우리 건강이나 환경을 생각하면 다행스러운 일이었다. 납이 없어지게 된 배경에는 한 과학자의 공로가 있었다. 그는 성경이나 다른 책에 나오는 이야기가 아닌 지구의 역사를 계산할 수 있는 신뢰할 만한 방법을 찾고 있었다. 그리고 그 연구는 석유 회사와의 전쟁으로 이어지게 되었다. 그의 이름은 클레어 C. 패터슨Clair C. Patterson이다.

패터슨은 1922년에 아이오와에서 태어났다. 그는 지리 화학을 전공했고 지구의 나이를 과학적으로 측정하는 연구 과제를 맡았다. 그는 화성암에 포함된 납의 동위원소를 측정하는 방법을 활용했다. 핵물리학적 지식에 따르면 방사능 물질은 천천히 다른 물질로 변해간다. 지구에 자연 방사능을 만들면서 방사능이 없는 물질인 납 같은 것으로 변화하는 것이다. 그리고 납은 절대 분해되지 않는다. 납은 어떤 면에서 방사능 분해 사슬의 한계를 나타내준다.

우라늄은 원소 주기율표에서 가장 무거운 방사능 물질이다. 우라늄은 변화하여 납의 단계에 도달한다. 암석에서 나오는 우라늄과 납의 양처럼 우라늄의 분해율은 그 바위가 생성된 후 얼마의 시간이 지났는지 계산할 수 있도록 만들어 준다. 즉 지구의 나이를 계산할 수 있게 하여 지구의 나이가 45억 년이라는 사실이 밝혀졌다.

과학 뭉게뭉게 .... 17세기에 아일랜드의 대주교인 제임스 어셔James Usher는 성경에 나오는 인물들의 세대를 이용하여 지구가 기원전 4004년 10월 23일 일요일에 태어났다고 계산했다. 날짜도 정확히 계산하고 심지어 어떤 요일인지도 명시했지만, 시간 계산은 꽤나 오차가 있다. 45억 년을 4천 년으로 잘못 계산했으니 말이다.

패터슨은 조사를 진행하는 동안에 아주 걱정스러운 자료를 발견했다. 그 당시의 환경에 납이 매우 높은 수준으로 존재하고 있다는 내용이었다. 특히 아주 먼 옛날에 이 금속이 존재했음을 알려주는 바다 깊은 곳의 견본이나 그린란드나 남극의 얼음과 비교했을 때 매우 심각한 수준이었다. 현재의 납 수치가 과거보다 무려 수백 배에 달했다. 이는 그의 연구에도 문제가 됐다. 주변에 존재하는 납 성분이 그의 작업에 영향을 미쳐 편중된 결과를 낳을 수 있기 때문에 그는 오염되지 않은 완전히 격리된 실험실에서 연구해야만 했다.

막강한 힘을 자랑하는 거대 석유 회사들과 패터슨의 싸움은 그때부터 시작되었다. 우리 주변에 그렇게 납이 많이 있었던 이유는 무엇일까? 여기에는 자동차 가솔린에 내폭제로 사용되는 사에틸 납의 남용이 한 부분을 차지한다. 사에틸 납은 연소 후 자동차의 배기관을 통해 공기 중으로 방출된다. 그는 1965년에 인간의 환경오염에 대한 기사에서 납이 자연과 음식에 미치는 영향을 겨냥한 기사를 썼다.

유독성 금속인 납은 두뇌, 간장, 콩팥, 뼈, 치아 등 유기체인 인간의 몸에 축적되고 특히 어린아이들에게 위험하다. 납은 두뇌의 성장에 영향을 미치고 빈혈, 고혈압, 신부전, 생식 기능 장애를 일으킨다. 일부 사람에게는 돌이킬 수 없고 치명적인 영향을 미치기도 한다. 납을 다루는 산업에 종사하는 사람들에게 정신 질환이 생기는 것은 드문 일이 아니다. 캐나다 국립 수질 연구소의 제롬 느리아구 Jerome Nriagu 교수는 납이 로마 제국의 멸망에 영향을 미쳤다고 주장한다. 로마 시대에는 납이 많이 사용되었다. 로마인들은 납으로 만든 잔에 포도주를 마셔서 그 시대에는 통풍이 매우 흔했다. 제롬 교수는 로마 관료들의 두뇌 기능에 악영향을 준 납이 어쩌면 로마 제국의 멸망에 중요한 요소로 작용했을지도 모른다고 밝혔다.

거대 석유 기업들은 자신들에게 도전장은 내민 패터슨을 못마땅해 하며 그의 과학적 명성을 해치고 깎아내리기 위해 다양한 방법으로 위협했다. 곧 석유 산업에 의해 진행되었던 연구에 재정 지원이 끊겼고, 캘리포니아의 파사데나에 있는 명망 높은 칼테크 연구소는 그의 연구를 중단시키라는 압력을 받았다. 기후 변화나 담배의 부정적 영향에 대한 사건에서 흔하게 일어나는 것처럼 기업들은 돈을 주고 부도덕한 과학자들을 고용했고, 그들은 패터슨의 연구에 반박하기 위해 거짓 자료를 배포했다. 또한 발견된 농축된 납이 공공의 건강에 위험을 끼친다는 점을 전혀 찾지 못했다고 주장했다. 1973년에 미국의 환경 보호청에서 패터슨의 손을 들어줄 때까지 끈질긴 투쟁이 계속되었다. 결국 청정 공기에 대한 법안이 통과되고 기업들은 연료에서 납 성분이 완전히 없어질 때까지 납 성분을 줄여 가야만 했다. 패터슨은 1978년에 상을 받고 국립 과학 협회에 들어갔다.

과학 뭉게뭉게 .... 하버드 대학과 와이즈 연구소 팀이 랄스토니아 유트로파라는 이름의 박테리아를 사용하여 인공 나뭇잎을 설계했다. 그것은 태양 빛이 물을 산소와 수소로 나누고, 이산화탄소를 아이소프로필 알콜이라는 액체 연료로 바꿔주게 했다. 이제 그 연구의 목표는 5%의 효율성을 확보하는 데 있다. 태양 에너지를 생물 에너지로 바꾸기 위해 실현되는 광합성의 자연적 비율은 1%에 불과하다. 이 시스템은 사용하기가 편하고 손쉽게 촉매제를 구할 수 있고 저렴하며 어떤 장소에서도 적용할 수 있다는 장점이 있다. 다만 석유 회사들이 그 일을 하지 않는다는 단점이 있다. 결국 패터슨이 알고 있는 것처럼 석유 회사는 이익을 얻을 수만 있다면 그것이 비싸든, 지구에 해를 끼치든, 에너지를 어떻게 생산하든 전혀 관심이 없다.

가솔린 내의 납 성분이 점진적으로 소멸해가자 사람들의 혈액 속에 있는 납의 양도 극적으로 감소했다. 그리고 과학자들은 납의 축적량이 적더라도 몸에 해롭다는 데 동의했다. 비록 이 사건은 연구를 통해 과학적 승리를 얻으려고 시작되었지만 우리는 모두 그 혜택을 받았다. 기업의 이익보다 시민의 건강을 우선시하게 만든 것이다. 이는 아이오와 출신의 지구 화학자인 패터슨의 공로 덕분이다. 그동안 사람들이 잘 알지 못했던 숨겨진 영웅인 패터슨에 관한 이야기는 과학자가 지녀야 할 엄격한 사회적 책임감의 한 사례가 될 수 있다. 그에 관한 이야기는 닐 디그래스 타이슨Neil DeGrasse Tyson의 시리즈 〈코스모스〉에도 나왔고 빌 브라이슨Bill Bryson의 《거의 모든 것의 역사》에도 소개되었다. 그는 1995년 천식을 앓다 발작하여 세상을 떠났고, 그를 기리기 위해 그의 이름을 딴 소행성이 전해진다.

어떻게 해야
지구에서
탈출할 수 있을까?

중력의 힘은 일종의 투명 사슬로 우리를 지구 표면에 딱 들러붙어 있게 해준다. 아인슈타인의 상대성 이론처럼 시공간의 곡률 때문에 중력이 작용한다. 인간은 거의 역사가 시작된 이래로 하늘을 나는 것과[67], 더 나아가 지구를 탈출하여 다른 세상에 도착하기 위해 외계 공간을 탐험하는 것을 항상 꿈꿔 왔다. 영화계의 선구자적 인물인 조르주 멜리에스Georges Melies의 〈달나라 여행Le Voyage Dans La Lune〉(1902)이라는 영화에서 인간들은 로켓을 타고 달에 도착했다. 달의 오른쪽 눈에 로켓이 박힌 장면은 영화 역사에서

67 라이트 형제의 선구자적인 1903년 첫 번째 비행 이후, 그들은 20세기에 걸쳐 비행의 획을 그었다.

상징적인 이미지다. 그 당시만 해도 이 영화는 완전히 공상과학 영화 같았다. 그러나 몇 십 년 후인 1969년, 우주선 아폴로 11호는 달 표면에 착륙했고 닐 암스트롱은 "인간에게는 작은 한걸음에 지나지 않지만, 인류에게는 위대한 도약이다."라고 말했다. 또한 몇 년 뒤, 보이저 탐사선과 같은 우주선들이 태양계를 벗어나 화성에 착륙하여 탐사하기 시작했다.

지구 내부의 힘으로 지구에 사는 모든 생명체와 물체를 지구 중심으로 끌어당기는 힘이 중력이다. 중력 덕분에 대기도 제자리를 유지하며 우주 공간으로 사라지지 않는다. 또한 달이 지구 주변을 돌며 영원히 춤을 출 수 있는 것도 중력 덕분이다. 그러면 지구에서 탈출하려면 어떻게 해야 하지? 무엇을 해야 이 중력의 포옹에서 벗어날 수 있을까? 물건들을 궤도에 올려놓은 상황을 예로 들어보자. 만약 누군가 앞으로 공을 차면 공은 포물선을 그리다 땅에 떨어질 것이다. 좀 더 세게 공을 차면 공은 더 멀리 가서 떨어질 것이다. 충분한 힘을 가해 공을 차면 공은 정말 멀리 날아가 땅에 떨어지지 않을 것이다. 지구를 한 바퀴 돈 다음 뒤로 날아와서 내 뒤통수를 칠 것이다. 이게 바로 궤도에 있는 위성들에게 벌어지고 있는 일이다. 위성들은 지구 주변을 돌고 있다. 흠, 주변을 돌고 있다기보다 지구를 향해 '계속해서 떨어지고' 있다는 게 더 정확한 표현일 것이다.

그래서 우주선 궤도(국제 우주정거장처럼)에서는 중력이 없다고 생각한다. 그렇지 않다. 분명히 중력이 있다. 실제로 우주선은 중력으로 지구에 묶여 있다. 매 순간 자유 낙하를 하고 있어서, 모든 게

둥둥 떠다니는 것 같은 일들이 벌어진다. 낙하산을 펴기 전에 낙하산병[68]이 공중에 떠 있는 것과 같다. 상상하기 어렵지만 우주 비행사들은 지구를 향해 계속 조금씩 떨어지고 있다. 마치 비행기 또는 초고층 건물에서 내던져지는 것과 비슷하다. 위성들은 다양한 높이에서 지구 주위로 궤도를 돈다. 어떤 위성들은 지구의 자전 속도와 같은 속도로 궤도를 돈다. 지구 표면에서 보면 항상 같은 곳에 떠 있는 것처럼 보여서 이 위성을 지구 정지위성이라고 한다. 위성들은 200~36,000km 높이까지 궤도를 돌며 원거리 통신, GPS 또는 과학 연구를 위해 사용된다. 훨씬 더 높은 곳에서는 더 큰 위성, 달이 궤도를 돈다. 달 또한 지구를 향해 영원히 낙하하고 있다. 그러나 절대 떨어지지는 않을 테니, 불안해하지 마시길. 궤도운동은 태양계 운동을 지배하는 유명한 케플러 법칙에 따른다.

호기심 뭉게뭉게 .... 우주선에서 중력이 부족한 상황에 대해 생각할 때면, 내 머릿속에는 항상 NASA 몰래 우주선에 가져간 감자튀김 간식과 함께 둥둥 떠다니는 호머 심슨의 모습이 떠오른다. 그리고 이어서 호머는 개미들 사이를 둥둥 떠다닌다. 호머가 가까이 있으면 언제나 그렇듯이, 상황이 나빠질 수 있다면 나빠질 것이다. 대단한 호머! 호머는 단언한다. "두 종류의 사람이 있다. 믿을 만한 사람들과 그렇지 못한 사람들" 아주 대단하다!

---

68 역자 주: 낙하산을 이용하여 훈련을 받고 작전에 투입되는 보병이다.

궤도를 뒤로 하고, 영원히 지구를 탈출하려면 어느 정도 속도에 도달해야 할까? 말 그대로 지구 탈출속도가 필요한데, 이는 대략 초속 11.2km로 시간당 40,320km이다. 지구보다 중력이 약한 달에서 탈출하려면 이보다 덜 빠른 속도 초속 2.38km가 필요하다. 물론 지구에서는 대기권 공기와의 마찰 효과도 고려해야 할 것이다.

지구를 떠나려면 어마어마한 에너지가 필요하기 때문에 매우 어렵다. 공을 앞으로 던질 때 초기 추진력에 엄청난 에너지가 필요한 것과 같은 이유로 우주선에도 강력한 엔진들이 필요하다. 예선에는 추진기관이 없는 발사체라고 불리기도 했다. 실제로 지구에서 탈출하려면 비행하는 동안 무게를 감소시킬 수 있는 로켓이 필요하다. 그래서 케이프 커내버럴Cape Canaveral이나 다른 어떤 곳에서 우주선이 발사되는 장면을 보면, 엄청난 양의 연료를 소비함과 동시에 로켓이 발사되면서 부분 부분들이 해체되어 떨어져 나간다. 로켓의 질량이 줄어들면 지구를 더 쉽게 탈출할 수 있기 때문이다. 질량이 적어지면 끌어당기는 중력의 힘도 줄어들고 무게도 줄게 된다. 결국, 우주 공간에 도착하는 것은 원래 우주선의 아주 작은 일부일 뿐이다. 이런 방식으로 지구를 탈출하는 우주선들은 달, 화성 그리고 태양계의 어느 구석이든 갈 수 있고 보이저 탐사선처럼 다시는 돌아오지 않는다.

반대로 생각해볼 수도 있다. 지구를 향해 떨어지는 물체는 얼마나 빨리 떨어지나? 질문은 매우 뻔해 보인다. 물체가 떨어지는 속도는 학교에서 이미 배운 것처럼 중력가속도 $9.81m/s^2$에 의해 빨라진다. 하지만 이외에도 우리 눈에는 안 보이지만 언제나 존재하는 대기권 공기마찰 효과도 고려해야 한다. 공기와 닿는 면적이 크면 클수록 속도가 빨라진다. 스카이다이빙이나 베이스 점핑을 하는 사람들은 잘 알 것이다. 공기와의 마찰은 낙하 속도에 당연히 영향을 준다. 물론 떨어지는 물체가 땅에 닿을 때까지 무한대로 가속도가 붙는 게 아니라 일정 속도에서 안정화되는데, 그 시점을 종단 속도Terminal Speed라고 한다. 충분한 시간 동안 낙하하면, 스카이다이버가 낙하산을 펼치기 전에 더 이상 빨라지지 않은 안정된 속도에 다다르게 된다. 이 시점에서 물체는 더는 빨리 하강하지 않는다. 다시 말하자면, 운동하는 물체는 중력과 공기에 의한 저항력을 동시에 받는다는 것이다. 공기 저항은 물체의 속도에 따라 증가하기 때문에 종단 속도에 도달하기까지는 일정 시간이 걸린다. 스카이다이버처럼 낙하하는 경우, 종단 속도는 약 198km/h이다.

과학 뭉게뭉게 .... 전설에 따르면 별똥별이 떨어질 때 소원을 빌면 이뤄진다고 한다. 혜성 또는 별똥별은 일반적으로 지상 80~110km의 높이에서 지구 대기권에 엄청난 속도로 진입할 때 볼 수 있는 작은 조각들로, 그 속도 때문에 공기와 마찰이 일어나고 하늘을 눈 깜짝할 사이에 가로지르며 불타올라 환상적인 빛줄기를 만들어낸다. 그래서 우리는 매년 여름 8월 10일경에 유명한 페르세우스자리의 유성군[69]

---

69 역자 주: 태양의 둘레를 떼 지어 돌고 있는 유성 물질 집합체이다.

을 관찰할 수 있다. 일반적으로 공기와의 마찰 때문에 백열등 같은 빛이 순간적으로 나타난다고 한다. 그러나 사실은 충격 압력 때문이다. 대기권의 공기는 큰 속도의 물체와 부딪히면 압축되며, 압력이 커지면 마찬가지로 온도가 올라가고 별똥별로 전이된다. 크기가 아주 크고 완전히 해체되지 않은 채 지구에 도달하는 것만, 오직 그때에만, 별똥별은 운석으로 불린다.

어떻게 해야 지구에서 탈출할 수 있을까?

인스타그램

heichou_bicho

좋은 책 하나면 가능! ☺

페이스북

Gloriamaría Esthefany

바다[70]로 가서.

70 역자 주: 스페인어로 '지구'를 의미하는 'Tierra'에는 '육지'라는 뜻도 있다. 이 네티즌은 '육지에서 탈출하려면 바다로 가면 된다'라고 재치 있게 표현했다.

왜 달은
지구와 멀어질까?

아름다운 셀레네[71]는 사람들이 태초부터 밤마다 우리와 함께하던 달을 부르는 이름이었다. 달은 작아지거나 커졌고, 가끔씩 완전히 숨을 때도 있었다. 달은 시인들의 꿈의 대상이었고 영혼의 노래, 낭만적인 소나타의 대상이었다. 한편으로 달은 사람들을 미치게 만든다며 비난받기도 했다. 민담이나 마이클 잭슨의 '스릴러Thriller'처럼 인간을 늑대로 변하게 한다며 비난받기도 했다. 적어도 그 당시에는 사람들에게 두려움을 주었던 것이다. 누구는 달에 용이 산다고 말했고, 누구는 달이 셀레네와 같은 고대 신들을 상징한다고 하기도 했다. 오빠인 태양신 헬리오스가 낮 동안의 일을 끝내면 달의 여신 셀레네가 밤 산책을 시작하곤 했었다.

71 역자 주: 그리스 신화에 나오는 달의 여신이다.

지구에 가까워질수록 환상이 줄어든다. 과학 역시 달에 대해 말할 수 있는 것이 많이 있고 그것을 둘러싼 많은 일들이 있다. 천재적인 물리학자로 노벨상 수상자이자 시인인 리처드 파인만Richard Feynman이 말한 것처럼 과학은 달의 아름다움을 훔칠 수 없다. 오히려 그것에 이바지할 뿐이다.

달의 암석에 대한 과학 연구에 따르면 달은 45억 년 전에 만들어졌다. 달이 지구와 테이아라는 행성이 충돌하여 만들어졌다는 이른바 대충돌 가설은 매우 일반적으로 받아들여지고 있다. 그리스 신화에서 테이아는 셀레네의 어머니이다. 그렇다면 테이아 행성은 무엇일까? 그것은 지구의 두 천체 간의 인력과 원심력이 균형을 이루는 점, 라그랑주 점에 위치한 행성이었다. 태양과 지구의 중력의 영역이 서로 상쇄하는 지역이었다. 그러나 테이아가 화성의 크기 정도로 성장하여 라그랑주 지역을 벗어났고 궤도가 혼란스러워지며 지구 위로 40,000km/h의 속도로 떨어졌다. 테이아는 그 충격으로 우리 행성에 완전히 녹아들었고 결국 완전히 소멸하였다. 그리고 지구와 영원히 함께하게 되었다. 융합된 물질의 일부가 우주 밖으로 나가 위성의 형태로 지구와 하나가 되었다.

대충돌 가설에 대한 과학적 증거로 아폴로 우주선이 임무 중에 가져온 달의 암석이 있다. 달의 물질에 산소 동위원소가 풍부하다는 것은 지구와 달이 같은 물질로 이루어졌다는 것을 의미한다. 충돌은 지구 시간으로 5시간 정도 일어났고 당시의 달은 지구에서 20,000km 떨어져 있었다. 지금보다 20배 가까운 거리이다. 보름달이 떴을 때의 빛의 양과 지구로 들어올 빛의 양과 바다에 미칠 영향을 상상해봐라. 그러나 이 이론은 아직도 의문의 여지를 남겨두고 있다. 지구와 달이 함께 형성되었다는 다른 이론도 있다. 혹은 이미 형성된 달이 지구의 중력에 잡혔다는 이론도 있다. 그다지 믿을 만한 이야기들은 아니다.

그때부터 계속해서 달은 시구로부터 벌어지고 있다. 지금은 393,500km 정도 떨어져 있다. 지구와 특별히 문제가 있어서 그런 것이 아니라, 지구 표면과 바다의 마찰이 점차 지구의 회전 속도를 느리게 만들고 있기 때문이다. 뉴턴의 제3법칙에 나오는 것처럼 모든 작용에는 그와 같은 반작용이 있다. 지구와 달은 중력으로 '묶여' 있다. 지구가 느려지는 만큼 달의 속도는 빨라진다. 궤도에 있는 것에 가속도가 붙으면 그것은 외부로 밀려난다. 우리가 회전목마의 외곽에 서 있어 보면 알 수 있다. 서로 멀어지지만 서로 버리지는 않는다. 지구가 달이 회전하는 속도와 같아지는 순간 균형점이 생기고 달은 지구 주변에 남아있을 것이다. 그렇지 않더라도 걱정할 필요가 없다. 수천 년 안에 그런 일이 일어나기도 전에 태양은 거대한 적색거성으로 변해 둘 다 삼켜버릴 것이다.

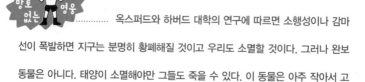

.... 옥스퍼드와 하버드 대학의 연구에 따르면 소행성이나 감마선이 폭발하면 지구는 분명히 황폐해질 것이고 우리도 소멸할 것이다. 그러나 완보동물은 아니다. 태양이 소멸해야만 그들도 죽을 수 있다. 이 동물은 아주 작아서 고

작 0.5mm정도의 크기밖에 안 되고 지구상에서 가장 생명력이 강하다. 당신이 인내심을 가지고 현미경으로 관찰한다면 물 표면을 덮고 있는 이끼나 양치식물에서 발견할 수 있을 것이다. 혹은 바다나 강에서도 찾을 수 있다. 생물학 교수에게는 아주 좋은 상황이다. 학생들과 야외로 나갈 명분이 생긴 것이다. 믿기 어렵겠지만 완보동물은 물과 식량 없이 30년을 살 수 있다. 극한의 조건에서도 살 수 있다. 또한 절대영도에서 150도까지 견딜 수 있다. 대기의 6,000배까지의 압력을 이길 수 있고 자신의 DNA를 고칠 수도 있다. 물의 함량을 줄이고 우주의 진공에서도 살 수 있다. 인간의 DNA와 결합한 완보동물의 단백질은 우리의 DNA세포에 X선으로 인한 손상을 40%까지 없앨 수 있다. 물곰이라고도 불리는 완보동물은 정말 대단한 능력을 지니고 있다.

어떤 경우이건 달은 매일 밤 우리 머리 위에 있다. 3,500km의 직경을 가진 우리의 자연 위성 달은 태양계에서 다섯 번째로 큰 위성이다. 그러나 태양계에서 행성(지구)과 위성(달)의 크기 비가 가장 큰 위성이다. 명왕성과 명왕성의 위성인 카론을 제외하면 그렇다. 사실 명왕성은 행성 분류법에 따라 더 이상 행성이 아니다. 농구공과 테니스공처럼 달은 지구 반지름의 4분의 1 정도이고, 질량은 81배 적다. 달의 가장 큰 특징은 신기하게도 자전 속도가 지구를 도는 공전 속도보다 느리다는 것이다. 결과적으로 우리는 지구에서 항상 달의 같은 면만 본다. 달의 반대편은 항상 감춰져 있다. 그것이 그 유명한 달의 숨겨진 얼굴이다.

달은 지구를 제외하고 인간이 발을 디딘 유일한 곳이다. 1969

년 아폴로 11호가 대통령인 J. F. 케네디가 요청한 대로 달에 착륙했다. 우주 비행사인 닐 암스트롱Neil Armstrong은 달 표면에 발을 디뎠고 유명한 말을 남겼다. "인간에게는 작은 한걸음에 지나지 않지만, 인류에게는 위대한 도약이다." 나중에 알고 보니 그 말은 케이프 커내버럴Cape Canaveral에서부터 준비한 것이었다. 달의 중력은 지구보다 훨씬 약하다. 몸무게가 90kg인 사람이 달에서는 16kg이 된다. 그렇지만 달에 간다고 해서 '날씬해지는' 것은 절대 아니다. 몸무게는 변함없다. 단지 중력에 의해 끌리는 힘이 그렇다는 것이다. 나사의 임무에 협력하는 다른 기지가 마드리드의 로블레도 데 차벨라에 있고 그곳으로 메시지가 전달되었다. 우주 깊은 곳과의 통신은 그곳에서 계속되고 있다.

우주 비행사들은 달을 탐사하는 임무를 수행하면서 자료와 암석을 모았고 달의 표면에 인간이 달에 왔다는 것을 표시해주는 역반사장치를 설치했다. 지금 그 장치들은 지구에서 레이저를 쏘는 데 사용된다. 역반사장치는 거울과 같아서 달이 매 순간 어느 위치에 있는지 확인시켜 준다. 그곳에 오가는 시간을 측정하면 거의 정확한 결과가 나온다. 그리고 달은 매년 지구에서 3.8cm씩 멀어지고 있다는 매우 놀라운 사실을 발견하게 되었다.

과학 뭉게뭉게 .... 레이저가 나오기 이전에 그리스의 히파르코스Hipparchos가 달의 거리를 측정했다. 그는 에라토스테네스Eratosthenes가 막대기를 가지고

100년 전에 계산했던 지구의 반지름에 대한 자료를 기반으로 측정했다. 그는 달의 월식 때 달의 그림자 위에 있는 태양의 그림자를 사용했다. 그의 계산의 오차는 10% 수준이었다.

달에는 대기가 없다. 그래서 빛이 하늘에 푸른색을 뿌리지 못한다. '하늘은 왜 파란가' 장에서 다뤘듯이 하늘은 검은색이고 태양은 흰색이다. 낮에서 밤으로 바뀔 때 황혼은커녕 아무런 징조도 없다. 모든 게 더 극적으로 벌어진다. 낮과 밤을 나누는 피할 수 없는 무정한 선만 존재하는 듯이 보인다. 대기가 없기 때문에 우리가 지구에서 보는 것처럼 달 표면에 무수한 분화구가 보인다. 지구의 경우, 지표면에 떨어지는 하늘의 물체는 대기 중에 들어올 때 타버린다. 그러나 달에서는 낚싯봉 하나만 떨어져도 큰 충돌을 일으킨다. 가장 큰 충돌은 2013년도에 일어났다. 40kg의 암석 하나가 90,000km/h의 놀라운 속도로 떨어졌다. 그 폭발은 TNT[72] 5톤의 위력과 같았다.

초승달에서 보름달까지 달의 얼굴은 '태양–지구–달'의 상대적 위치에 따라 27일 주기로 변한다. 달은 우리 생활에 직접적인 영향을 미친다. 달은 대양의 대량의 물을 끌어당기고 태양의 당기는 힘과 함께 조수를 만들며 우리 생활에 영향을 미친다. 그러나 달은 점성술에서 예측하는 것과는 상관없다. 점성술은 사람들 사이의 어색한 침묵

72 역자 주: 석탄산인 톨루엔(toluene)을 세 번의 초화 과정을 거쳐서 제조한 것으로서 군용폭약으로 많이 사용된다.

을 깨는 데 꽤 효과적이고 재미있지만 과학적 근거는 없다.

달은 태양을 가려서 일식이라는 놀라운 현상을 일으킨다. 일식이 나타날 때는 태양과 달의 크기가 거의 정확하게 일치하는 것처럼 보인다. 달은 일정한 크기와 거리를(지구 직경의 30배) 유지하고 있다. 그래서 지구에서 달을 볼 때 태양과 교차하면 정확히 같은 크기로 보인다. 만약 달이 현재보다 더 크다면 대양을 완전히 덮을 것이고, 더 작다면 겹쳐진 검은색 원처럼 보일 것이다. 그러나 정확하게 크기가 맞아서 태양의 테두리만 분명하게 보이게 된다. 이것은 우주에서 일어난 우연한 일치이다.

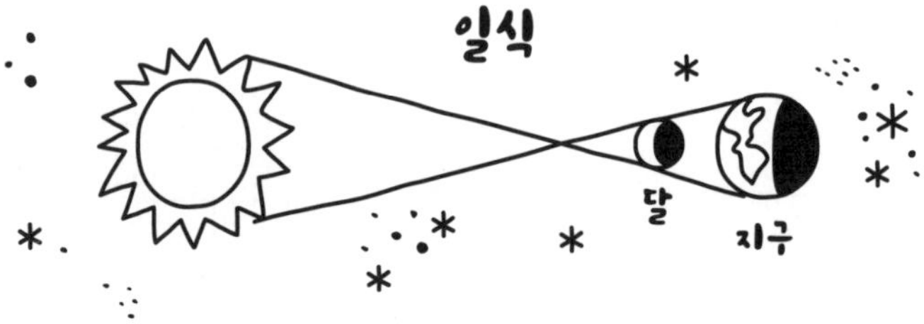

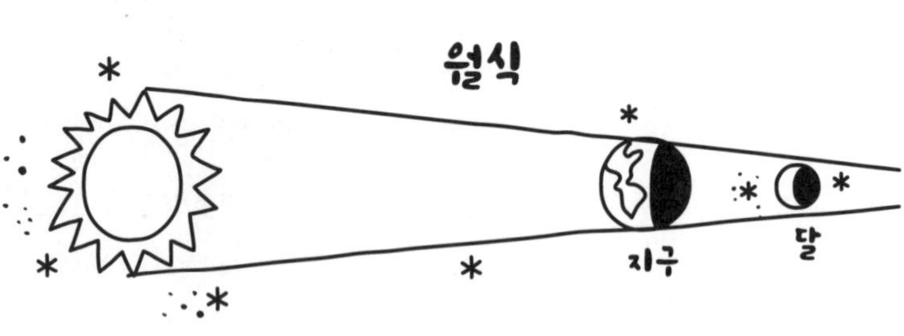

달이 없다면 무슨 일이 일어날까?

인스타그램

orgalorg_illo

바다의 모습이 변한다.

alemm5

왓츠앱에 달 모양의 아이콘이 사라질 것이다.

페이스북

Nacho Triana Toribio

황소는 사랑에 빠지지 못할 것이다.

Juan Sebasián Sánchez Contreras

우리는 더 이상 늑대 인간을 보지 못할 것이다.

지구의 양극이 바뀌면 어떻게 될까?

지구는 양극과 음극을 가진 거대한 자석이라서 지구 어디에서나 감지할 수 있는 자기장을 형성한다. 강도는 약 25~65마이크로테슬라 정도이다.[73] 이러한 수치는 아주 약한 수준이지만 나침반이 지구의 자기장 북극을 찾기에는 충분하다. 조금 뒤에 설명하겠지만 자기장의 북극은 지리상의 북극과는 다르다. 어떤 동물들은 방향을 찾거나 매년 이동 경로를 찾을 때 이 약한 자기장을 이용한다. 지구의 자기장은 방향을 찾는 것뿐만 아니라 다

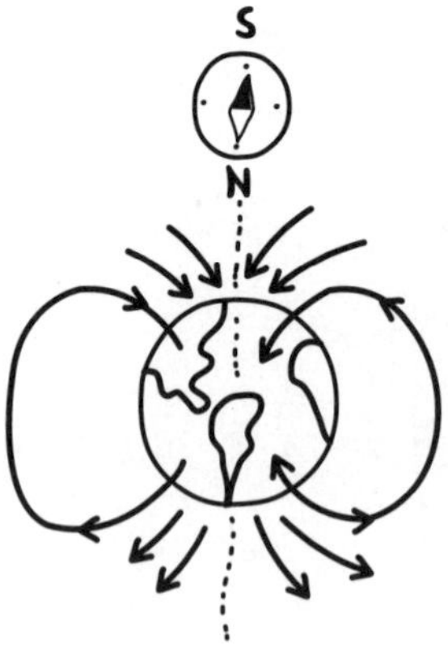

73 자기장의 국제단위로는 니콜라 테슬라를 기리기 위해 테슬라(T)를 사용한다.

른 용도로도 사용된다. 지구 자기장이 없다면 우리는 아마도 생존할 수 없을 것이다.

자기장은 지구 전체를 감싸고 자기권이라고 불리는 자기장 방패를 형성한다. 자기권은 양성자나 전자의 격렬한 흐름인 태양풍으로부터 우리를 보호해준다. 태양은 활동이 가장 활발할 때나 막대한 양의 태양의 섬광을 만들어 낼 때 거의 빛의 속도로 이런 입자들을 방출한다. 전기의 성질을 가진 이런 입자가 빛의 속도로 우리에게 오면 아주 해로울 수 있다. 그러나 다행스럽게도 지구의 자기장이 그것을 약화시키고 양극으로 이동시킬 수 있다. 지구의 자기장이 지구 대기의 맨 위층과 만날 때 자연이 우리에게 보여줄 수 있는 가장 아름다운 장관을 연출한다. 바로 북극광, 다른 말로는 오로라를 만들어서 우리들은 밤하늘에 환상적인 커튼이 펼쳐지는 광경을 볼 수 있다.

19세기에 11년마다 태양의 표면에 태양 흑점이라는 것이 나타난다는 사실을 발견했다. 흑점은 태양의 주기에 따라 규칙적으로 나타나는 것으로 알려져 있다. 지구와 마찬가지로 태양도 자신의 자기장을 가지고 있다. 태양의 자기장은 태양 내부의 플라즈마의 운동 때문에 발생하는데 플라즈마는 태양 외부의 막과 내부에서 다른 속도로 움직인다. 이런 속도의 차이가 여러 층의 막이 서로 미끄러지게 하고 자기장을 형성하게 한다. 특히 자기장이 강한 곳을 태양 흑점이라고 하며, 이 시기에 태양이 가장 강하고 활발하게 활동한다.

이처럼 태양이 최대로 활동하는 시기를 태양 폭풍이라고 한다.

그때 입자들이나 오로라는 극지방에서 아주 먼 남쪽으로 내려올 수 있다. 17세기에는 카나리아 제도까지 내려왔는데 사람들이 이를 불길한 하늘의 징조라고 생각해 공포에 빠지기도 했다. 1989년에는 퀘벡주에서 24시간 이상의 대규모 정전사태를 일으켜 도시 전체를 암흑에 잠기게 했다. 거의 모든 전자 장비와 통신 장치들을 작동 못 하게 만드는 사태가 벌어지기도 했다. 대양 폭풍은 대기권 밖의 인공위성에 직접적인 영향을 미친다는 아주 큰 위험 요소가 있다. 인공위성은 태양 폭풍에 더 많이 노출되어 있어 훼손될 가능성이 아주 높다.

역사상 기록된 가장 큰 사건은 1859년 9월경에 일어난 캐링턴 사건이다. 캐링턴 사건은 마치 폭풍우가 오기 직전에 항상 고요한 것처럼 태양의 회전이 가장 약할 때 일어났다. 2017년 9월, 나사는 최근에 10년 동안 관찰한 섬광 중에서 가장 강한 태양의 섬광을 감지했다. 우리에게 닥친 가장 큰 문제는 전기를 잃거나 보호 받지 못하는 상황이 아니다. 태양풍이 충분히 강한 위력을 가지게 되면 지구의 오존층을 파괴할 수 있고 우리는 자외선으로부터 보호받지 못하게 되며 대기는 완전히 파괴될 것이다. 결국 우리는 모두 죽을 것이다. 할리우드에서나 볼 수 있는, 마치 지구 종말 영화를 위한 시나리오처럼 들리겠지만 충분히 가능성 있는 이야기이다. 실제로 그런 일이 일어나지 않기를 바랄 뿐이다.

왜 지구는 자석인가? 이유는 아직 충분히 밝혀지지 않았다. 3,000km 깊은 곳에 철과 니켈로 된 거대한 덩어리인 지구의 외핵이 있다. 외핵은 높은 온도 때문에 액체 상태이다. 내핵은 견고한 고체 상태를 유지하고 있다. 지구의 자전과 함께 외핵의 대류의 움직임이 전류를 일으키고, 전류는 자기장을 만들어 지구상의 대기와 생명을 유지시켜 준다. 조금 전에 말한 것처럼 모든 자석은 남극과 북극을 가진다. 그러나 지리적 남극이랑 북극과는 일치하지 않는다. 우리가 그 위치를 측정한 지난 5세기 동안 일치한 적이 없었다. 지금은 자기장의 축과 지리적 축이 11.5도의 차이를 보이고 있고 자기장의 북극은 지리적 북극과 1,000km 떨어져 있다. '문제'는 축이 정지해 있는 않고 매일 125미터씩 움직인다는 것인데, 이는 지구 내부의 핵의 움직임 때문이다. 아마도 50년 정도 후에는 소련의 시베리아에 축이 있을 것이다. 파리의 지구물리 연구소에서 일하는 지구물리학자인 아르노 추리아Arnaud Chulliat는 미래에 축이 위치할 곳을 예측하기 힘들다고 말한다. 지구의 핵은 아주 변덕스러워서 다른 방향으로 움직일 수도 있기 때문이다. 오늘날 지구의 지리적 북극이 북극성 아래 있지만, 그것도 임시적이다. 지구의 핵이 움직이는 동안 그 위치가 계속 변화될 수 있다.

어쩌면 그런 움직임이 천천히 진행되지 않고 두 극이 바뀔 수도 있다. 고대의 암석을 연구하면 지구의 극이 바뀌었다는 사실을 확인할 수 있다. 일반적으로 지구 자기장의 강도는 그리스도의 시대 이래로 감소했다. 우리는 미래에 지구의 극이 한 번 더 바뀔 것이라고 추측할 수 있다. 그러나 언제 발생할지, 그리고 왜 발생하는지는 알지 못한다. 일어난다고 해도 우연히 일어날 것이며 지질학적 용어로

머지않아 발생할 것이다. 물론 지질학에서 수천 년의 시간은 아무것도 아니다. 과거에 자기장의 두 극의 역전은 78만 년 전에 일어났고 그때 이래로 자기장의 강도와 움직임은 점점 감소하는 중이다. 정확하게 예측할 수는 없더라도 무슨 일이 일어날지 대략 알 수 있다면 재난의 수준을 어느 정도는 가정할 수 있을 것이다. 미리 말하면 안 되겠지만….

자기장의 역전이 있으면 다시 그것이 역전되기 전까지의 짧은 시간 동안 자기장은 사라질 것이다. 우리는 우주의 방사선으로부터 보호받지 못할 것이다. 그럼 무슨 일이 벌어질까? 자기권 내에 있는 입자들이 대기권으로 쏟아질 것이다. 인간에게 피해를 주는 것 이상으로 장엄한 오로라가 만들어질 것이다. 역전되어 있는 동안에 자기장을 따르는 동물들은 길을 잃게 될 것이다. 한동안 통신 시스템이 마비될 것이고 상상할 수 없을 정도의 경제적 손실이 발생할 것이다. 하지만 종말은 일어나지 않을 것이다. 대기는 그대로 있을 것이다. 이미 20번의 양극의 역전이 있었고 지구는 여전히 돌아가고 있다는 사실을 우리는 이미 알고 있다.

지구 온난화가 일어나는 이유

우리는 과일은 모두에게 속하고 땅은 아무에게도
속하지 않는다는 것을 잊어버린다.

장 자크 루소Jean Jacques Rousseau

기후 변화, 특히 지구 온난화는 현재 인류가 직면한 가장 위협적인 이상 현상이다. 우리는 지구 온난화에 대한 정보를 자주 듣는다. 생태학 관련 기관들은 우리에게 재난상황을 통보하고 기업은 이산화탄소의 방출을 줄이기 위해 노력하거나 자신들이 노력하고 있다는 사실을 알려주려고 한다. 정치인들은 지구 온난화를 막기 위해 토론하고 대책을 마련하지만 여전히 충분하지가 않다. 우리는 여기저기에서 지구온난화에 대해 자주 듣지만, 과학적 측면에 대해서는 많은 말을 하지 않는다. 기후 변화는 왜 일어나는 것일까?

지구는 태양의 주위를 도는 중간 정도 크기의 별이다. 태양 속에 있는 수소를 변형시키는 핵융합을 통해서 에너지를 얻는다. 그 에너지는 방사선의 형태로 우주 공간을 지나 8분 19초 후에 우리 지구에 도달한다. 받아들인 에너지의 일부분은 하얀색 표면, 즉 구름이나 극의 얼음층 같은 지구의 반사층을 통해 37~39% 정도를 반사한다. 눈은 빛의 86%를 반사하고 밝은 구름은 78%, 바다는 5~10%를 반사하고 숲은 8%를 반사한다. 지구의 반사율이 높을수록 지구는 덜 뜨거워진다. 안달루시아 지역에서는 집을 하얀색으로 칠하는 전통이 있다. 여름에 더 많은 빛을 반사해야 더위를 피할 수 있기 때문이다.

반사되지 않고 남은 에너지는 지구에 흡수된다. 이론상으로 흡수되는 에너지 대부분은 눈에 보이는 스펙트럼의 주파수 안의 범위에 있는 빛에서 오지만 지구는 다른 주파수인 적외선을 우주로 보내 지구 온도의 균형을 유지한다. 그러나 우주 공간으로 가는 길을 방해하는 온실효과 기체들이 있다. 이 기체들은 이산화탄소가 가장 많지만 물, 오존, 메탄, 산화질소 같은 기체들도 포함된다. 이산화탄소의 분자는 적외선의 주파수를 흡수해 다시 지구 표면과 대기층으로 돌려보낸다. 온실효과라는 이름은 농사에 사용되는 온실과 비슷한 효과를 내기에 지어졌다. 온실은 주변보다 더 높은 온도를 유지해서 식물들이 자랄 수 있는 환경을 만들어 준다.

다시 말해서 온실효과의 기체들 때문에 지구는 받아들인 에너지의 일부를 우주로 내보내지 못해서 따뜻해진다. 물론 온실효과의 기체는 꼭 필요하다. 그것들이 없다면 지구의 평균 온도는 −18도가 되어 생명체가 살기에 어려운 환경이 될 것이다. 그 기체들 덕분에 지구는 평균 15도를 유지하고 있다. 그러나 온실효과의 기체가 과다할 경우 지구는 뜨거워지고 사람들이 우려하는 지구 온난화 현상이 일어나게 된다. 온실효과의 기체들 상당수가 인간의 활동 때문에 발생한다는 과학적 연구가 있다. 태양이나 풍력과 같은 깨끗한 에너지가 아닌 석탄, 천연가스, 석유와 같은 화석 연료를 이용한 산업, 가정의 가스 배출이 지구 온난화의 주범인 것이다. 18세기 말 산업혁명 이래로 대기 중의 이산화탄소의 양은 무려 40%나 증가했다.

세계 기상변화 협의회IPCC[74]에서는 수백 명의 과학자와 전문가가 참여하여 기후 변화의 진척을 확인하고 해결책을 제시하고 있다. 세계 기상변화 협의회는 지구 온난화의 원인 95% 이상이 인간이 방출하는 지구 온난화 가스들이라는 것을 입증했다. 그러나 지구 온난화는 자연의 기후 변화의 과정이고 인간의 활동과는 전혀 관련이 없으며, 이를 부정적으로 볼 이유가 없다고 주장하는 사람들이 있다. 그들은 가스 방출량을 줄일 의사가 전혀 없는 기업들이나 그와 관련된 이해 당사자들이다. 그들은 비도덕적인 과학자를 고용하여 자신

---

74 역자 주: 기후 변화와 관련된 전 지구적 위험을 평가하고 국제적 대책을 마련하기 위해 세계기상기구(WMO)와 유엔환경계획(UNEP)이 공동으로 설립한 유엔 산하 국제 협의체이다.

들의 주장을 고수하고 잘못된 정보를 퍼뜨린다. 담배 회사들이 전문가를 동원하여 담배의 부정적 효과를 부인했던 것처럼 말이다. 이런 사례는 과학의 가장 어두운 면을 보여준다. 2014년에 로버트 컨너Robert Kenner가 감독한 다큐멘터리 〈의혹을 파는 사람들Merchants of doubt〉은 이러한 사기 행각을 고발하는 내용을 담았다. 이 영상은 한 번쯤 보기를 강력하게 추천한다. 이외에도 2006년에 데이비스 구겐하임Davis Guggenheim이 감독한 〈불편한 진실An Inconvenient Truth〉이라는 다큐멘터리도 있다. 이 영상은 미국의 민주당 정치인이면서 전 대통령 후보였던 앨 고어Al Gore가 지구 온난화에 대항하는 활동을 다뤘는데, 고어와 세계 기상변화 협의회는 일 년 후에 노벨 평화상을 받았다.

산업혁명 이후 지구의 온도는 섭씨 1도가 올랐고, 삼십 년마다 온도가 올라가는 추세이다. 2036년에는 2도가 올라서 재난 상황이 올 것이라는 전망도 있다. 우리는 그 온도 아래를 유지하려고 노력하고 있다. 교토 협정은 가스 방출을 줄이려는 국제 협정으로, 전 세계의 대부분 국가가 이 협정에 서명했다. 하지만 온실가스 최다 방출국인 미국은 아직 서명하지 않았다. 게다가 2017년 6월에 미국 대통령인 도널드 트럼프Donald Trump는 기후 변화에 대한 사후 협정인 파리 협약을 탈퇴하기로 선언했다. (2009년에는 그 문제를 토론하기는 했다. 완전히 모순적이다!) 이런 행동은 '미국이 먼저'라는 그들의 표어와 완전히 어긋나는 명백한 역사적 모순이었다. 트럼프는 대통령으로 선출되기 전인 2012년에 자신의 의견을 밝혔다. "지구 온난화는 미국의 경쟁력을 약화시키기 위해 중국이 만든 것이다." 말도 안 되는 헛소리다. 안타깝게도 기후 변화의 피해자는 파리 협약을 무시한 미국이 아닐 것이다. 가난하고 지구를 덜 오염시켰던 국가들이 오히려 더 큰 피해를 입게 될 것이다.

메탄가스는 산소가 없을 때 유기체가 부패하면서 자연적으로 나오는 가스로 무색의 연소할 수 있지만 유독성이 없는 기체이다. 바다, 강, 호수, 극지방의 얼음층 아래에서 발생하거나 반추 동물의 소화 과정에서 생긴다. 나는 채식주의자가 아니지만, 여기서 양과 소를 다루는 이야기에 관심이 간다. 비율상으로는 이산화탄소의 양이 가장 많지만, 메탄의 가열 능력은 이산화탄소보다 훨씬 더 높다. 지구상에서 방출되는 메탄의 4분의 1은 가축을 기를 때 나오며 매년 1억 톤 이상의 가스를 방출한다.

또한 우리는 쓰레기나 화석 연료의 개발과 유통 과정에서 메탄을 만들어낸다. 게다가 지구 온난화 그 자체로도 메탄을 방출한다는 더 나쁜 소식도 있다. 양극 지방이 녹으면서 수백만 년 동안 얼음 속에 파묻혀 있던 메탄이 새어 나오고 있으며, 메탄은 다시 대기 중으로 방출된다. 이런 현상이 지속된다면 21세기 말에 메탄의 영향은 이산화탄소의 영향을 초과하게 될 것이다.

소고기 소비를 규제하면 약간의 효과가 있을지도 모르겠다. 그러나 지구 온난화에 대해선 평상시 낙천적인 내 모습이 사라지게 된다. 세계 최대의 소비국인 미국에서만 해도 일 년에 1인당 120kg의 소고기를 소비한다. 이는 전 세계 소비량의 20%를 차지한다. 스페인은 유럽 연합에서 가장 낮은 1인당 10kg의 소고기를 소비한다. 닭이나 돼지를 더 많이 먹기 때문이다. 우리가 소비하는 모든 종류의 고기를 합쳐도 일 년에 50kg을 넘기지는 않는다.

가솔린 소비량도 아주 끔찍한 수치를 보여준다. 미국은 매일 1,900만 배럴의 가솔린을 소비하고 그것은 전 세계 소비량의 20%를 차지한다. 중국은 1,000만 배럴로 미국 다음으로 많이 소비한다. 미국인 친구들이 차를 타는 횟수를 줄이고 지중해식 식사를 늘리며 조금 더 운동하면 얼마나 좋을까? 우리도 그렇고 그들의 건강도 좋아지니 서로에게 이득일 것이다. 그리고 그들이 조금 더 괜찮은 대통령을 선출한다면 그들은 더욱 건강해지고 날씬해지며 스트레스는 줄어들고, 우리의 지구는 위협을 덜 받게 될 것이다. 비록 20% 정도만 줄어들겠지만….

왜 우리는 지구가 뜨거워지도록 두면 안 되는 걸까? 지구가 뜨거워지면 어떤 문제가 생길까? 지구 온난화는 극지방의 얼음을 녹이고 해수면의 높이를 상승시킨다. 그리고 해안 지방은 물에 잠기고 열풍이 불어 화재와 가뭄을 일으킬 것이다. 어떤 사람은 지구 온난화가 강력한 허리케인과 다른 기후상의 재난과 관련이 있다고 본다. 경제적으로는 사회 기반시설을 망가뜨리고 관광업과 농업에도 막대한 피해를 줄 것이다. 게다가 많은 종류의 동물과 식물들이 사라져서 종의 다양성이 감소하게 될 것이다.

그렇다면 우리가 할 수 있는 일은 무엇일까? 기후 변화에 대한 주 책임자들은 정치인들과 그들이 만든 법안이라는 것을 잊으면 안

된다. 그러나 나는 그들의 능력과 일부 나라에서 국민들이 그들의 지도자를 뽑는 능력을 신뢰할 수 없다. 그러니 우리 시민들이 일어나서 조금의 힘이라도 보태자. 자동차를 덜 사용하고 대중교통을 이용하자. 에너지 소모가 적은 전구를 사용하고 효율이 높은 가전제품을 사용하자. 온수를 덜 사용하고 쓰레기를 재활용하며 에어컨을 남용하지 말자. 이산화탄소를 흡수하는 나무를 많이 심자. 우리 지구가 뜨거워지지 않도록 스스로 먼저 이런 활동을 할 것을 적극적으로 권한다. 간디는 이렇게 말했다. "우리가 하는 일이 사소할 수도 있지만 중요한 사실은 우리가 그 일을 한다는 것이다." 지구의 미래는 우리 손에 달려 있다.

지구는 왜 뜨거워지는가?

인스타그램

19efecev91

태양이 옷을 벗어서 지구의 몸이 뜨거워졌다. 😀

페이스북

Geovanny Cardona

이 멋진 음악을 듣고 감동해서 ♪🕺

Jorge Manuel Silva

귀에 대고 속삭이기 때문에 😀

미래의 지도는 어떤 모습일까?

삼십 년 전에 유럽의 국가와 수도에 대한 지리 시험은 어려운 편이 아니었다. 키프로스의 수도는 니코시아, 몰타의 수도는 발레타 등 몇 가지만 외우면 충분했었다. 나머지 수도는 우리가 평소에 알고 있었던 대로 답하면 되니까 따로 공부할 필요가 없었다. 그러나 소련과 유고슬라비아가 분리되었고 새로운 나라들이 등장했다. 이제는 우즈베키스탄, 마케도니아, 아제르바이잔 같은 국가들과 수도를 외워야 한다. 수십 개의 국경이 생기면서 시험은 점점 더 어려워졌다.

그러나 이것은 놀랄 일이 전혀 아니다. 지구의 오랜 역사 동안 수많은 거대한 제국들이 무너졌고 새로운 국가, 새로운 지역, 새로운 수도가 생겼다. 과학적인 이유가 아닌 정치적인 문제였다. 지리 지도는 변할까? 대륙의 형태나 그들 사이의 거리는 변할까? 지구 표면의 모양은 변할까? 그렇다면 미래의 지도는 어떤 모양일까?

우선 질문에 대해 답하자면 미래의 지도는 변할 것이다. 지구는 오랜 세월 동안 변해왔고 앞으로도 변할 것이다. 우리가 눈치 채지는 못하겠지만 지구는 지금도 변화하고 있다. 처음으로 이 사실을 안 것은 독일의 기상학자이자 지구물리학자인 알프레드 베게너Alfred Wegener였다. 그는 1912년에 대륙 이동설을 발표했다. 프랜시스 베이컨Francis Bacon, 알렉산더 폰 훔볼트Alexander von Humboldt, 벤자민 프랭클린Benjamin Franklin 같은 많은 다른 과학자들과 마찬가지로 그는 아프리카의 서쪽 단면과 남아메리카의 동쪽 단면이 상호 일치한다는 사실에 관심을 보였다. 마치 두 개의 퍼즐 조각처럼 대서양을 가로질러 수천 킬로미터 떨어진 두 대륙이 예전에 붙어있었던 듯 모양이 일치하는 것이었다. 베게너는 과거에 이 두 장소가 함께 붙어있었다는 게 틀림없다고 주장했다. 두 대륙에 존재했던 해안의 식물과 동물, 지질학적 유사성은 그 가설이 옳다고 뒷받침해 주는 근거가 되었다. 놀라운 사실이 더 있었다. 아메리카와 아프리카만 함께 있었던 것은 아니었다. 아주 오랜 시간 전에, 3억 년 전인 석탄기 말에 거대한 대륙의 덩어리가 하나로 모인 판게아가 있었다. 그리고 그 거대한 대륙을 둘러싼 단 하나의 바다를 판타랏사라고 불렀다. 그렇게 1억 5천만 년까지 하나의 상태로 있다가 판게아 대륙은 두 개로 분리되었다. 북쪽의 곤드와나 대륙과 남쪽의 로라시아 대륙은 테티스 바다를 중심으로 나뉘었다.

그 다음에 남아메리카, 아프리카, 인도, 호주, 남극이 등장했다.

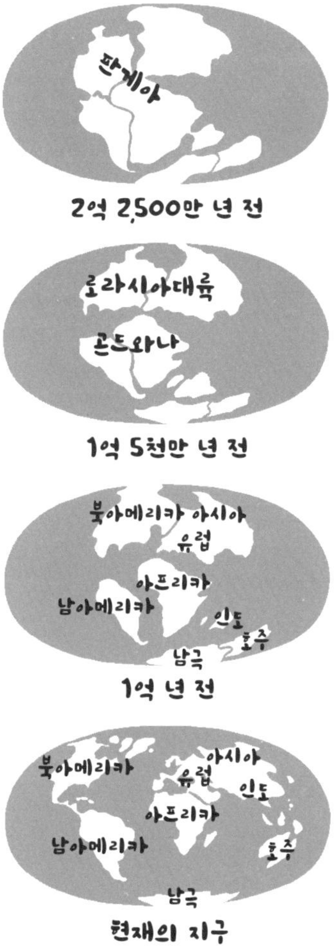

뒤를 이어 유럽, 북아메리카, 아시아의 북쪽이 나왔다. 위대한 이론이 종종 그랬듯이 처음에 베게너의 주장은 진지하게 받아들여지지 않았다. 그는 그의 주장을 인정받지 못한 채 결국 죽음을 맞이했다. 다행히도 삼십 년 후에 그의 이론은 부활했고 과학자들은 대륙이 움직인다는 사실에 만장일치로 동의했다. 지금도 대륙은 우리의 손톱이 자라는 속도와 똑같이 매년 2.5cm씩 움직이고 있다. 그래서 남아메리카와 아프리카는 어쩔 수 없이 매년 멀어져 간다. 1인치씩 매년 서로 멀어져 간다.

안전하고 그 어떤 미동도 없어 보였던 우리의 땅은 어떻게 매년 움직여 왔고 지금도 움직이고 있을까? 바로 대륙이 거대한 판으로 이루어져 있기 때문이다. 판은 지구상에서 가장 넓고 단단한 암석층을 형성하며 두께가 100~250km 정도이다. 거대한 판은 연약권[75]이라 불리는 반쯤 녹은 부드러운 바위 위에 떠 있는 움직이는 섬과 암석권[76]을 포함하는

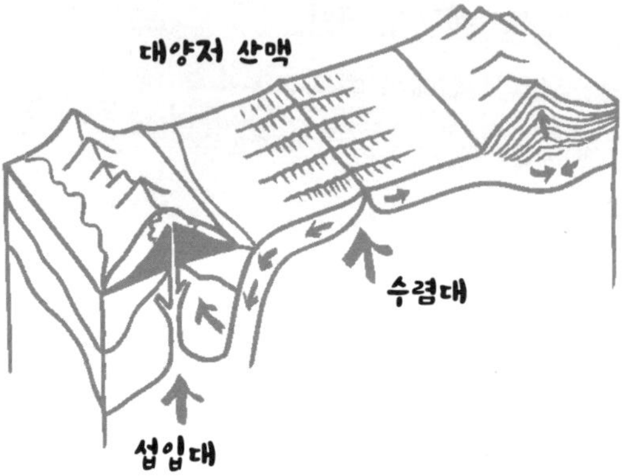

조각이다. 판은 지각의 상층부를 구성하며 이 지역의 대류의 움직임이 대륙의 움직임을 일으킨다.

대륙은 아주 느리게 움직이지만 그 움직임이 놀라운 결과를 만든다. 대륙이 움직이면 화산과 지진이 발생하고, 계속해서 움직이면 암석층의 판이 충돌을 일으키고 일상적인 섭입[77] 형성한다. 그리고 거기서 발생하는 마찰은 지각을 녹인다. 이런 현상은 화산이 나타나게 만들고 점점 판의 압력을 증가하게 만든다. 압력은 균열을 만들고 그곳에서는 빈번하게 지진이 일어난다.

캘리포니아의 산안드레아스 단층은 북아메리카 판과 태평양 판

---

75 역자 주: 지구 표면을 두께 100km 정도로 덮고 있는 단단한 암석권의 바로 밑에 있는 약한 층이다.

76 역자 주: 지각과 상부 맨틀의 단단한 부분을 구성하는 50~100km 두께의 층. 여러 지질구조판들로 나뉘어 있다.

77 판 하나가 다른 판 밑으로 미끄러져 들어가는 현상이다.

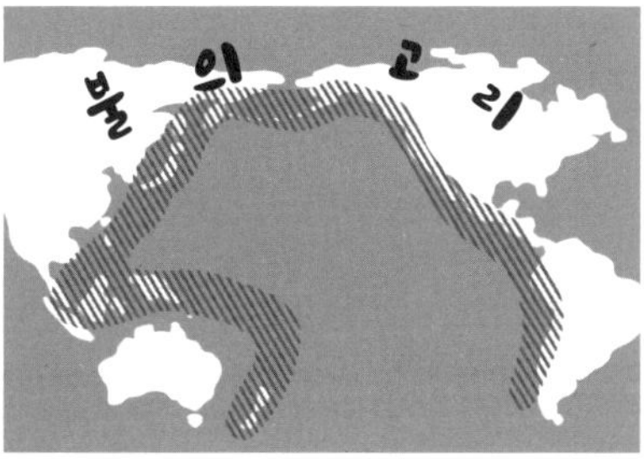

이 만나는 곳으로 태평양의 불의 고리를 형성한다. 불의 고리는 아르헨티나에서 뉴질랜드에 이르는 단층과 화산의 반지형 고리로 태평양을 둘러싸고 여러 대륙에 걸쳐 있다. 그곳은 지구상에서 지진이나 화산 활동이 가장 심한 지역으로 지진과 해저지진이 빈번하게 발생한다. 그곳은 〈더 임파서블The Impossible〉, 〈산안드레아스San Andreas〉, 〈슈퍼맨Superman〉처럼 영화의 배경이 되기도 하지만 실제로 재난이 심한 지역이기도 하다. 2017년 9월에 멕시코만 해도 진도 7.1의 지진이 발생하여 324명이 희생되고 무수한 재산 피해가 발생했다.

과학 뭉게뭉게 .... 역사상 가장 규모가 큰 지진은 1960년에 일어난 발디비아 대지진이었다. 이 지진은 칠레 대지진이라고도 불리며, 모멘트 등급 9.5도의 대지진이었다. 이 지진으로 거의 2,000명에 달하는 사망자와 200만 명 이상의 이재민이 발생했다. 지진은 지구의 중간 부분에서 감지되었고 칠레의 푸예후에 화산을 폭발시켰다. 그리고 강력한 해저 지진이 하와이와 일본을 포함한 거의 모든 태평양 일대에 영향을 미쳤다.

리히터 체계의 뒤를 이어 등장한 모멘트 체계는 지진을 측정하고 비교하기 위해 사용되는 대수학의 체계이다. 대수학은 수학과 학생들을 미치게 만들지만 유용한 역할을 한다. 모멘트 체계는 1979년 토마스 C. 행크스Thomas C. Hanks와 히로 카나모리Hiroo Kanamori에 의해 도입되었으며 지진이 방출하는 전체 에너지양을 계산하는 것을 기반으로 한다.

재난이 일어나지 않았더라도(수천 년 전에 일어난 일이고 증거도 남아 있지 않기 때문에) 우랄 산맥, 아틀라스 산맥, 아펜니노 산맥, 애팔래치아 산맥처럼 거대한 산맥들도 마찬가지로 판이 운동하고 정착하여 형성되었다. 피레네 산맥은 이베리아 판과 유럽 판이 합쳐지는 곳에서 판의 운동으로 형성되었다. 지구상에서 가장 커다란 산맥인 히말라야 산맥은 인도 판과 북아시아 판이 충돌하여 만들어졌다. 판들이 충돌했을 때 그 충격은 상당히 커서 지구상에서 가장 높은 에베레스트 산을 포함하여 8,000m 이상의 높이를 가진 14개의 산들이 형성됐다. 또한 섭입이 일어난 지역에서 해구가 생겼다. 마리아나 해구는 깊이가 11km 정도인데 가장 극적으로 솟아오른 육지의 에베레스트산보다 더 높다. 물론 산과는 반대로 아래쪽 방향을 향해 있다.

판을 밀어내서 다른 것을 덮치고 섭입, 화산, 지진, 산맥, 해구를 만드는 그 힘은 어디에서 나올까? 그 힘은 대양저 산맥Mid-Ocean Ridges에서 나온다. 그 산들은 지구의 바다 중간 부분에서 2,000~3,000m 정도 융기되어 있다. 그곳의 무수한 균열에서 마그마가 계속해서 나온다. 그곳에서 나머지를 밀어내는 지구상의 새로운 물질을 만들어낸다. 갈라파고스 제도와 같은 화산섬을 만들고 나중에 다른 장소들과 충돌하는 새로운 암석권을 만든다. 그래서 남아메리카는 매번 아프리카에서 멀어지고 있다. 미래의 지도는 바뀔 것이다. 이미 계속해서 바뀌고 있다.

2억 5천만 년 후에 지구는 어떻게 될까? 텍사스 대학의 지질학자인 크리스토퍼 스코티즈Christopher Scotese가 조사한 바에 따르면 지구는 아주 달라질 것이라고 한다. 팔레오맵Paleomap 프로젝트의 창시자인 이 과학자는 11억 년 동안의 지구의 모습을 그려왔다. 그는 또한 이미 '마지막 판게아' 혹은 '다음 판게아'라는 이름을 가진 거대한 대륙으로 향하고 있는 미래의 지도를 그리고 있다. '다음 판게아'는 앞으로도 계속 발전할 것이라 해서 그렇게 이름 붙였다. 미래에는 지중해가 없어지고 아프리카와 유럽이 합쳐질 것이다. 호주는 아

시아와 합쳐지고 아메리카의 두 대륙도 합쳐져서 새로운 하나의 대륙이 될 것이다.

브렉시트Brexit[78]의 분리주의자들은 안심해도 좋다. 영국은 여전히 혼자 있는 섬이 될 것이다. 하지만 조심하자! 지중해가 사라지기 전에 메노르카 섬에 갈 시간은 이제 수백만 년밖에 남지 않았다.

78 영국을 뜻하는 'Britain'과 탈퇴를 뜻하는 'exit'의 합성어로 영국의 EU 탈퇴를 의미한다.

스타워즈의 우주선은 어떤 물리법칙을 거스르고 있을까?

지구로부터 600km 떨어진 곳에는 소리가 없다.
대기압도 없다. 산소도 없다.
우주에서의 생존은 불가능하다.

영화 〈그래비티Gravity〉(2013)

어렸을 때 〈스타워즈Star Wars〉 삼부작을 얼마나 많이 반복해서 보았는지 셀 수조차 없다. 영화 자체가 매우 재미있고 좋았지만 특히 나를 매료시킨 것은 바로 영화 속에서 흘러나오는 소리였다. 영화 속 전투 장면에서 레이저 검이 내는 소리에 나는 완전히 빠져있었다. 그 후로 눈에 보이는 빗자루나 막대기는 모두 나의 레이저 검이 되었다. 나는 집 안 구석구석을 슝슝 레이저 검 휘두르는 소리를 흉내 내며 뛰어다니곤 했다. 그게 아니면 우주선을 만들어서 우주를 날아다니며 싸우는 놀이를 했다. 내 딴에는 최대한 우주선과 비슷하게 만들려고 노력했었다. 내가 만든 우주선은 거실 한가운데에서 요란한 총격 소리를 쉴 새 없이 내며 날아다녔다. 그러다 상대편 우주선을 공격하는 데 성공이라도 하면 엄청난 폭발음 소리를 재현했다.

나는 구슬 양쪽에 태양광 패널이 달린 듯한 모양을 한 잠복해 있던 제국군의 타이파이터 전투기가 루크 스카이워커가 운전하는 반란군 연합의 독특한 X 형태의 날개를 지닌 재빠른 X-Wing 전투기를 어떻게 추격했을까를 상상하곤 했다. 의심할 여지없이 스타워즈 사가의 가장 특징적인 장면 중 몇 개는 바로 별들이 반짝이는 광활한 우주를 무대로 우주 전투기들이 굉음을 내며 벌이는 전투 장면들일 것이다. 붉은색과 초록색 광선들이 발사되며 들리는 특유의 레이저 소리, 그리고 우주 공간에 울려 퍼지는 커다란 폭발음. 잠깐! 발사? 폭발? 우주 밖에서의 요란한 소리? 나중에 선생님들께서 물리 시간에 그 모든 것들이 불가능하다고 내게 설명해주셨다. 만약 우리가 지구 대기권 밖으로 나간다면 우주에서는 아무런 소리가 없다는 걸 알게 될 것이라고 말씀하셨다. 우리는 완전한 침묵 앞에 놓인 채 그 어디서도 소음이나, 폭발음, 한여름 밤의 노랫소리 따위는 들을 수 없을 것이라 하셨다. 진짜일까? 그렇다면 이유가 뭘까?

우리 귀가 감지하는 파동이 귀 안의 고막을 진동시키고 우리 뇌는 그 신호를 해석한다. 그러한 조건이 마련되면 우리는 어떤 소리를 듣는다. 목소리, 호루라기 소리, 천둥소리, 모차르트의 음악 소리 등등. 그러나 파동이 퍼져 나가기 위해서는 매개체가 필요하다. 바다의 파도는 물이라는 매개체를 통해서 퍼져 나가는 파동이다. 우리가 밧줄을 흔들면 파동은 줄을 통해 퍼져 나간다. 만약 웅덩이에 돌을 던지면 파동은 지표를 통해 퍼져 나간다. 그리고 지진 파동은 지구를 구성하는 물질을 매개로 퍼져 나간다. 마찬가지로 음파도 공기 혹은 물을 통해, 즉 '우리가 담겨 있는 곳'이 어디냐에 따라서 퍼져 나가는 압력 파동이다. 어쨌든 파동이 퍼져 나가기 위해서는 매개체가 필요하며, 파동은 매개체를 구성하고 있는 분자를 진동시키는 움직이는 에너지에 불과하다.

어떤 종류의 매질에 있느냐에 따라서 소리의 속력은 다르게 전파된다. 매질이 조밀하면 조밀할수록 속력은 빨라진다. 분자 사이의 거리가 가까우면 가까울수록 진동이 더 빠르게 전달되기 때문이다. 그래서 소리는 가스보다는 액체에서 더 빨리 전파된다. 다시 말하자면 공기보다 물에서 소리가 더 빠르게 전달된다는 뜻이다. 그래서 고래는 인간보다 더 빠르게 드넓은 대양에서 수 킬로미터 떨어져 있는 동족과 의사소통을 할 수 있다. 또한 액체보다는 고체에서 소리의 속력이 더 빠르다. 서부 카우보이 영화에서 지명 수배자들이 기찻길 철로에 귀를 대는 장면이 나온다. 기찻길 철로에 귀를 가까이 대면 공기를 통해서는 들을 수 없는 먼 곳에서 나는 소리를 들을 수 있다. 철로가 압력을 더 잘 전달하기 때문이다. 같은 이유로 벽에 귀를 가까이 되면 옆집 사람들이 하는 말을 더 잘 들을 수 있다. 그다지 권장할 만한 행동은 아니지만 말이다.

다행히도 우리는 바닷속에서 살지 않고, 철로나 벽에 계속 귀를 갖다 대고 살 필요도 없다. 우리에게 실질적으로 영향을 주는 것은 공기를 매질로 할 때의 소리의 속력으로 340m/s, 1,225km/h이다. 바움가르트드니와 몇몇 비행기들이 이를 초월했을 때 '음속의 장벽'을 깨뜨렸다고 말한다. 이러한 이유로 초음속 비행기의 속도가 매우 빠르긴 해도 음속의 장벽을 초월할 때 엄청난 굉음을 낸다. 아마도 한 번쯤은 마술처럼 구름에서 솟아 나오는 듯한 전투기 사진을 본 적이 있을 것이다. 전투기 뒤에 형성되는 수증기는 충격파가 발생하여 주변 수증기가 응축되어 생기는 현상인데, 이를 '프란틀 글라워트 현상(수증기 응축 현상)'이라고 한다. 영화 〈슈퍼맨Superman〉에서도 이 장면이 등장하는데, 영화에서는 한 번이 아닌 두 번, 세 번, 네 번, 다섯 번이나 연이어서 극초음속 속도에 도달한다….

호기심 뭉게뭉게 .... 마하수(M)[79]는 당시 최고의 물리학자 중 한 명인 에른스트 마하Ernst Mach의 이름을 딴 상대적 속도 단위이다. 마하수는 한 물체 속도(V)와 그

---

79 역자 주: 움직이는 물체 주위의 매질 내에서 음파의 속도와 작동 물체의 속도를 상대적으로 비교하여 측정한 속도 단위의 일종. 주로 비행기, 로켓, 미사일 등 고속으로 비행하는 물체의 속도를 나타낼 때 사용되며, 마하 1은 초속 약 340m, 시속 약 1,224km이며, 물체의 속도를 v, 음속을 a라고 할 때 마하수는 v/a로 표현한다.

물체가 움직이는 매질에서의 소리 속도(Vs)의 지수로 정의된다. 이 단위는 초음속으로 나는 비행기들의 속력을 가늠하는 데 안성맞춤이었다. 마하 1은 음속에 해당하며, 마하 2는 음속의 두 배이다. 〈탑건Top Gun〉(1986)을 본 사람이라면 무슨 말인지 알 것이다. "마하 1로 가자고, 아이스맨", "곧 마하 2를 초월할 거야, 매버릭…."

이렇듯 지표면 또는 바다와 수영장에서 우리는 소리를 들을 수 있다. 그러나 대기권 외 공간, 국제 항공 연합에 따르면 100km 높이 이상부터 진공 상태의 공간에서는 파동이 전파될 매질이 없어서 소리를 들을 수 없다. 좋다. 사실 우주는 완전히 진공 상태가 아니다. 아주 작은 크기인 1입방미터의 부피당 100만 개의 물질 원자가 존재한다. 그리고 가스 및 먼지구름 또는 신비한 암흑 물질이 있는 지역들도 있다. 대기권 외 공간의 온도는 영하 270도 혹은 2.7K이다. 문제는 물질이 너무 미미해서 음파가 전파될 수 없다는 사실이다. 공기가 없어서 숨을 쉬지 못하는 것과 똑같은 원리다.

과학 뭉게뭉게 .... 우주는 생명이 존재하기엔 꽤 황량한 곳이다. 만약 우연히 우리가 우주 밖으로 튕겨 나가게 된다면 뜨거운 별에 타 죽거나, 아무것도 없는 곳에서 얼어 죽거나, 블랙홀에 빨려 들어가거나 혹은 생명을 유지하기에 부적합한 행성에 갇히게 될 수도 있다. 오직 지구라 불리는 우주의 작은 섬만이 우리 인간의 생존에 필요한 조건들을 선물로 주고 있다. 물론 지구에도 매우 험하고 위험한 장소들이 존재한다. 북극과 남극, 사막, 깊은 해구 또는 높은 산들처럼 말이다. 그러므로 우리는 저명한 물리학자 칼 세이건Carl Sagan이 말했듯이 우주라는 거대한 대양 언저리에 있는 이 작은 해변을 잘 보호해야 한다.

앞에서 언급한 것들을 고려했을 때, 만약 우리가 대기권 외 공간에서 폭발을 목격하게 된다면 그 장면은 마치 귀에 솜을 틀어막고 보거나 텔레비전을 무음으로 보는 것과 똑같을 것이다. 이상한 기분이 들겠지만, 사실이다. 실제로 소리는 우주에서 매우 적은 지역에만 국한된 현상으로 파동을 전파해야 하는 매질과 그것을 듣는 수신자(예를 들면 귀), 그리고 수신된 소리를 해석하는 시스템(예를 들면 뇌)이 필요하다.

조지 루카스George Lucas는 〈스타워즈〉를 만들면서 우리가 알고 있는 물리학 법칙을 크게 고려하지 않은 것 같다. 그건 그렇다 치더라도 R2-D2 그리고 C-3PO 같은 인텔리전트 로봇이나 자바 더 헛 혹은 자자 빙크스 같은 외계생물도 마찬가지로 존재하지 않는다. 적어도 우리는 아직 발견하지 못했다. 그래도 유년 시절의 내가 다른 세상을 꿈꾸고 상상하게 해준 점, 요란한 소리를 내며 집안 여기저기를 뛰어다니게 해준 점은 정말 감사하다. 우리 엄마도 나와 같은 생각일지는 모르겠지만. 그러나 모든 공상과학 소설 장르가 다 똑같은 건 아니다. 공상과학 소설 중에 '하드 SF Hard Science Fiction'라는 장르가 있다. 이 장르의 소설들은 미래주의적 또는 우주적 판타지 분야에서 가능한 과학적 사실이나 법칙에 무게를 두고 이야기를 전개한다. 여기에 속하는 작가 중 가장 과학적인 작가는 아이작 아시모프Isaac Asimov와 아서 C. 클라크Arthur C. Clarke, 그리고 스타니스와프 렘Stanislaw Lem이 있다. 아이작 아시모프는 《파운데이션》 시리즈와 《아이, 로봇》을 저술했고 아서 C. 클라크는 《2001 스페이스 오디세이》를 저술했다. 스타니스와프 렘은 《솔라리스》의 저자이다. 불안한 우주의 침묵을 정확하게 표현한 영화들도 있다. 바로 스탠리 큐브릭Stanley Kubrick 감독의 영화 〈2001 스페이스 오디세이2001: A Space Odyssey〉, 그리고 가장 최근 영화로는 알폰소 쿠아론Alfonso Cuaron 감독의 〈그래비티Gravity〉를 들 수 있다. 〈그래비티〉에서 조지 클루니George Clooney와 산드라 블록Sandra Bullock은 우주정거장에서 지구를 관찰하고 있다. 산드라 블록이 질문한다. "코왈스키, 당신은 우주의 어떤 점이 가장 좋죠?" 그는 산드라를 지긋이 바라보고 대답한다. "침묵이요. 스톤 박사님, 침묵이요."

SNS의 실시간 답변들

스타워즈의 우주선은 어떤 물리법칙을 거스르고 있을까?

인스타그램

andejuji17

광속으로 여행할 수 없다! 그렇지만 〈스타워즈〉의 세상에서 물리학 법칙이 똑같이 작용할는지 누가 알까…. 마찬가지로 언센가 빛보다 더 빠른 걸 만드는 데 성공할지 누가 알까…. 현재로서는 '질량에 따른 가속도'가 여러분과 함께 하길! ☺

트위터

@jorgegrau19

물리학 법칙을 거스르고 있는 부분은 바로 요다(커다란 두꺼비처럼 생겼음)가 말을 한다는 점이다. 양서류의 성문은 말하기에 적합하지 않다.

페이스북

Rakel Gonzalez Ruiz

소변도 안 보고 그렇게 긴 전투를 한다는 게…. 물리학적 관점에서 볼 때 가장 큰 물리적 오류다.

우주에서
가장 춥고
가장 더운 곳

지구는 날씨가 아주 좋다. 나도 안다, 당신이 부르고스Burgos나 소리아Soria 지방에 살고 있다면 내 말에 그다지 동의하지 않으리라는 것을. 하지만 긍정적으로 생각해보자. 아르헨티나의 우수아이아Ushuaia나 캐나다의 앨러트Alert에 살고 있다면 상황은 더 나쁠 것이다. 앞의 두 지역은 각각 인간이 사는 지구의 가장 남쪽과 가장 북쪽 지방이다. 여기서 날씨가 좋다는 것은 당신이 해변에서 햇살을 즐기기에 적당한 온도라는 뜻이 아니다. 우리 지구의 평균 기온이 생명체가 살기에 적합하다는 의미이다.

사람의 신체 온도는 35~37도 사이에 있다. 우리 몸이 그것보다 뜨겁다면 열이 있다는 뜻으로 나쁜 신호이다. 또한 온도가 그 아래에 있으면 저체온증을 겪을 수 있다. 적절한 기온은 우리 행성 밖에서 생명체를 찾는 데 중요한 기준점이 된다. 물론 우리는 아직 광활한 우주에서 외계 생명체를 발견하지 못했다. 일상생활의 끝도 없는 밀물과 썰물에 떠밀려 사는 우리 인간들은 우리가 얼마나 희귀한 존재인지 인식하지 못하고 있다. 어쩌면 인간은 인간다운 연약함을 가지고 우주에 홀로 있는 걸지도 모른다.

언제나 그렇듯, 상황은 항상 더 나빠질 수도 있다. 미피의 법칙은 무자비하다. 만약 우리가 우주 밖으로 추방된다면, 우리는 영하 270도의 온도에 얼어버릴 것이다. 모두 아시다시피 영하 270도는 우주 공간의 평균 온도이다. 우주는 정말로 춥다! '운'이 좋아 별에 떨어진다고 해도 별 내부의 수천 도의 온도에 바로 익어버릴 것이다. 우주가 아닌 지구의 극단적인 온도만 해도 인간이 살아가기에 힘들다. 양극 지방의 추위와 사막의 열기, 그리고 세비야 지방의 8월 15일의 온도…. 이런 가운데 70도 이상의 온도에서도 살 수 있는 극한 미생물이라고 불리는 박테리아가 있다. 고온 미생물이라고 불리는 이 미생물은 바닷속에서 분출되는 화산이나 아주 뜨거운 온천물에서 산다.

극한 미생물은 '극단적인'이라는 단어와 그리스어의 '사랑'이라는 단어가 결합된 단어로 100도가 넘는 온도에서도 살 수 있다. 그 미생물은 간헐천 같은 액체 상태의 물에 존재한다. 아주 높은 압력에서도 산다. 마리아나 해구처럼 아주 강한 산성 속에서도 산다. 심지어 우주 공간에서도 살 수 있다! 그러나 가장 놀라운 것은 유기체와 무기물질을 합성하는 '화학 합성'이라고 알려진 과정이다. 극한 미생물[80]은 식물들이 하는 광합성처럼 황이나 실리콘 같은 화학 물질을 다른 유기체가 먹을 수 있는 유기 물질로 바꿔줄 수 있다. 극한 미생물로 유독 물질을 분해하여 정상 물질로 변화시키는 것은 오래 전부터 연구되었다. 의학 분야에서는 어떻게 자신의 DNA를 자가 복구하는지 연구하는 중이다.

아직 놀라운 이야기가 더 남아있다. 만약 극한 미생물이 그렇게 극단적인 환경에서 살고 심지어 화학 합성까지 할 수 있다면, 행성이 너무 춥거나 더워서 혹은 유독성 물질이 있어서 생명이 살 수 없다는 가정이 과연 옳은 것인지 그 누가 확신할 수 있을까? 인도에서는 붉은 비가 내릴 때 정상 온도에서 비활성화된 DNA가 없는 세포가 발견되었다. 이 세포는 섭씨 121도의 온도에서 재생이 가능하며 외계에서 온 것으로 추정된다. 혹시 이 세포가 지구 생명체의 것이고 수천 년 전에 지구로 온 것은 아닐까? 모든 답변을 찾는 데는 아마도 시간이 오래 걸릴 것이다. 한편 우리는 지구 전역에서, 옐로스톤 국립공원의 그랜드 프리즈매틱 온천에 사는 무기물질에 의존하여 합성하고 있는 극한 미생물들에 대해 생각해볼 수 있을 것이다.

우주의 온도는 어느 정도일까? 이 문제에 접근하기 위해서는 우리의 기억을 환기할 필요가 있다. '에베레스트 정상에서 물은 몇 도에 끓을까?'에서 설명한 것처럼 온도란 사물을 구성하는 분자의 진동 그 이상이 아니다. 컵 안에 들어있는 뜨거운 물의 분자는 찬물의

80 역자 주: 극한 미생물은 대부분의 생물체가 살아가기 힘든 지구상의 물리적, 화학적 극한 환경에서 서식하는 생명체로서 대부분 미생물이다.

분자보다 더 많이 진동한다. 진동을 많이 한다면 물에서 수증기의 형태로 변화될 것이다. 반대로 진동이 아주 적어진다면 고체의 형태가 되어 얼음이 될 것이다. 그러니까 우리가 따뜻하다고 느끼거나 차갑다고 느끼는 것은 단지 이런 미세한 단위의 진동에 불과하다.

이제 우리는 가장 낮은 온도가 있다면 그것이 무엇인지 물어볼 수가 있을 것이다. 온도가 분자의 진동에 의해 정해진다면 가장 낮은 온도란 분자들이 조용히 있는 상태일 것이다. 이는 우리가 알고 있는 것처럼 절대 영도라는 이름을 가지고 있으며 섭씨 −273.15도, 즉 0K이다. 우주의 평균 온도는 3K이다. 절대 영도보다 단지 3K가 높을 뿐이다. 이 온도는 과학자들이 극초단파[81] 내부의 방사선을 관찰하고 계산한 것이다. 빅뱅 폭발의 잔존물인 극초단파는 코비COBE 위성으로 발견할 수 있다.

당연히 우주 전체가 그렇게 낮은 온도는 아니다. 우주에 존재하는 가장 높은 온도는 몇 도일까? 그것은 가장 낮은 온도보다 말하기가 더 어렵다. 가장 높은 온도는 분자가 가장 많이 진동하는 상태일 것이다. 여기서 물질의 새로운 상태가 등장한다. 기체의 분자가 진동할 때, 분자는 기본적인 입자로 분해된다. 양성자, 중성자, 전자가 그것이다. 이렇게 가장 작은 단위로 분해된 물질의 상태를 플라즈마라고 부르는데 그 상태가 가장 뜨겁다. 그러니까 고체, 액체, 기체,

---

81 역자 주: 전자기파 중 파장이 긴 전파(또는 라디오파) 영역에 속하기도 하고, 더 세분하면 마이크로파의 영역에 속하는 것으로 보기도 한다.

플라즈마의 네 가지 상태가 존재한다.

구체적으로 우리가 알고 있는 우주에서 어느 장소가 가장 춥고 어느 장소가 가장 더울까? 우선 가장 추운 곳은 부메랑 성운이다. 처음 이 성운을 발견한 사람들은 성운을 보고 부메랑 모양을 닮았다고 평가했다. 지구에서 5,000광년 떨어져 있는 켄타우루스 성운에 있는 부메랑 성운의 온도는 1K, 즉 섭씨 −272도이다. 1995년 칠레에 있는 유럽우주국의 서브밀리미터 망원경으로 측정한 온도인데 자연 상태에서 발견한 가장 낮은 온도였다. 실험실 밖에서 발견한 가장 낮은 온도로 극초단파의 우주 방사선보다도 낮은 온도이다.

부메랑 성운은 왜 그렇게 온도가 낮을까? 그것은 별이 죽기 전에 발생시키는 팽창하는 가스이기 때문이다. 간단한 열역학 법칙에 나오는 것처럼 팽창하는 기체는 온도가 낮아진다. 그리고 압축될 때 온도가 올라간다. 태양이 죽을 때 그렇게 차갑게 변할 수 있다. 하지만 다행히도 그렇게 되려면 아직 많은 시간이 흘러야 한다.

실험실에서는 사정이 다르다. 절대 영도에 가장 근접한 실험은 노벨상을 받은 MIT의 볼프강 케털리Wolfgang Ketterle의 지휘 아래 이루어졌다. 그는 2003년에 절대온도 810×10^{-12}도까지 도달했다. 이 온도에서는 거의 모든 물질이 얼어버린다. 하지만 액체 얼음처럼 초유체[82] 상태가 나타난다. 초유체는 점성이 없다는 특징이 있다.

82 역자 주: 초유체는 물리학에서 점성이 전혀 없는 유체를 말한다. 따라서 초유체는 마찰 없이 영원히 회전할 수 있다.

과학 뭉게뭉게 ………….. 앞에서 살펴본 것처럼 초유체는 양자의 특성 때문에 이상한 움직임을 보인다. 초유체는 컵의 옆면으로 기어 올라가고 고체인 벽을 통과해 스며들 수 있다.

한편 우주에서 가장 온도가 높은 곳은 지구에서 50억 광년 떨어져 있는 RXJ1347라는 이름을 가진 은하의 구름층이다. 그 구름층은 처녀자리에 있고 일본의 수자쿠Suzaku X선 인공위성으로 측정한 결과 3억 도에 이른다는 사실을 발견했다. 그 구름층이 뜨거운 이유는 아직까지 밝혀지지 않았다. 어쩌면 그 근처의 은하가 빠른 속도로 충돌했기 때문일지도 모른다. 어쨌든 그 구름층은 우리가 알고 있는 가장 높은 온도이자 빅뱅 이후 최고의 온도일 것이다. 이해를 돕기 위해 참고로 말하자면 태양의 중심부의 온도는 1,500만 도이다. 우리 행성 근처는 나름 시원한 편이다.

우주에서 제일 추운 것은?

인스타그램

paulavives12

이불이 아직 따뜻해지지 않은 내 침대

aranchimpum

우리 자기가 말했듯이 나의 맨발이 그의 등에 닿았을 때.

pieropippo3

헤어진 연인의 심장

ttrisrf

샤워를 하고 나와 화장실에서 내 방으로 가는 길

페이스북

Juan Sebastián López

프렌드존[83] 사이.

Pedro Villarías

장모님과의 포옹. 절대 영도라는 것이 이런 느낌일까?

83 역자 주: 이성이 '그냥 친구 사이'로 선언해버린 관계. 연인 사이로 진전될 가능성을 사전에 차단해 버린 경우를 말한다.

시공간은 뒤틀린다

아주 오래 전 옛날에 저 멀리 있는 은하에서 두 개의 블랙홀이 충돌했다. 물론 이 충돌이 〈스타워즈Star Wars〉의 시작 부분은 아니었다. 이 사건은 우주에서 벌어진 가장 격렬하고 에너지가 흘러넘치는 사건 중 하나였다. 그 결과 더 거대하고 회전하는 하나의 블랙홀이 남게 됐다. 충돌은 아주 격렬하고 에너지가 넘쳐서 시공간의 조직을 뒤틀어 주었다. 그 진동은 섭동을 만들었다. 마치 고요한 물탱크에 떨어진 돌멩이가 만드는 파장과 같았다. 다만 그 속도가 빛의 속도였다. 14억 년이 지난 뒤, 그 섭동[84]이 은하수라는 많은 별이 있는 은하의 한 귀퉁이에 있는 평범한 행성에 거의 힘이 빠진 채 도착했다. 섭동이 지구에 도착했을 때, 지구에는 유성 생식을 하는 생명체들이 나타나기 시작했다. 지구는 이전과는 다른 특

---

84 역자 주: 행성의 궤도가 다른 천체의 힘에 의해 정상적인 타원을 벗어나는 현상이다.

별한 생명체들을 맞이했으니 그들이 바로 지적 생명체였다. 비록 우리가 지구라는 행성에서 지금까지 한 일을 봤을 때, 과연 지적 생명체인지 그 말에 의심이 가기는 하지만 말이다. 작은 행성인 지구에서 그 지적 생명체들은 섭동의 작은 움직임을 탐지할 수 있는 복잡한 기술을 발전시켜 왔다. 마침내 2015년 9월 14일 여름 5시 51분, 미국의 동쪽 지점에서 처음으로 중력파[85]가 탐지되었다.

힉스 입자[86]와 더불어 중력파는 최근의 가장 커다란 과학적 발견이기도 하다. 중력파를 발견한 과학자들, 킵 손Kip S. Thorne, 라이너 바이스Rainer Weiss, 배리 배리시Barry C. Barish는 2017년 노벨 물리학상뿐만 아니라 아스투리아스 공주 상Princess of Asturias Awards [87]도 받았다. 킵 손은 순수하게 과학적 업적으로 유명하지만 여러 일화로도 유명한 권위 있는 과학자이다. 그는 친구인 스티븐 호킹Stephen Hawking과 함께 잡지 《펜트하우스》에 블랙홀의 존재에 대해 글을 쓰기도 했다. 또한, 중력에 대한 이야기를 다루는 영화 〈인터스텔라Interstellar〉를 만드는 데 많은 도움을 주며 상담자 역할을 맡기도 했다. 사실 중력파에 대한 생각은 오래전부터 있었다. 중력파가 발견되

---

85 역자 주: 질량을 가진 물체가 고속 운동을 할 때 방출하는 에너지 파동. 물에 돌을 던지면 물결이 퍼져 나가듯 질량이 있는 물체가 움직이면 그 물체를 중심으로 시공간이 움직이며 파동이 생긴다.

86 역자 주: 우주 공간에 가득한 입자로 소립자의 질량을 만드는 근원이다. 신의 입자라고도 불린다.

87 역자 주: 스페인에서 예술, 사회 과학, 인문학, 기술과학 등 8개 부문에서 수상자를 선정하는 세계적인 상이며 1981년에 제정되었다.

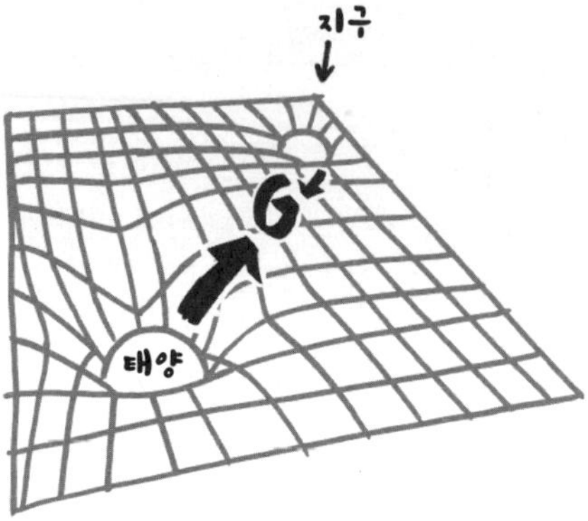

기 백 년 전인 1915년, 천재 과학자 아인슈타인이 일반 상대성 이론[88]을 발표했을 때 이미 오늘날 우리가 알고 있는 우주에 대한 형태가 알려졌다.

일반 상대성 이론에서 시공간이란 우리가 사는 그물눈과 같은 것이라고 말하고 있다. 별과 행성 같은 거대한 덩어리들이 그물눈을 변형시키고 휘게 만들어 지금의 모습을 만드는 것이다. 그런 만곡을 중력이라고 부른다. 사실 우리의 몸이나 당구공 혹은 나비 같은 것들도 그물눈을 휘게 만든다. 하지만 우주의 거대한 물체들과 비교했을 때 이것들은 너무나도 작은 힘이다. 뉴턴은 중력이란 멀리 떨어져서 눈에 보이지 않는 마법 같은 힘이라고 말했었다. 하지만 아인슈타인은 오히려 중력을 기하학적 문제라고 말했다. 마치 화장실에서 한 물체 위에 다른 물체가 떨어지면 하수구로 내려가는 것과 같다고 했다. 이런 식으로 물체는 공간을 변형시킨다. 이 이론은 '질량은 공간을 휘어지게 만들고 공간은 질량을 움직이게 만든다'로 간단하게 정리할 수 있다.

중력파는 시공간 그물눈의 진동과 비슷하며 물탱크의 파동이나 탄성 있는 침대나 매트의 파동과 유사하다. 상상하기 어렵지만 사실

---

88 역자 주: 일반 상대성 이론에 따르면 중력의 영향으로 시공간은 휘어져 있다.

이다. 중력파는 실제의 조직을 뒤틀어 준다.

일반 상대성 이론은 다양하게 증명되었다. 예를 들어 수성 궤도에 눈에 띄는 이상한 점들이 예견되었다. 영국의 천체 물리학자인 아서 에딩턴Arthur Eddington은 1919년에 일식 때 태양의 빛이 휘는 것을 밝혀냈다. 그렇다. 비록 직관적이지 않더라도 우리의 보잘것없는 경험을 통해 우주 차원에서 빛이 항상 직선이 아니라 휘어진다는 사실을 알 수 있었다. 그래도 중력파는 아직 증명되지 않은 예언과 같았다. 그러다가 물리적 세계에서 중력파를 발견했고 아인슈타인의 주장이 옳았다는 점을 다시 확인하게 되었다. 중력파는 어떻게 발견되었고 또 외면당했던 이유는 무엇일까?

중력파를 발견하는 데 사용했던 도구는 지금 사용되는 망원경이 아니라 중력파 검출기라는 새로운 장비였다. 영어로는 간략하게 LIGO[89] 한다. 미국 루이지애나의 리빙스턴 관측소와 워싱턴의 핸포드 관측소에 있다. 두 관측소 사이의 거리는 3,000km가 넘는다. 각각의 관측소는 2km 정도의 수직으로 구성된 두 개의 관로가 있다. 조금 더 쉽게 설명하자면 이 두 개의 레이저 감지 장치에 중력파가 지나가면 중력파의 수축 방향에 따라 이 거리가 달라진다. 중력파는 지나가고 이 장치는 중력파를 감지한다. 부정확한 측정값을

89 역자 주: 레이저 간섭계 중력파 관측소(Laser Interferometer Gravitational-Wave Observatory)는 레이저 간섭계를 통한 중력파를 탐지하기 위해 세워진 관측 시설이다. 1992년 캘리포니아 공과대학교의 킵 손과 로널드 드리버, 매사추세츠 공과대학교의 라이너 바이스가 공동 설립했다.

피하고자 두 개의 감지 장치가 사용된다. LIGO 중력파 검출기는 1985년부터 손과 바이스의 책임 아래, 3억 6,500만 달러의 비용으로 개발이 진행되고 있다.

최초의 탐지 이후에도 몇 번의 관측이 더 있었다. 2017년에 지구에서 1억 3천만 광년 떨어진 두 개의 별에서 중성자의 충돌을 발견했다. 중력파의 발견은 단지 일반 상대성 이론을 확인시켜주는 것이 아니다. 그것은 천문학의 새로운 가지, 즉 중력파 천문학의 길을 열어준다. 지금까지 천문학자들이 눈에 보이는 빛이나 X선 혹은 적외선이나 자외선을 이용해 하늘을 연구해 왔다면 이제는 새롭게 연결된 방법들을 사용할 수 있다. 즉 중력파를 이용해서 우주에서 더 많은 에너지를 생산하는 현상들을 연구할 수 있을 것이다. 은하의 충돌이나 블랙홀과 관련된 현상들 혹은 초신성의 폭발 같은 것들 말이다. 다행히도 이것들은 우리와 수백만 광년 정도로 멀리 떨어져 있어서 그런 현상들이 우리를 바로 잡아가지는 않을 것이다.

외계인 친구를 사귈 가능성

나를 울린 첫 번째 영화는, 그것도 너무나 서글프게 울게 했던 영화는 바로 〈E.T.〉였다. 그리고 그날이 바로 내 생일이었다. 엘리어트는 진정한 친구를 찾았다. 말하지 않아도 그를 이해해주고, 한없이 착하고, 감수성이 예민하며 나쁜 구석이라고는 눈 씻고 찾아봐도 없는 친구를 말이다. 서로 어려울 때 진심으로 도와주는 그런 친구. 멋지다! 그런데 그 친구가 어느 날 갑자기 자기 집으로 떠나버렸다. 나는 눈물을 그칠 수가 없었다.

열 살이라는 어린 나이 때문이 아니었다. 사실 나는 영화를 보고 잘 우는 편이다. 심지어 딸아이와 함께 〈월-E WALL-E〉 그리고 〈겨울왕국 Frozen〉을 보고 울었으니 말이다. 나는 엘리어트의 진정한 친구가 다른 은하에서 왔기 때문에 눈물을 흘렸다. 그와 함께 얼마나 많은 것을 배울 수 있었을까? E.T. 같은 생명체가 또 있을까? 우리 집

근처에도 외계인이 떨어질 수 있을까? 영화를 보면 외계인들은 주로 미국에 떨어지지, 절대 마드리드나 무르시아에는 찾아오지 않았다. 〈E.T.〉는 열 살 꼬마에게 너무나 많은 질문과 감동을 안겨줬던 영화였다. 아직도 내 머릿속에 질문들이 맴돌고 있다.

우주에 과연 우리 외에 누군가 있을까? 정말 인간은 무한대의 우주 한가운데 외롭게 있는 것일까? 이것은 아직도 인류에게 영원한 질문으로 남아있다. 만약 외계 생명체를 발견한다면, 그리고 무엇보다도 외계 생명체가 똑똑하다면 외계 생명체의 발견은 인류 역사상 가장 중요한 뉴스가 될 것이다.

지금으로선 우리가 우주에서 외계 생명체와 공존하고 있다는 증거는 어디에도 없다. 그러나 대도시의 빛의 공해가 하늘을 훔쳐가지 않는 곳에서 구름 한 점 없는 밤하늘을 바라보면 수천 개의 별이 우리 눈앞에 펼쳐진다. 지구에서 볼 수 있는 태양, 그리고 그 주변을 돌고 있는 많은 행성들, 그곳들에서도 다른 문명이 정착할 수 있을지 모른다. 지구에서 맨눈으로 바라볼 때 우리가 보는 것들은 실제로 존재하는 수많은 별들 중 일부에 불과하다는 사실은 매우 놀랍다. 우주 어딘가에 외계 생명체가 있을 수밖에 없다.

우주에는 몇 개의 별이 있을까? 망원경 없이 인간의 눈으로 볼 때, 지구에서 약 5,000개의 별을 셀 수 있다. 그러나 별의 수는 그보다 훨씬 많다. 은하에만, 주변부에서 태양이 돌고 있는 나선형 은하에만 대략 2천 억~4천 억 개의 별이 있다. 그리고 우주 전체에는 약 7×10^{22}개 즉, 지구에 있는 모든 해안가의 모래 알갱이들보다 많은 수의 별들이 존재한다. 솔직히 와 닿지 않는 숫자이다. 게다가 그중 많은 별이 자신들을 돌고 있는 태양계를 가지고 있으며, 그곳들은 생명체를 품고 있을 수도 있다. 아, 참고로 우리 뇌에는 은하에 있는 별들만큼이나 많은 신경세포가 존재한다.

'과연 외계인이 있을까?'처럼 복잡한 문제를 이론화하려는 시도는 1961년에 처음 시작됐다. 전파천문학자 프랭크 드레이크Frank Drake는 은하에 과연 몇 개의 문명이 존재할지 가늠하기 위해 간단한 공식을 고안해 냈다. 수학 공식을 들먹이면서까지 괴롭히고 싶지 않지만, 이 공식은 드레이크 박사를 비롯하여 수많은 사람들이 해결하고자 했던 문제를 매우 간단하게 설명하고 있다.

$$N = R^* \times f_p \times n_e \times f_l \times f_i \times f_c \times L$$

이 공식은 다수의 계수를 간단하게 곱했다. N은 외계 문명 수를 나타낸다. 그리고 이어서 드레이크가 이 계산에 영향을 줄 수 있을 것으로 생각한 계수들이 이어진다. R^*은 은하에서 매년 탄생하는 별들의 수로 이 별들은 수명이 충분히 길어서 생명체가 진화할 조건이 된다. f_p는 별 주위를 도는 행성들을 가지고 있는 별들의 분수다. n_e는 생명체가 살기에 적당한 조건을 허용할 만큼 별들과 거리를 두고 있는 행성들의 수를 나타낸다. 즉, 별에 아주 가까이 있는 곳도(그렇다면 더울 것이다) 아니고 또 멀리 있는 곳도(그렇다면 추울 것이다) 아니다. 생태계라 부르는 곳이 포함된다. f_l은 생명체가 존재할 수 있는 행성들의 분수이다. f_i는 다른 세상과 커뮤니케이션이 가능할 만큼 충분한 기술을 발전시킨 행성들의 분수다. 마지막으로 L은 발전된 문명의 수명이다.

위의 방정식은 묘하다. 고도의 통신 기술 혹은 문명의 수명과 같이 기술적 및 사회학적인 조건들을 탄생하는 별들의 수 또는 태양계에 대한 별들의 분수처럼 사연스럽게 포함하고 있는 방정식이기 때문이다.

드레이크 방정식의 마지막 요소 L은 문명이 스스로 파괴할 수 있는 능력에 대한 것이다. 예를 들어 어떤 문명은 핵폭탄과 같은 것을 발명하면서 스스로를 파괴할 수 있는 능력을 더 많이 갖추게 된다. 이 숫자가 포함된 이유는 만약 한 문명이 파괴되면 우리는 그 문명과는 교신할 수 없기 때문이다. 드레이크는 한 문명이 10,000년 동안 신호를 보낼 수 있을 것으로 생각했다. 그렇지만 어쩌면 너무 낙관적인 계산일지도 모른다. 어떤 사람들은 고도의 기술로 진화된 문명[90]은 오직 400년 또는 100년 정도만 존재할 것이라고 주장하기도 한다. 마찬가지로 어떤 사람들은 인류 문명은 50년 안에 파괴될 것이라고 예언하기도 한다. 정말 끔찍한 일이다.

드레이크의 방정식에 따라 계산해보면, 우리 은하에 매년 10개의 문명을 감지할 수 있다고 한다. 마이클 셔머Michael Shermer와 같은 회의론자의 이론을 따라 좀 더 현실적으로 추정해보면 오직 7천

---

90 역자 주: 항성 간 통신을 할 수 있을 정도로 진화한 문명을 의미한다.

만 년에 한 번만 하나의 문명을 발견할 것이라고 한다. 올두바이 이론에 따르면 고도로 진화된 문명은 오직 100년만 존속할 수 있다고 한다. 그런 경우 100억 년에 한 번 외계 문명을 발견할 수 있게 되는 것이다. 결론적으로 드레이크의 방정식은 좀 더 신뢰할 만한 것으로 발전되어야 한다. *L*뿐만 아니라 대다수 요소의 수치는 아직도 논쟁 중이기 때문에 계속 발전될 것으로 기대된다.

프랭크 드레이크는 이 밖에도 외계 지적생명체 탐사Search of Extraterrestrial Intelligence, SETI 프로그램의 원장이었다. 이 기관은 기관의 이름이 말해주듯 우주에서 외계 지능을 찾는 일을 한다. SETI에서는 먼 곳에 있을 수 있는 외계 문명의 신호를 찾기 위해 매일 철저하게 전자파를 조사한다. 물론 아직은 성공하지 못했지만 말이다. 그런데도 2012년에 개최된 회의에서 이 프로그램의 전문가들은 외계 지능의 신호를 20년 안에 찾을 것으로 예측했다.

천문학자들은 이미 수천 개의 멀리 있는 외계행성을 발견했고, 거의 매주마다 새로 발견한 행성을 발표한다. 그중 몇몇은 생명체가 살기에 적합할지도 모른다. 가장 최근에 발견한 행성계는 엄청난 속도를 가지고 있는 빛조차도 39년 동안 이동해야 도달할 수 있는 곳, 즉 태양계에서 39광년 거리에 있는 초저온 왜성 트라피스트1(Trappist1, 태양 부피의 9%)이다. 그 항성 주변에는 7개의 행성이 돌고 있다. 그중 세 개 혹은 네 개는 온화한 온도 영역에 있으므로 물이 있을 수 있다. 예전에 생태계라 부른 드레이크의 방정식에 나오는 변수 중 하나다. 이렇게 우리와 가까운 곳에 있는 항성도 발견되고 트라피스트 1과 같이 작고 저온의 항성들이 넘쳐난다고 생각하면 정말 지구 근처에 인간이 살 만한 행성들이 많이 존재할 수도 있을 것이다. 어쩌면 얼마 지나지 않아 우주를 통해 누군가와 통신을 하게 될지 누가 알겠는가.

혹시 다른 문명들도 우리가 그러하듯이 우리를 찾고 있지는 않을까? 글쎄, 그럴지도 모른다. 그러나 SETI를 후원하는 재단의 이사장인 존 거츠John Gertz는 존재할지 모르는 외계 생명체에게 메시지를 보내는 것은 위험하다고 최근에 말했다. 그는 외계 생명체의 존재 여부를 알기 위해 그들의 신호에 예의주시하는 것은 올바르나 우주가 마치 SNS인 것처럼 우리가 먼저 메시지를 보내는 것은 좀 생각해 볼 문제라고 말했다. 능동적인 SETI 활동가들은 "안녕!"이라는 전파 신호를 우주에 보내고 있다. 그러나 거츠는 이런 행동을 "신중하지 못하며, 과학적이지 않고, 잠재적으로 재앙을 불러올 수 있기에 그다지 윤리적이지 못하다"라고 비판한다. 게다가 이런 종류의 행동은 승인되지 않은 외교로 유엔이 금지하고 있다고 설명한다. 그러므로, 명심하자. 만약 외계로부터 메시지를 받는다면 대답하기 전에 먼저 관련 기관에 문의해야 한다. E.T.를 발견해도 마찬가지이다.

세실리아 페인Cecilia Payne은 처음에는 케임브리지 대학교에서 식물학, 물리학 그리고 화학을 공부했다. 그러나 여자라는 이유로 영국에서 학위를 따는 게 불가능해 보이자 1922년에 영국을 떠나 미국으로 갔다. 그곳에서 그녀는 여성학자들로만 구성된 하버드 대학 천문대의 애니 점프 캐넌 팀에 합류했다. 그들은 스펙트럼으로 25만 개가 넘는 항성들을 분류했고, 1925년에는 항성들이 수소와 헬륨으로 구성되어 있다는 결론에 도달했다. 그녀의 박사학위 논문은 천문학에서 가장 훌륭한 논문으로 평가받고 있으나, 수십 년 동안 하버드 대학교에서 공직을 갖지 못했다. 그녀는 1979년 12월 7일에 사망했고 모든 과학계의 정신을 한 줄로 요약하는 말을 했다. “젊은 과학자에게 보상이란 세계 역사 최초로 무언가를 보거나 이해할 때 느끼는 벅찬 감동이다. 이런 경험은 세상 그 무엇과도 비교할 수 없다.”

우리는 이미 우주라는 광활한 바다에 메시지가 담긴 유리병을 띄워 보냈다. 1977년에 발사된 무인우주탐사선 보이저호는 이미 태양계를 지났고, 외계 생명체에게 보여주기 위해 지구에 대한 정보를 포함하고 있는 골든 레코드를 탑재하고 있다. ‘외계에 보낸 메시지’ 프로젝트라고나 할까. 이 계획은 유명한 천문학자 칼 세이건Carl Sagan이 지휘했고 55개의 언어로 인사말을 녹음했다. 여기에는 4개의 중국어 방언 그리고 에스페란토어[91]가 포함되어 있다. 심장, 기

91 역자 주: 1887년에 폴란드 안과 의사 라자로 루드비코 자멘호프(Lazaro Ludoviko Zamenhof) 박사가 창안한 배우기 쉬운 국제 공용어이자 가장 대표적인 인공어이다.

차, 화산, 늑대, 불 또는 키스 소리와 같은 완전히 지구적인 소리도 있다. 태양계, 신체의 일부, 돌고래, 악어, 포도를 수확하는 사람들, 보츠와나 토착민들, 그리고 침팬지와 함께 있는 제인 구달의 초상화 등 116개의 사진도 포함되어 있다. 보이저호는 다른 태양계 주변에 도착하는 데 아직도 40,000년 정도 더 여행해야 한다. 누가 알겠나, 어쩌면 언젠가 외계 누군가로부터 답변을 받게 될지도 모른다.

외계인 친구를 사귈 가능성은 얼마나 될까?

인스타그램

juanma.1999

지하철에서 친구를 사귈 가능성과 똑같지 않을까.

tonyrivas_01

지금 여기서도 친구를 사귈 가능성이 없는데…. 대답은 하지 않는 게 좋을 듯. 😜

트위터

@EduarCod

지구에서 친구를 잃으면 외계인 친구를 찾아보겠다. 😀

페이스북

Irving Parra

우주 전체를 발견하고 나면 외계인 친구를 사귈 수 있는지 없는지 알게 될 것이다. 그때까지는 보류!

Graciano Etchechoury

어렸을 때부터 죽으면 하늘나라에 간다고 들은 걸 생각하면, 어쩌면 우리 모두가 외계인일지도 모르는 일이다.

은하수에 존재할 수도 있는 문명들을 어떻게 구분할까?

앞 장에서 드레이크 방정식을 살펴본 것처럼 우리 은하계에 존재할 가능성이 있는 발전된 문명의 숫자를 계산할 수 있다면 우리는 한 걸음 더 나아가 그런 문명을 어떻게 평가할 것인지도 생각할 수 있다.

이에 대해 소련의 천체물리학자인 니콜라이 카르다쇼프Nikolai Kardashov가 1964년에 이미 생각했었다. 그는 하나의 문명이 사용하기 위해 획득하는 에너지의 수준을 다음과 같이 분류했다.

1유형 : 자신의 행성의 모든 에너지 자원을 활용하는 문명

2유형 : 자신의 행성계의 모든 에너지 자원을 활용하는 문명

3유형 : 자신의 은하계의 모든 에너지 자원을 활용하는 문명

카르다쇼프는 아주 광범위한 상상력을 지닌 사람이고 이런 상상력은 과학자에게 큰 도움이 된다. 2017년을 기준으로 했을 때, 우리는 0.72로 아직은 0유형일 것이다. 인간의 문명은 아직 1유형에도 도달하지 못했다. 아직 우리 행성이 제공하는 모든 에너지를 사용하지 못하고 있기 때문이다. 2유형이나 3유형이 되려면 자신의 행성으로부터 나와 주변 행성을 식민지화해야 한다는 것은 명백하다. 우리에게는 한참 멀기만 한 현실이다. 그런데 카르다쇼프는 왜 다른 요소들은 제외한 채 에너지에만 집중하여 분류 기준을 만들었을까? 이는 에너지를 많이 사용할수록 문명과 기술이 발달했다는 증거가 되기 때문이다.

인간의 문명은 1~2세기 후에 1유형에 도달하고 수천 년 후에 2유형에 도달하며, 10만 년~100만 년 후에 3유형에 도달할 것으로 계산되었다. 그러나 드레이크의 방정식에 따르면 발전된 문명은 앞에 언급된 시간 정도가 흐르면 자동적으로 소멸할 것으로 예상된다.

각 문명 고유의 에너지의 원천은 무엇일까? 1유형의 경우, 우리에게 익숙한 에너지이다. 우리는 이미 재생 가능한 에너지와 언젠가 고갈될 화석 연료를 알고 있고, 이외에도 앞으로 발전할 다른 연료가 있다. 핵융합 에너지[92]는 아직 지구에서 과학자들이 발전시키

92 역자 주: 우라늄 또는 플루토늄 핵이 분열하면서 내는 에너지를 이용하는 원자력 발전과는 반대되는 물리현상이다. 핵융합은 바닷물에 풍부한 중수소와 흙에서 쉽게 추출할 수 있는 리튬을 이용해 생성한 삼중수소를 원료로 사용하여 미래의 청정에너지로 기대를 모으고 있다.

지 못했지만 태양 에너지를 발생시키는 핵반응 같은 것이 될 가능성이 있다. 핵융합 에너지는 현재의 원자력 발전에서 수반되는 문제가 없는 깨끗한 방식의 융합이다. 또한 물을 연료처럼 사용하면 연료가 남아돌게 될 것이다.

호기심 뭉게뭉게 .... 〈매트릭스The Matrix〉(1999)를 만든 워쇼스키Wachowski 자매의 영화들 중에서 〈주피터 어센딩Jupiter Ascending〉(2015)은 최고의 시나리오는 아니었지만 매우 흥미진진한 개념에서 출발하였다. 지구와 다른 행성들에서의 삶이 가능해진 영화 속 세상에서 외계의 한 가족이 인간을 원재료로 사용하여 영원한 삶을 살 수 있게 해주는 혈청을 만들려고 한다. '완벽한 다윈의 진화 형태'에 도달하는 시도를 하는 것이다. 신기하게도 영화의 많은 장면이 구겐하임 근처의 빌바오에서 촬영되었다. 어쩌면 당연한 일이었다. 캐나다 건축가인 프랭크 O. 게리Frank O. Gehry의 멋진 작품 때문이기도 하지만 빌바오 사람들이 농담 반 진담 반으로 말하는 것처럼 주피터(목성)는 빌바오의 외곽에 있기 때문이다.

2유형의 문명에서는 지구에서 사용되는 방법을 태양계에 있는 더 많은 행성에서 적용할 수 있을 것이다. 우리가 상상할 수 있는, 혹은 상상도 할 수 없는 방법으로 에너지를 획득하는 방법을 개발할 수도 있다. 1960년 과학자 프리먼 다이슨Freeman Dyson이 제안

---

93 역자 주: 다이슨 구는 어떤 항성을 완전히 둘러싸서 그 항성이 내보내는 에너지 대부분을 받아 쓸 수 있는 가설상의 거대구조이다.

한 다이슨 구Dyson Sphere[93]는 가장 주목할 만한 것이다. 다이슨 구는 별을 포함한 거대한 구에서 그것이 발산하는 모든 에너지를 잡아낸다. 예를 들어 다이슨 구에서는 태양이 여러 방향으로 발산하는 에너지를 잡아낸다. 지구에서 받는 태양 에너지의 일부분이 아니다. 그러나 다이슨 구처럼 거대한 구조물을 만들기는 매우 어려운 일이다. 그것은 공상과학이나, 비디오게임, 마블의 만화에서나 가능할 것만 같다.

확실히 다이슨 구는 고체 구가 아니라 풍선 같은 구일 것이다. 다이슨 구는 거대한 압력을 견디지 못하고 불안정할 것이기 때문에 탄성이 있어야 한다. 예를 들어 방사선을 모으는 수많은 인공위성은 소량의 에너지도 놓치지 않고 모두 모은다. 가장 단순한 모양은 다이슨의 반지 형태인데, 그것은 토성의 반지처럼 생겼지만 에너지를 수집하는 인공위성으로 구성된다.

다이슨이 구에 대한 이론을 주장했을 때, 많은 천문학자는 우주로 방사선을 발사했다. 우주에서 발전된 외계 문명을 찾으려는 방법이었기 때문이다. 다이슨 구를 가진 별은 직접 보기가 힘들다. 그러나 구는 열 때문에 적외선 방사선을 발산할 것이고 우리는 그것을 볼 수 있다.

과학 뭉게뭉게 .... 2015년부터 어떤 별이 발산하는 에너지의 이상한 변화를 설명하려는 과학자들이 있었다. 그것은 은하수의 백조자리와 거문고자리 사이에 있는 태비Tabby 혹은 KIC 8462852라는 별이었다. 그들은 그 별 주위에 다이슨 구가 있다고 설명했다. 물론 지금은 그럴 가능성이 별로 없어 다른 이유를 찾고 있지만 말이다. 그들은 그 별을 우주에서 가장 신비한 별이라고 불렀었다.

마지막으로 3유형의 문명은 은하에서 에너지를 얻는 것으로 공상과학에 등장하는 은하 제국과 비슷하다. 〈스타워즈Star Wars〉의 제국이나 〈스타 트렉Star Trek〉의 보그 같은 것들이 해당된다. 3유형에서는 어떤 에너지원을 사용할 수 있을까? 초거대 블랙홀이나 화이트홀[94], 퀘이사[95] 혹은 감마선의 분출에서 에너지원을 사용할 수 있을지도 모른다. 이들은 우주에서 가장 많은 에너지를 분출하는 현상 중 하나이다.

물리학자인 미치오 카쿠Michio Kaku에 따르면 이런 문명 중 하나는 웜홀[96]을 열거나 다른 우주로의 문을 열 수 있다고 한다. 다른 은하의 3유형의 문명은 우리 지구에서도 감지할 수 있다. 여러 과학자가 그것을 추적하였지만 아직 성공하지는 못했다. 아무래도 우리 은하 '근처에는' 없는 것으로 보인다.

---

94 역자 주: 모든 것을 빨아들이는 블랙홀과는 달리 모든 것을 내놓기만 하는 천체를 말하며 아직까지 이론적으로만 존재할 뿐 직접 혹은 간접적인 방법으로 그 존재가 증명되지는 않았다.

95 역자 주: 블랙홀이 주변 물질을 집어삼키는 에너지에 의해 형성되는 거대 발광체로서 항성상 천체 또는 항성상 전파원이라고도 한다.

96 역자 주: 블랙홀과 화이트홀을 연결하는 우주 시공간의 구멍. 우주에서 먼 거리를 가로질러 지름길로 여행할 수 있는 가설적 통로이다.

화이트홀은 내가 제일 좋아하는 밴드 뮤즈Muse의 노래 제목처럼 거대한 블랙홀인 '초중량 블랙홀'이 은하의 중심부에서 근처에 있는 모든 물질을 흡수하고 있을 때 나타나는 현상이다. 아직도 그 이유는 명확히 밝혀지지 않았지만, 화이트홀이 발생하면 원반을 회전하는 거대한 속도의 영향으로 막대한 양의 에너지가 만들어진다. 그것은 방사선의 파장, 빛, 적외선, 자외선, X선의 형태로 방출되고 우주에서 알려진 가장 빛나는 물체가 된다.

과학 뭉게뭉게 .... 나는 웜홀(벌레 구멍)을 본 적이 없고 그 누구도 아직 웜홀의 존재를 증명하지 못했다. 그러나 아인슈타인Einstein과 로젠Rosen은 두 개의 시공간을, 혹은 두 개의 평행 우주를 연결하는 터널이 있다고 믿었다. 그들은 그곳에서 빛의 속도로 여행하는 것보다도 더 빠르게 여행할 수 있다고 말한다. 벌레가 외곽을 도는 것이 아니라 사과의 안으로 들어가 반대쪽으로 뚫고 나가는 것과 같은 원리라고 설명한다. 여기에서 시간과 중력의 왜곡으로 만들어진 가상 공간의 터널의 이름이 탄생했다. 사실이건 아니건 그것은 공상과학에 많은 영향을 주었다. 확실히 〈스타 트렉〉의 팬들은 웜홀의 존재에 열광하고 있다.

카쿠에게 보다 복잡한 순간은 현재일 것이다. 우리는 0유형과 1유형의 문명 사이에 살고 있다. 아직 원시적이고 광적인 열정과 비밀의 정신세계를 가지고 있고 위험한 화학, 생물, 원자력 무기를 가지고 있다. 우리는 테러를 1유형의 문명에 저항하는 반작용이라고 정의하는 수준이다. 다행히도 카쿠 역시 지구의 문명이 용인할 만하고 협동적이며 발전된 것으로 생각한다. 그래서 위의 문제들을 넘어서 인터넷, 유럽 연합, 세계적인 팝 음악, 지구의 언어로서의 영어 같은 것으로 다음 단계를 위해 발전하고 있다고 본다. 매우 낙관적인지도 모른다. 1유형의 수준에 도달하면 우리는 실제로 파괴되지 않는다고 말하는 과학자들이 있다. 나는 현재로서는 우리의 지구를 보살피기 시작하고 이야기를 들어주고 서로에게 관용을 베풀고 함께 잘 지내는 방법을 배우는 것에 동의한다.

우주가 우리의 방처럼 어수선한 이유

방은 항상 어수선해 보인다. 침대는 엉망이고 옷은 구석에 처박혀 있으며, 책은 탁자 위에 펼쳐진 채 놓여있고 쿠션은 바닥에 떨어져 있다. 매일 아침 모든 물건을 제자리에 놓아야 하지만 그렇게 정리된 경우는 드물다. 방 안 물건들의 제자리를 찾아주기 위해서는 힘을 써야만 한다. 조금만 게으름을 부리면 곧 방은 어수선해진다.

어수선한 방은 자연이 어떻게 작동하는지를 보여주는 하나의 사례이다. 우주에서 독립된 시스템들은 자신의 에너지로 자발적인 모양을 가지는 경향이 있다. 그리고 대부분 무질서하다. 물리학자들은 이런 무질서를 설명하기 위해 열역학의 척도를 사용하는데, 이는 '시간은 존재할까'에서 잠깐 언급한 엔트로피이다. 과학에 종사하지 않는 사람들에게도 상상력을 자극하는 개념이다. 예술에 대해 연설하거나 바에서 대화할 때 종종 엔트로피의 개념이 언급된다. 물론 엄격한 의미로 사용되는 것은 아니지만 말이다.

우주의 엔트로피는 항상 증가한다는 특성이 있다. 이것은 현실의 중추를 이루는 가장 중요한 법칙 중 하나로 우리는 열역학 제2법칙이라고 부른다. 우주 에너지의 총량은 변하시 않는다. 만들어지지도 파괴되지도 않는다. 이것이 엔트로피의 첫 번째 법칙이다. 두 번째 법칙은 우주의 엔트로피는 항상 증가한다는 것이다.[97] 그리고 이 법칙은 우주 안에서 벌어지는 많은 것들의 방향을 보여준다.

예를 들어 엔트로피는 시간의 화살이 어느 방향을 향하고 있는지 우리에게 알려준다. 인간이라면 누구나 매일 경험했듯이 시간이 과거에서 미래를 향해 흐른다는 것을 알 수 있다. 왼쪽이나 오른쪽 혹은 앞이나 뒤로 움직일 수 있는 공간 차원과는 달리 시간 차원은 항상 불균형하다. 과거로 되돌아갈 수 없고 항상 미래를 향해서만 움직인다. 그리고 미래로 가면서 엔트로피는 증가한다. 방은 항상 어수선하다. 손에서 포도주 잔이 떨어지면 바닥에 부딪혀 산산이 깨질 것이다. 만약 포도주 잔이 다시 온전한 모양으로 손에 나타난다면 대단한 화젯거리가 될 것이다. 그건 죽은 사람을 살리고 시간의 화살을 되돌리는 것처럼 일어날 수 없는 일이다.

---

97 역자 주: 아무것도 들어오거나 나가지 않는 장소에서는 무질서함이 무조건 증가한다.

엔트로피의 개념은 18세기 후반 산업혁명 시기에 나타났다. 루돌프 클라우지우스Rudolf Clausius에 의해 처음으로 발표되었고, 루트비히 볼츠만Ludwig Boltzmann에 의해 수학적으로 계산되었다. 그 시대 사람들은 증기 기관과 같은 열기관을 설계하고 사용하였는데, 열은 항상 더 따뜻한 곳에서 덜 따뜻한 곳으로 흐르는 현상을 관찰했다. 두 개가 짝을 이루고 있는 것은 항상 하나가 다른 하나보다 차갑다. 그리고 균형을 이루려는 경향이 있다. 예를 들어 25도의 물체는 100도의 물체에 열을 전달하지 못한다. 그리고 더 차가워지지도 않는다. 한 물체의 온도가 분자의 진동 결과라는 것을 알고 있다면 이러한 현상을 이해하기는 아주 쉽다. 분자의 진동이 활발한 것 즉, 온도가 높은 것이 차가운 물체를 진동하게 만드는 것, 즉 온도가 높아지게 만드는 일은 정상적이다. 그 반대는 이루어지지 않는다. 그래서 차가운 얼음은 물에서 녹는다. 물은 고체의 구조를 무질서하게 만들고 식게 하여 온도가 낮아지도록 한다. 냉장고는 따뜻한 음식을 차갑게 만든다. 그러나 여기에는 한 가지 속임수가 있다. 필요한 에너지를 추가적으로 공급하기 위해 전원을 연결해야 한다는 것이다.

인간의 육체는 특별해서 관심을 끈다. 인간의 몸은 열역학의 균형 상태에 있지 않는다. 날씨가 추워져도 주변의 온도가 같아질 때까지는 몸이 식지 않으며, 세비야의 여름 날씨에도 40도까지 올라가지 않는다. 우리 몸은 항상 36도의 온도를 유지한다. 36도가 몸의 최적 온도이다. 물론 열이 있거나 저체온증으로 인한 좋지 않은 상황은 제외한다. 게다가 우리의 몸은 무질서와는 거리가 멀다. 항상 조직, 세포, 기관들이 복잡한 질서를 유지한다. 어떻게 우리는 열역학의 법칙을 어기며 존재할 수 있는 것일까? 이는 우리가 에너지를 지속해서 이용하는 동시에, 매일 권장되는 다섯 번의 음식을 섭취하여 에너지를 얻기 때문이다. 게다가 인간의 육체는 복합적인 물질을 섭취하고 분해한다. 호흡을 통해 이산화탄소를 만들어내고 소화 과정에서 암모니아와 배설물을 만든다. 우리는 주변을 무질서하게 만들어 우리 몸의 질서를 유지한다. 우리는 엔트로피에 대항하며 살아간다. 사람이 주변과 열역학의 균형을 이루게 되면 죽음에 다다르는 아주 나쁜 소식을 맞이하게 된다. 시체는 차가워진다.

과학 뭉게뭉게 .... 열은 따뜻한 곳에서 차가운 곳으로만 움직이고, 그 반대의 경우는 예외적인 어떤 유형의 에너지에서만 가능하다. 그렇다면 가장 간단하고 효율적인 공학 작품인 물 항아리는 어떻게 작동하는가? 물 항아리라 불리는 고대 로마에서 사용된 이 간단한 그릇은 약 30도의 공간에서 안에 담겨 있는 물을 10도까지 차갑게 만들 수 있는 잠재력을 지녔다. 그것도 아주 빨리, 한 시간 이내의 빠른 속도로 차갑게 만든다. 어떻게? 그건 바로 물 항아리 표면에 있는 구멍들 덕분이다. 구멍들은 그릇 안의 물이 표면으로 나가도록 해준다. 우리가 몸의 열을 식히기 위해 땀을 흘리는 것과 비슷한 이치다. 액체가 따뜻할 때, 즉 에너지를 가지고 있을 때는 그것의 분자가 이리저리 움직이며 서로 충돌한다. 온도가 높으면 그 정도가 더 심해진다. 항

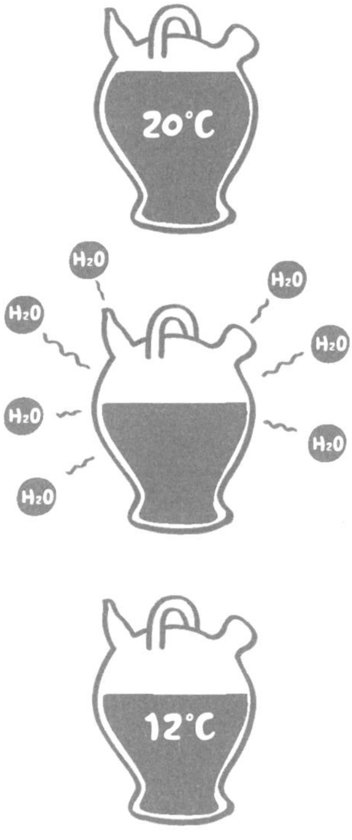

아리 안에 들어가면 따뜻하고 에너지가 많은 물이 이웃의 분자와 충돌하고 위쪽으로 올라가 공기와 섞인다. 미세한 물의 수증기가 물항아리 표면의 안쪽에 형성되며, 점토에 있는 영리하게 설계하여 만들어 놓은 구멍을 통해 배출된다. 분자들은 자신이 가지고 있던 에너지를 가지고 외부로 분출된다. 그리고 조금씩 물속에서 분자 간의 충돌이 감소한다. 이미 차가워졌기 때문이다.

마드리드 공과대학교(UPM)의 연구자들인 가브리엘 핀토Gabriel Pinto와 호세 이그나시오 주비자레타Jose Ignacio Zubizarreta는 열역학 방정식을 준비했다. 그들은 구형의 물항아리의 기능에 대해 과학적으로 설명했다. 그것은 단순하지만 아주 효율적이었다.

우주에 대한 미래 중 하나가 바로 열역학의 죽음이다! 그 순간, 엔트로피가 최대치가 되어 모든 것이 열역학의 균형에 도달한다. 우주는 이미 차갑다. 절대 영도의 근처에 있고 영원히 비활성화된다. 에너지가 균등하게 분배되어 있고 아무런 움직임도 없다. 마치 다 닳아버린 건전지와 같다. 그러나 그렇게 되기까지 엄청나게 긴 시간이 필요하다. 아마도 10^{100}년의 시간이 필요할 것이다.

열역학 제2법칙은 일하는 데 사용되는 에너지의 일부가 항상 그 과정에서 손실되는 조금은 지루한 결과를 가져오기도 한다. 100%의 효율성은 없다. 그리고 손실은 열의 형태로 실현된다. 기계가 작동하면 열이 난다. 그러나 그 열에너지는 정해진 일을 수행하기 위해 사용되는 것이 아니다. 우리가 투자하는 에너지는 항상 도중에 손실이 일어난다. 에너지의 관점에서 보면 한 기계에 투입한 에너지는 항상 그 투입량 이상이 나오지 않는다. 같은 양도 나오지 않는다. 이것이 열역학에서 영구 기관이 존재하지 않는 이유이다. 영구 기관은 추가적인 에너지의 지원 없이 영구적으로 에너지를 운동으로 전환하는 기관이다. 역사적으로 많은 발명가들이 영구 기관의 가능성을 보여주기 위해 독창적인 연구를 많이 시도했으나 아무도 성공하지 못했다.

또한, 엔트로피는 반대의 과정이 성립하지 않는다는 것을 보여준다. 즉 과정은 되돌아갈 수 없다. 설탕 봉지 안의 설탕을 물에 넣고 숟가락으로 휘저으면 설탕은 물에 녹는다. 그러나 그것을 반대 방향으로 휘젓는다 해도 설탕 결정이 나오지 않고 계속 녹은 상태로 있을 것이다. 왜 그럴까? 시스템의 무질서, 즉 엔트로피가 증가했기 때문이다. 설탕의 분자는 물과 섞이기 위하여 자신의 질서 있는 모습인 결정의 상태를 버렸기 때문이다. 그것은 비가역 과정이다. 주변과 열 교환이 없는 단열 과정은 엔트로피가 일정할 때 가역적일 수 있다. 부분적으로 엔트로피가 감소하는 현상이 일어난다면 그것은 주변의 엔트로피가 증가하고 있기 때문이다. 그래서 전체적으로는 엔트로피가 증가하고 있다. 당연히 우리가 일을 하면 엔트로피를 감소시킬 수 있다. 그것은 방을 정리하는 것과 같다. 그것은 자동으로 일어나는 것이 아니다. 정리하려면 우리가 일을 해야 하기 때문이다.

이미 〈심슨 가족〉에서 호머가 그 말을 했다. "리사! 이 집은 열역학의 법칙을 따르고 있군."

왜 우주와 우리의 방은 항상 무질서할까?

인스타그램

andejuji17

엔트로피 때문이다. 항상 그것에 제동을 거는 엄마가 있어서 다행이다.

트위터

@sun_rt

무질서한 게 아니라 추상적으로 장식한 것이다.

페이스북

Carmen Peñalver Leon

이런, 우주도 우리 아들이 어질렀나? 후안, 당장 가서 정리해라!

Silvia Cp

너의 엄마가 아무것도 가르쳐주지 않았기 때문이야. 헤헤헤

우주에서
우리가 보지 못하는
우주의 모든 것

우리가 아는 것은 한 방울의 물이고
우리가 모르는 것은 대양이다.

아이작 뉴턴Isaac Newton

어느 날 나는 멍하니 있다가 수학자이자 리오하 대학의 프로그래밍 교수인 내 친구 에두아르도 사엔즈 데 까베존Eduardo Saenz de Cabezon의 목소리를 듣고 웃음이 터지고 말았다. 그는 영양실조에 걸린 듯한 물리학과 학생들을 데리고 암흑 물질에 관해 설명하고 있었다. 그는 그 누구보다 과학을 사랑하고 재치도 겸비한 사람이다. '수학이여 영원하라!'라는 그의 독백과 유튜브 영상은 아주 대단하다. 게다가 그는 용감하기까지 하다. 제자들에게 수학을 공부할 용기가 없어서 물리학과 학생이 된 거라고 대놓고 말할 정도이니 말이다!

암흑 물질의 성질 자체가 그래서 그런지 분위기가 반은 진지하고 반은 농담하며 산만했다. 상상해봐라. 몇 년 전에 많은 물리학자가 연구실에서 예측할 수 없는 우주의 움직임을 보면서 심취해 있었다. 그들은 이유를 알 수 없었고 95% 정도의 현상을 예측할 수 없었다. 물리학자 중 한 명이 석정스럽게 질문을 한다. 어떻게 하지? 무엇인지도 모르는 현상을 보고 우리가 할 수 있는 일은 없잖아. 어떻게 설명하지? 저것을 암흑 물질이라고 부를까? 그렇지, 맞네…. 사람들이 별자리를 보다가 우주의 거대함과 장엄함 앞에 두려움을 느낄 때가 있다. 그들의 앞에는 별이 뿌려진 거대한 어둠이 있다. 그것은 모두 과거의 것이다. 우리가 보는 많은 것들은 이미 존재하지 않는다. 우리가 보는 것은 수천 년 전에 발산된 빛일 뿐이다. 빛이 우리에게 도달하는 데 시간이 꽤 걸리기 때문이다. 우리가 보는 것들은 그 자리에 있지 않고 이미 사라졌을 것이다. 과학에는 낭만적인 일이 별로 없다.

우주로부터 우리에게 오는 모든 정보는 전자기 방사선의 형식으로 도달한다. 우리가 눈으로 보고 과학 기술로 보는 것은 가시광선, 자외선, 적외선, 방사선 파동, X선과 같은 것들이다. 특히 최근에 중력파가 발견됨에 따라 시공간의 진동을 기반으로 한 새로운 천문학의 시대도 열렸다. 그러나 빛나는 것 모두가 금은 아니다. 우주도 마찬가지로 그저 빛나는 것일 뿐이다. 얼마 전까지 우리 눈이나 기구로 볼 수 없었던 많은 부분을 지금은 발견했지만 우주는 여전히 신비한 곳이다.

암흑 물질은 우주의 27%를 차지하는 물질 에너지이다. 우주의 확장을 일으키는 일종의 반중력인 암흑 에너지도 아니고 중성미자[98]도 아니다. 암흑 물질은 어떤 유형의 전자기 방사능도 발산하지 않기에 그 이름이 완벽하게 어울린다. 원자로 구성된 전통적인 물질은 우리의 몸이나 지구 혹은 우리가 읽는 이 책을 구성하지만, 우주 전체의 5%도 되지 않는다. 나머지와 비교했을 때 아주 적은 수치이다. 다시 한 번 우리가 사소한 존재라는 것이 증명된다. 우리는 겸손해야만 한다.

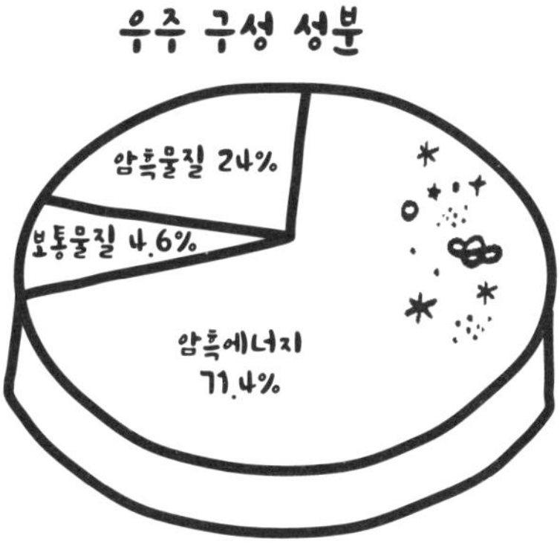

암흑 물질이 아무것도 발산하지 않고 전자기 방사선과도 상호 작용이 없다면 우리는 암흑 물질의 존재를 어떻게 알 수 있는가? 우리는 중력 렌즈 효과와 같은 표시로 암흑 물질이 존재한다는 것을 알 수 있다. 암흑물질이 차지하는 공간은 아무것도 알려진 것이 없

---

98 역자 주: 우주 만물을 이루는 기본 입자 중 하나다. 하지만 질량이 거의 없고 다른 물질과 반응하지 않아 오랫동안 실체를 알 수 없었다.

어 누군가는 오래된 지도에 나오는 '미지의 땅'이라고 부르기도 했다. 혹은 가끔씩 끔찍한 괴물들이 사는 곳이라는 소문도 들려오곤 했다. 그러나 이는 사실이 아니다. H. P. 러브크래프트H. P. Lovecraft가 말하는 희귀한 괴물은 우주에 없다. 아니, 없기를 기도하자.

천문학자인 프리츠 츠비키Fritz Zwicky는 축적된 코마 은하계가 이론상으로는 상상할 수도 없는 빠른 속도로 움직이는 이상 현상을 관찰함으로써 암흑 물질의 존재를 밝혔다.[99] 과학자 단체에서는 그의 발견에 그다지 관심을 주지 않았다. 결국 그 당시 이상 현상에 대한 원인은 밝혀지지 않았고 그 후로도 오랜 시간 동안 이 현상은 설명되지 않았다.

1974년 미국의 천문학자인 베라 루빈Vera Rubin이 은하 외곽 지역의 별들이 움직이는 속도가 너무 빠르다는 사실을 발견할 때까지는 별다른 진전이 없었다. 은하 외곽의 별들의 운동 속도는 우주의 중력의 법칙이 예측한 것보다 너무나도 빠른 속도로 움직였다. 이론상으로 태양계의 행성에서 일어나는 것처럼 중심지와 가까이 있는 행성은 빨리 움직이고 멀리 있는 행성은 천천히 움직인다. 예를 들어 케플러와 뉴턴의 법칙에 따라 해왕성은 화성보다 천천히 움직인다. 그러나 루빈이 발견한 별들은 모두 같은 속도로 움직였다. 멀리 있는 별들이 예상보다 빨리 움직였고 회전의 곡선[100]을 따르지 않았

99 역자 주: 그는 은하 내에서 발견되는 질량에 의한 중력으로는 은하들이 빨리 움직이는 현상을 설명할 수 없으며, 관측되지 않은 다른 물질이 있을 것으로 생각했다.

다. 따라서 그 별들은 은하의 밖으로 튕겨 나가야만 했다. 이상한 일이 생긴 것이다.

여기엔 두 가지 가능성이 있었다. 우선 우리의 중력에 대한 법칙이 틀렸을 가능성이다. 그렇다면 지금까지 우리가 해왔던 무수한 연구들을 다시 시작해야만 한다. 한 가지 더 이런 현상을 설명해줄 다른 방법이 있다. 비록 빛을 발산하지 않아서 우리 눈으로 볼 수는 없지만, 중력의 힘을 행사하는 물질이 있을 가능성이다. 그래서 우주는 우리가 보는 구형이나 나선형으로만 구성된 것이 아니라는 결론에 도달했다. 은하는 거대한 공간을 채우는 거대한 물질, 즉 은하의 무게의 9배에 달하는 정도의 물질로 둘러싸여 있다. 그 물질은 우리의 눈에 보이지 않는다. 그 공간이 중세의 지도에 나오는 미지의 땅에 사는 괴물인 암흑 물질이다. 그러자 별들의 이상 운동을 설명할 수 있었다. 그리고 나중에 다른 현상들, 중력 안경[101]과 우주 깊은 곳에서의 극초단파의 흔적, 특정한 은하의 움직임 같은 현상들이 이 생각을 견고하게 증명해주었다. 그녀의 발견은 천문학의 역사를 바꿔버렸다.

---

100 은하의 중심으로부터의 거리에 따라 별들의 속도가 분산되는 현상이다.

101 역자 주: 멀리 있는 빛이 은하를 통과할 때 구부러지는 현상이다.

.... 베라 루빈은 1948년 그 당시의 여성들에게 권장되었던 미술 공부를 마치고 천문학 학사 학위까지 취득했다. 그녀는 프린스턴 대학에서 석사 공부를 하려고 하였으나 입학하지 못했다. 프린스턴 대학은 1975년까지 석사 과정에 여학생의 입학을 허용하지 않았기 때문이다. 다행히도 그녀는 코넬 대학에서 물리학을 공부할 수 있었고 리처드 파인만Richard Feynman이나 한스 베테Hans Bethe 같은 전 세계적으로 중요했던 많은 물리학자를 알게 되었다. 그녀는 조지타운 대학에서 조지 가모브George Gamow 교수의 지도하에 박사 논문을 썼고 우주의 은하는 무작위로 있는 것이 아니라 큰 집단을 이루며 모여 있다는 사실을 증명했다. 11년 후에는 조지타운 대학을 떠나 워싱턴의 카네기 연구소에서 연구원으로 일했으며 그곳에서 켄트 포드Kent Ford를 만나 그와 함께 허블의 법칙과 우주의 팽창에 따른 은하의 궤도 일탈에 대해 연구했다. 그녀는 안드로메다은하 외곽에 있는 별들의 운동을 관찰하다가 그녀의 가장 큰 업적이 된 위대한 발견을 하게 된다.

그 이후에도 그녀는 암흑 물질에 관한 연구를 계속하면서 여성들이 과학 연구를 할 수 있는 기회를 마련하기 위해 노력했다. 안타깝게도 그녀는 노벨 물리학상을 수상하지는 못했다. 그녀는 소행성 루빈 5726을 발견하기도 했다. 그녀의 업적은 전 세계의 여성들에게 큰 용기를 주었고 지금도 주고 있다. 모든 여성의 이름으로 베라에게 고마움을 전하고 싶다.

암흑 물질이라는 이름은 얻었지만, 과학계에서는 아직도 암흑 물질의 본질이 수수께끼로 남아있다. 암흑 물질은 무엇인가? 그것은 무엇으로 구성되는가? 우리는 그것이 빛나지도 않고 전자기 방사선과 상호작용하지 않는다는 것을 알고 있다. 그것이 상대 속도로 움직이지 않는다는 것과 시간 속에서 안정적이라는 것도 알고 있다. 만약 우주를 구성하는 입자로 분류되고 연구되는 (쿼크[102]나 전자처럼) 표준 모델에만 의존한다면 우리가 찾는 특성에 적합한 물질을 발견할 수 없을 것이다. 어쩌면 이 물질은 행성이나 빛나지 않는 기체이며 갈색 왜성[103] 같은 곳에 있을 수도 있다고 생각하기도 했다. 그것은 우리가 알고 있지만 빛나지 않는 물질들로 중입자[104]로 구성되는 물질이다.

과학 뭉게뭉게 .... 전자, 양성자, 중성자는 원자를 구성한다. 이것이 내가 돌턴의 이론에 따라 학교에서 공부했던 기본적인 입자들이다. 그러나 80년대를 시작으로 모든 것이 바뀌었다. 돌턴 모델로 설명할 수 없는 물리적 현상을 설명하기 위해 도입된 새롭고 이국적인 입자들의 파티가 시작되었다. 그것은 가계도처럼 세대별로 그룹을 지어 세 개씩 나온다. 한 세대가 지날수록 그 이름의 숫자가 늘어난다. 첫 번째 세대는 전자, 전자 중간자, up 쿼크, down 쿼크이다. 두 번째 세대는 뮤온, 뮤온 중간자, charm 쿼크, strange 쿼크이다. 세 번째 세대는 타우온, 타우온 중간자, top 쿼크, bottom 쿼크이다. 〈왕좌의 게임Game of Thrones〉에서 나오는 것처럼 더 많은 가

102 역자 주: 양성자, 중성자와 같은 소립자를 구성하고 있다고 여겨지는 기본적인 입자이다.

103 역자 주: 행성보다는 크지만 항성보다는 질량이 작고, 가시광선 영역의 빛을 내지 못하는 천체이다.

104 중성자, 양성자와 같은 세 개의 쿼크로 이루어진 입자이다.

족들이 있다. 이번에는 그것들의 상호작용을 설명하는 데 만족스러운 것들이다. 경입자, 중간자, 중입자, 중력자, 강입자, 글루온[105] 등이다. 예전이 훨씬 쉬웠다…. 이전에 유럽의 수도를 설명한 것과 똑같은 상황이 벌어진 것이다.

결국 암흑 물질은 과학자들이 매일 다루고 있는 일반적인 물질들과는 다르다는 점을 알 수 있다. 지금은 지구의 모든 과학자가 다른 물질과 상호 작용을 거의 하지 않는 이 물질을 감지하기 위해 실험하는 데 열중하고 있다. 중력의 힘이나 아주 약한 원자의 힘에 응답하는 그런 물질들이 필요한 것으로 알려져 있다. '약하게 상호작용하는 무거운 입자Weakly Interacting Massive Particles, WIMP', 줄여서 윔프

소립자

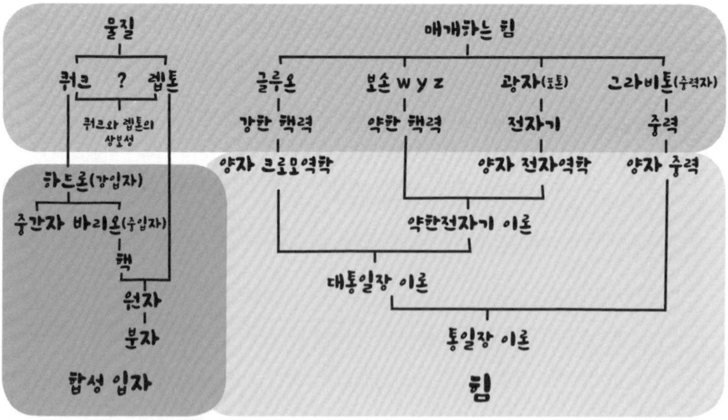

105 쿼크 간의 상호 작용을 매개하는 입자이다.

는 천체물리학에서 암흑 물질의 정체라고 지목되는 가설상의 입자이다. 아직은 가설일 뿐이지만 만약 그것이 존재한다면 우리가 알지도 못하는 사이에 초당 윔프가 우리의 몸을 관통할 것이다. 확인되지 않았지만 액시온 입자라는 또 다른 가능성도 있다. 그것은 아주 작고 가벼운 입자로 전기적 속성이 없는 일종의 희귀한 광자이다. 액시온과 광자는 서로 바뀔 수도 있다고 생각된다. 아직도 완벽하게 밝혀진 것은 없지만 시간이 지날수록 실험이 정교해지고 있어 십 년 정도가 지나면 해결책을 찾을 수 있을 것이다.

많은 물리학 이론이 암흑 물질처럼 설명할 수 없는 현상을 밝히기 위해 만들어진다. 그러나 그것이 확실하다는 것을 보여주는 데에는 많은 시간이 소요된다. 1964년 피터 힉스Peter Higgs가 증명하려고 했던 근원적 원소의 입자에 대한 이론인 힉스 입자도 마찬가지였다. 힉스 입자는 근원적 입자의 질량에 대한 것으로 왜 육체가 특정한 질량을 가지고 가속도에 저항하는지 설명해준다. 물체가 질량을 많이 가질수록 움직이거나 정지시키기가 어렵다. 이는 오랜 시간 동안 이론에 머물렀고 이 위대한 과학자는 그 이론이 유효하다는 것을 증명하지 못한 채 은퇴했다. 거의 50년이 지나서야 그의 옛 제자들이 그의 놀라운 적중률을 보여주는 비디오를 그의 집으로 보내주었다. 그들이 기쁨의 눈물을 흘리는 모습은 과학 역사상 기록된 가장 감동적인 장면 중 하나였다.

이 장에서 나오는 가장 작은 입자인 힉스 입자는 힉스장의 모든 것을 구성한다. 힉스 입자는 스핀, 전기 성질, 색이 없고 아주 불안정하며 순식간에 사라진다. 수명은 1젭토초이고 1초에는 10해의 젭토초가 들어간다. 아주 무의미한 짧은 시간이다. 빅뱅 직후에 수백만분의 일 초 만에 물질이 존재하기 전에 나타났고 지금도 계속 우주에 존재하는 입자이다.

2013년 3월 14일에 이전의 많은 실험에 뒤이어 유럽 입자 물리 연구소(CERN)에서 대형 강입자 충돌형 가속기Large Hadron Collider, LHC로 실험을 하고 힉스의 손을 들어주었다. 힉스는 힉스 입자의 존재를 예견한 공로로 프랑수아 앙글레르François Englert와 함께 노벨 물리학상을 받았다.

비록 힉스가 특별히 감사의 뜻을 표하진 않았지만 힉스 입자는 신의 입자라고 불리게 되었다. 1993년 노벨 물리학 수상자인 레온 레더만Leon Lederman과 작가인 딕 테레시Dick Teresi는 《신의 입자: 우주가 답이라면 질문은 무엇인가?》라는 책을 내면서 힉스 입자를 신의 입자라고 칭했다. 이 책은 고대부터 존재한 입자들의 역사를 설명해준다. 기자들은 '신의 입자'라는 그 이름을 매우 좋아했지만 레더만은 후에 사과해야 했다. 그는 힉스 입자를 발견하는 과정이 너무 어려워서 원래는 사악한 입자(고담 입자)라고 이름 붙이려고 했다고 고백했다. 어찌 되었건 고생한 보람이 있었다.

아직도 암흑 물질이 무엇인지 모르지만, 암흑 물질이 매우 중요하다는 것만은 확실하다. 우주의 생성, 발전, 은하의 움직임을 연구하기 위해서 우주론의 모델을 만들 때 반드시 암흑 물질을 고려해야 한다. 종종 암흑 물질이 우주를 지배한다는 말을 한다. 그러나 과학의 많은 경계선과 마찬가지로 아직도 발견해야 할 것들은 넘쳐나고 어쩌면 완전히 발견하는 것이 불가능할 수도 있다. 〈스타워즈Star Wars〉의 포스[106]에는 무적의 다스베이더가 있듯이 과학에도 항상 어두운 측면이 존재한다. 하지만 과학의 세계에서 과학자들은 굴복하지 않는다. 마지막까지 어두운 비밀을 밝히기 위해 계속 노력하고 있다.

106 역자 주: 포스(The Force)는 〈스타워즈〉 시리즈에 등장하는 가공의 우주 에너지이다.

축구공을 우주로 가져가려면 얼마나 많은 돈이 필요할까?

여긴 톰 소령, 관제실 나와라.
나는 여기 달의 아주 위쪽에서
깡통 같은 우주선 주변을 떠다니고 있다.
지구는 푸르고
내가 할 수 있는 일은 아무것도 없다.

데이비드 보위David Bowie의 〈Space Oddity〉

이 질문을 들어봤을지 모르겠다. 해결해야 할 문제가 산적해 있는데도 불구하고 우리는 왜 우주를 탐험하고 물질의 최종 구성을 확인하기 위해 입자 가속기를 사용하는 데 그렇게 많은 돈을 투자해야 하는가? 우리는 왜 보다 실용적인 과학에 관심 가지지 않는가? 왜 지구에 당장 도움이 될 것 같지 않은 명왕성 사진을 고화질로 찍고 화성에 보낸 탐사선의 무사착륙을 염원하는가? 기초과학과 응용과학에 대한 선호도는 생각해야 할 문제임에 틀림없다.

그러나 세상일이 그렇게 간단한 것은 아니다. 기초과학과 응용과학 사이의 경계가 명확하지 않기 때문이다. 기초과학이 없다면 나중에 적용할 응용과학도 없다고 말하는 사람들이 있다. 아인슈타인Einstein, 플랑크Planck, 보어Bohr, 슈뢰딩거Schrodinger, 혹은 하이젠베르크Heisenberg는 양자 역학의 기초를 마련했다. 그들은 지식에 대한 순수한 사랑과 현실과 동떨어져 보이는 미지의 세부적인 것들을 연구하고자 하는 과학적 호기심에서 연구를 시작했다. 양자 역학 덕분에 반도체 물리학이 발전했고 반도체 덕분에 트랜지스터가 발전했다. 트랜지스터는 최초의 컴퓨터를 만들었고 후에 스마트폰의 탄생으로 이어졌다. 과학은 다른 일반적인 것들과 마찬가지로 진로를 예측할 수 없다. 한 가지 분명한 사실은 팔짱을 끼고 지켜보기만 한다면 아무 곳에도 갈 수 없다는 것이다. 20세기 초반에 늙은 과학자들이 과학 혁명에 그렇게 큰 역할을 하리라고 누가 생각할 수 있었겠는가? 아인슈타인에게 페이스북을 설명하는 장면을 상상해봐라….

최근에 스핀오프spin off[107]란 용어가 유행하고 있다. TV 시리즈의 어느 등장인물이 일정 분량 이상을 출현하면서 강렬한 인상을 주고 인기를 충분히 얻었을 때 그를 집중적으로 다룬 특별 편을 만든다. 〈브레이킹 배드Breaking Bad〉의 사울 굿맨에게 일어났고 스페인 시트콤 〈7개의 인생7 vida〉의 아이다에게도 일어난 일이었다. 또한 대학 산하의 작은 기술 회사가 성공해서 회사를 분리하는 경우처럼 기업에서도 이 용어를 사용한다. 여기에 제3의 의미가 숨어 있다. 과학자들이나 기술자들이 연구를 진행하다가 본래의 의도와는 다른, 원칙적으로 전혀 관계가 없는 다른 것을 발전시킬 수도 있다는 의미이다.

NASA는 매년 자신들의 활동으로 발생한 스핀오프 사례를 요약하여 출판한다. 그런 방식으로 자신들이 투자한 활동들을 정당화한다. 이에 대해 비판하는 사람들도 있다. 하지만 NASA의 우주 탐험 덕분에 우리가 놀라운 발명품들을 많이 사용하고 있다는 점을 명심하라. 극초단파, 연기 감지기, 위성 통신, 달 착륙용 신발에서 영감을 얻어서 만든 현대적인 바닥을 가진 운동화, 물의 필터, 흡수력이 뛰어난 기저귀 같은 발명품들을 말이다.

과학 뭉게뭉게 .... 80년대에 우주국은 우주조종사들이 이륙하거나 착륙할 때, 혹은 우주를 유영할 때 등 화장실에 갈 수 없는 상황에서 그들의 생리적인 문제를 처리할 수 있는 방법을 찾기 위해 연구하기 시작했다. 해답은 소듐으로 된 신물질이었

107 역자 주: 기존의 영화, 드라마, 게임 따위에서 등장인물이나 설정을 가져와 새로 이야기를 만들어 내는 것. 또는 그런 작품을 의미한다.

다. 이 물질은 자기 무게의 300배 정도의 물을 흡수할 수 있었다. 즉 1kg으로 300kg의 물을 흡수할 수 있었고, 물이나 오줌을 흡수하자마자 일종의 젤 같은 형태로 변하여 솜과 섬유소로 된 옛날의 기저귀보다 습기를 덜 느끼게 했다. 1983년 챌린저호 승무원들이 처음으로 이 물질을 사용했었다. 오늘날 우리가 사용하는 기저귀는 우주에서 사용하던 것에서 비롯됐다. 이제 우리가 해결해야 할 문제는 이 합성 물질이 만들어내는 환경 오염을 어떻게 처리할 것인가이다.

1976년 NASA가 스핀오프 간행물을 발간한 이래로 지금까지 우주 프로그램에서 만들어진 2천 개 정도의 우주 기술이 전달되었다. 스핀오프 마지막 호에서 NASA는 더욱 최신의 것을 알려 주었다. 화성에서 눈을 발견하기 위해 고안된 레이저 영상 시스템은 잃어버린 도시나 선사 시대의 사냥 지역 등 발굴된 물체를 식별하기 위해 고고학 분야에서 사용된다. 로켓을 발사할 때 로켓을 안정화시키기 위해서 사용되는 기술은 초고층 건물을 바람으로부터 보호하거나 지진으로부터 보호하는 데 사용된다. 우주선 오리온의 낙하산을 모니터링하기 위해 사용되던 초고화질 카메라는 자동차의 충격 검사에 사용된다. 발전된 GPS 시스템은 자율주행 농업용 트랙터에 사용된다. 무선 드라이버, 드릴, 진공청소기는 달의 견본을 잡기 위해 설계된 장치에서 파생된 것이다. 컴퓨터 단층 촬영은 원래 우주에서 고장 난 부품이나 동체를 찾아내기 위해 사용된 것이었으나, 현재는 병원에서 종양을 발견하기 위해 사용된다. 이외에도 업그레이드된 골프채, 새로운 비료 등… 그 목록은 놀라울 정도로 많다.

호기심 뭉게뭉게 .... 오늘날의 개인용 컴퓨터와 작아진 마이크로칩, 마이크로프로세서는 아폴로호의 첫 번째 캡슐의 비행을 보조하기 위한 통합 회로에서 나온 것이다. 그 이유는 무게 때문이었다. 컴퓨터는 가능한 작고 가볍게 만들어야 했다. 우주선에서 1kg이 증가하면 100만 유로의 비용이 들기 때문이다. 국제 우주정거장에 450g의 축구공을 가져가면 50만 유로의 비용을 요구한다. 그 전에 스페인 국가대표 주장이자 세계 최고의 수비수인 세르히오 라모스Sergio Ramos와 한번 대화를 나누길 추천한다. 만약 축구 마니아라면, 세르히오가 NASA를 위해 공짜로 축구공을 우주로 보내줄 수 있다는 걸 알 것이다. 페널티 킥 몇 개만 차게 해준다면 말이다. 내가 한 농담을 이해해주길 바란다. 특히 레알 마드리드 팬이라면!

1957년에 제너럴 푸즈General Foods[108]에서 출시한 분말 착색 음료 탱Tang이 있다. 물에 섞으면 과일 맛이 나는 그 가루는 1962년 NASA가 우주 조종사 존 글렌John Glenn이 궤도에서 음식물 섭취 실험을 할 때 사용한 것이다. 마찬가지로 NASA가 사용하여 인기를 얻은 제품은 밸크로였다. 밸크로는 아폴로호에서 진공 상태에서 움직이기 위해 우주 조종사의 장비에 사용되었다. 1938년 듀퐁사에 의해 개발된 테프론 천도 나중에 방열복이나 우주복으로 사용되었다. 이쯤에서 한 가지 주의할 것! 이런 발명품들이 세상에 나온 게 NASA 덕분이기는 하지만, 이런 발명품들은 특별한 경우에만 사용

108 역자 주: 포장된 식품 및 육류 제품을 생산하던 미국의 기업이다.

됐거나 사용될 것이다.

결국, 기초과학과 응용과학은 함께 생존해야만 한다. 일반적으로 기초과학은 대학이나 공공 기관, 예를 들면 스페인 고등 과학 연구 위원회 같은 곳에서 연구하며 가능한 한 정치, 사회, 경제의 테두리에서 독립성을 유지하고자 한다. 미국에는 기초과학에 투자하는 강력하고 유망한 회사들이 있다. 반면에 보다 단기적인 성과를 얻을 수 있는 응용과학 분야는 공공 부문과 사기업에서 재정을 지원받는다.

오늘날 우리가 사는 초고속 정보 통신 사회에서 모든 것들은 유용성, 즉각적인 경제적 보상, 단기간의 영향에 의해 돌아간다. 그러나 앞에서 살펴본 것처럼 기초과학은 인간이 지식을 발전시켜 나갈 수 있게 할 뿐만 아니라 예상치 못한 많은 부산물을 만들어 인간의 생활 수준을 향상시키거나 인류에게 어느 정도 이바지할 수도 있다.

어찌 되었든 우리는 과학의 실용적인 측면만 보아서는 안 된다. 필립 볼Philip Ball은 그의 책 《호기심》(2013)에서 이렇게 설명했다. 호기심은 많은 사람들이 억누르려고 하지만 인간 본성의 기본적인 부분이다. 그리고 거기에서 돈과 발전, 그리고 과학의 스핀오프가 나온다. 때로는 세 개의 쿼크가 양자를 형성한다는 것을 아는 것으로 충분하다. 많은 은하의 중심부에 블랙홀이 있다는 것을 아는 것만으로 충분하다. 그것만으로 충분히 가치가 있다. 우주를 단계적으로 알고 그 신비에 매혹되는 것은 그 자체로 충분히 흥미로운 일이다. 그렇게 우주로 나가는 길 마지막에, 우주선의 이륙과 착륙을 책임지

로봇이 인간을 지배하게 될까?

〈터미네이터Terminator〉(1984)는 나에게 큰 충격을 안겨준 영화였다. 카일 리스가 로봇 T-800 Cyberdyne 101에게서 사라 코너를 구출하기 위해 미래에서 왔는데, 알고 보니 미래에서 그를 보낸 사람이 그의 아들 존 코너라는 자극적인 설정 때문이 아니었다. 그보다는 스카이넷Skynet[109]과 같은 인공지능이 지구를 파괴하고 인류를 노예화할 수 있다는 가능성을 제기했기 때문이었다. 만약 이 영화의 시나리오가 현실로 이뤄진다면 사이보그들이 인류를 지배하는 2029년까지 이제 얼마 남지 않았다.

'로봇'이라는 단어는 '일'이라는 뜻을 지닌 체코어에서 유래됐다. 로봇은 아주 근대적인 발명품처럼 보이지만 실제로 로봇이라는 개

109 역자 주: 터미네이터 시리즈에서 주요 악역으로 등장하는 가상의 인공 의식이다.

념은 꽤 오래전으로까지 거슬러 올라가 살펴볼 수 있다. 고대 그리스 시대부터 로봇의 선구자라고 할 수 있는 기계식로봇 오토마타(스스로 작동하는 기계)가 있었다. 그리고 오토마타의 황금기인 18세기에는 피아니스트, 피리 부는 연주자, 체스 선수들 그리고 유명한 부르고스 대성당의 종을 치는 인형 '파파모스카스Papamoscas[110]'가 만들어졌다. 지금과 마찬가지로 인간이 창조한 인공지능들이 인간에게 반란을 일으킨다는 생각은 오래전부터 있었다. 프랑켄슈타인 박사가 만든 괴물 혹은 프라하의 랍비[111]가 흙으로 빚어 만든 절대 복종시킬 수 없는 골렘Golem[112]을 예로 들을 수 있겠다. 정말 로봇들도 우리에게 반란을 일으키게 될까?

중요한 건 우리가 로봇화의 정점에 이른 시대에 살고 있다는 것이다. 세계 경제의 성장 원동력인 로봇화는 가장 일반적인 기술 혁명의 범주에 속한다. 모든 로봇이 우리가 상상하는 것처럼 인간의 형태를 가지고 있는 것은 아니다. 대부분 로봇은 산업 현장에 배치되어 있다. 특히 자동차 산업은 가장 많이 자동화된 산업이다. 자동차 공장에서 볼 수 있는 로봇들은 인간의 모습이라기보다는 인간의 팔 모양 정도를 기계로 만든 것에 불과하다. 그리고 장애로 걸을 수 없는 사람들의 외골격을 만들기 위해 로봇공학을 연구한다. 다빈치

---

110 역자 주: 스페인 부르고스의 산타 마리아(Santa Maria) 대성당 서쪽 천장에 걸린 인형. '딱새'란 뜻을 지닌 이 인형은 시간에 맞춰 종을 울리며 입을 열고 닫는다.

111 역자 주: 유대교의 율법교사에 대한 경칭이다.

112 역자 주: 점토로 만들고 생명을 불어넣은 인형이다.

로봇은 높은 수준의 세밀함이 필요한 수술을 할 때 의사들을 도와준다. 여기서 주의할 점! 로봇이 혼자 수술을 하는 게 아니라, 항상 그 로봇을 조종하는 인간이 필요하다!

'로봇'이라는 단어는 느슨한 형태로 사용된다. 거기에는 인공지능 혹은 컴퓨터과학 프로그램들의 개발도 포함되어 있다. 더 정확하게 말하면 '로봇'이라는 단어는 물리적 세계에서 기계적으로 움직이는 기계들을 지칭한다고 할 수 있다. 예를 들면 공장의 로봇들 같은 것으로, 이들은 매우 통제된 환경 속에서 자극들에 반응하기 때문에 인공지능이 필요하다. 물리적 세계에서 인공지능은 자극에 반응하며 완벽한 조정을 받으며 일할 필요가 없다. 예를 들면 애플 사용자들의 질문에 답하는 시리Siri 프로그램 또는 IBM이 개발하는 인공지능 컴퓨터 왓슨Watson처럼 소프트웨어에 장착되어 사용될 수 있다. 그러나 두 경우 모두 로봇공학과 인공지능은 종종 조화를 이루며 응용된다. 〈스타워즈Star Wars〉에 나오는 C-3PO 인간형 로봇과 같은 로봇들은 로봇공학에서 가장 중요한 부분이 아니다. 물론 인간형 로봇 연구에 큰 노력을 기울이고 있는 건 사실이다. 아마도 TV 뉴스를 통해 이미 호텔, 공항, 식당 및 다양한 이벤트 장소에서 시범적으로 사용되는 인간형 로봇들을 보았을 것이다. 그들은 정보를 제공하고 인간들을 도와준다. 스타워즈의 C-3PO처럼 말이다. 일본 소프트뱅크 로보틱스SoftBank Robotics 회사에는 페퍼Pepper, 나오Nao 혹은 로메오Romeo라는 세 가지 로봇들이 있다. 로봇공학에 특히 관심이 많은 일본의 히로시 이시구로Hiroshi Ishiguro 발명가는 자기 모습을 본

뜬 정말 실물 같은 인간형 로봇을 만들었다. 몇 년 전 마드리드에서는 안톤 체호프Anton Chekhov의 텍스트를 재구성한 안드로이드 버전 〈세 자매Tres hermanas〉가 개봉되었다. 연극의 주인공은 제미노이드Geminoid라는 인간형 로봇 배우였다. 그러나 인간의 손은 매우 복잡한 구조로 되어 있고 정교하여 복제하기가 어렵다. 우리가 일상적으로 사용해서 그 소중한 가치를 깨닫지 못하지만 말이다.

앞에서 소개했듯이 로봇공학은 이미 드론 또는 가전 기구와 같이 산업 전반에 널리 퍼져 있다. 실제로 머시않은 미래에 로봇들은 공장에서 뛰쳐나와 우리의 가정에도 자리 잡게 될 것이다. 영국식 집사보다 더 다양한 능력을 갖춘 로봇들이 우리들을 도와줄 것이다. 어떤 로봇은 빨래도 널어주고 옷도 다려줄 것이다. 어떤 로봇은 샌드위치를 준비해 줄 것이다. 집에 있는 평범한 토스터기는 여기에 비교조차 할 수 없을 것이다. 로봇들은 완벽하게 논리적이고 수학적이고 계산적이지만 인간들과는 달리 감수성과 감정이 없다는 기본적인 차이점이 있다. 이런 이유로 로봇은 절대로 인간처럼 될 수 없을 것이다. 1982년 리들리 스콧Ridley Scott이 만든 영화 〈블레이드 러너Blade Runner〉에서 나오는 복제 인간들도 불가능한 일이다. 영화에서처럼 '오리온좌 옆에서 불타오르는 우주선을 공격하고', '탄호이저 게이트 근처의 어둠 속에서 C 광선이 번쩍이는 것을 보는 것'도 할 수 없을 것이다. 게다가 몇몇 연구에 따르면 인간은 지능 중 85%가 감정 지능이라고 한다. 반면에 로봇의 감정은, 적어도 현재까지는 아무도 이해하지 못할 것이다.

이렇게 말하고 보니 다시 질문이 생각난다. 로봇이 인간을 지배하게 될까? 이런 일이 일어날까봐 걱정한 사람은 우리가 처음이 아니었다. 1942년 위대한 공상과학 소설가 아이작 아시모프Isaac Asimov는 로봇 3원칙을 다음과 같이 설정했다. 영화 〈아이, 로봇I, Robot〉(2004)은 바로 아시모프의 작품을 토대로 만든 것이다.

> 제1원칙: 로봇은 인간에게 해를 입혀서는 안 된다. 그리고 위험에 처한 인간을 모른 척해서도 안 된다.
>
> 제2원칙: 로봇은 제1원칙에 어긋나지 않는 한, 인간의 명령에 복종해야 한다.
>
> 제3원칙: 로봇은 제1원칙과 제2원칙에 어긋나지 않는 한, 로봇 자신을 지켜야 한다.

호기심 뭉게뭉게 .... 유명한 영화 〈아이, 로봇〉은 아시모프의 원작과 다른 부분이 꽤 있다. 그러나 매우 흥미로운 윤리적 딜레마를 보여준다. 윌 스미스Will Smith가 맡은 영화의 주인공 스프너 형사는 로봇을 증오한다. 로봇이 지구 일상의 일부가 되었고 로봇 3원칙에 따라 움직이는 주요 노동력인데도 말이다. 이유가 뭘까? 어떤 로봇이 한 사고에서 12살짜리 소녀 사라를 구하는 대신 자신을 구했기 때문이었다. 로봇이 소녀보다 먼저 스프너를 구한 이유는 소녀가 11%의 생존 가능성이 있었는데 반해, 그는 45%의 생존 가능성이 있었기 때문이었다. 스프너는 비록 자신보다 소녀의 생존 가능성이 확률상 적었다 하더라도 자기 대신 소녀를 먼저 구했어야 했다고 믿었다.

모든 종류의 인공지능 알고리즘을 설계하는 데 이러한 종류의 딜레마는 일상적이다.

특히 우리가 운전하는 자동차의 길을 안내하는 시스템 혹은 교통, 철도와 항공 통제 시스템들을 설계할 때가 그렇다. 심지어 미래에는 운전기사가 없는 자동차가 상용될 것이다. 만약 두 명의 노인과 꼬마 소녀 한 명 중 한쪽만 구해야 한다면, 알고리즘은 어떻게 상황을 판단할까? 한 명보다는 두 명을 구하는 게 좋을까? 만약 오토바이를 타고 있는 사람을 구할 수 있는 확률이 80%이고 스쿨버스 안에 있는 아이들을 구할 확률이 30%이라면, 어떤 선택을 해야 할까? 이러한 종류의 도덕적 및 윤리적 문제가 제기되었기 때문에 아직도 이런 알고리즘[113]이 우리 삶에 본격적으로 등장하지 못하는 것이 아닐까 싶다.

이처럼 이 원칙들은 단순하게 가상의 로봇 반란이 일어났을 때 인간을 보호하기 위한 것에 초점이 맞춰져 있다. 이를 위해 로봇을 프로그래밍할 때 일종의 도덕적 코드를 실현해야 한다. 만약 로봇이 복종하지 않으면 어떤 방식으로든 스스로 파괴하게 만드는 것이다. 아시모프가 원했던 것은 로봇이 인간에게 반란을 일으킬 것에 대한 두려움, 즉 '프랑켄슈타인 콤플렉스'라고 불리는 개념과의 싸움이다.

현재의 로봇, 즉 일반적으로 자동화된 모든 것들을 의미하는 로봇들이 인간의 고용을 심각하게 위협하는 상황은 아주 큰 문제이자 위협적인 요소이다. 이미 덜 전문적이고, 더 반복적인 일들은 사람들이 아니라 로봇들이 하고 있다. 물론 어떤 사람들은 기술이 인간에게 새로운 일자리를 만들어 줄 것이라고 말한다. 지금까지 일어

113 역자 주: 어떤 문제를 해결하기 위해 명확히 정의된 유한 개의 규칙과 절차의 모임이다.

난 모든 기술 혁명에서 그랬듯이 말이다. 인간은 새로운 환경에 맞는 훈련을 받고 적응만 하면 된다고 말한다. 이런 주장을 펼치는 사람들은 낙천주의자들이다. 그 말이 사실일지라도, 인구가 지속적으로 늘고 있는 현 상황에서 우리에게 충분한 일자리를 제공해 줄지는 미지수이기 때문이다. 어떤 사람들은 로봇이 모든 일을 전담하는 포스트 노동 사회가 다가올 것이라고 확언한다. 그러나 지금으로선 이 모든 주장이 시간만이 해결해 줄 추측에 불과하다.

결국, 기술이 우리에게 줄 수 있는 약속 중의 하나는 바로 신성한 노동의 형벌로부터의 해방이었다. 기계는 일하고 인간은 잠만 자면 되는 세상! 그러나 자본주의 시스템의 본질상, 이런 현실은 그저 꿈속의 환상일 뿐이다. 로봇은 로봇을 활용하는 기업의 지출을 줄여줄 것이고 노동자들은 불만을 품고 파업을 할 것이다. 그래서 일부 노동조합들은 로봇도 세금을 내야 한다고 주장한다. 여기서 '로봇'은 로봇을 활용하는 기업인들을 지칭한다. 그리고 어떤 이론가들은 기본소득[114]의 필요성을 거론한다. 굶어 죽는 사람이 생기지 않도록 기본소득을 보장해주는 것이 아니라, 사람들이 계속 지출할 수 있게 하는 순환적인 시스템을 마련하자는 것이다. 미래의 로봇도 과연 쇼핑도 즐기게 될지 우리는 아직 명확하게 알 수는 없다. T-800 로봇은 이렇게 말했다. "욕망은 부적절하다. 나는 기계다."

---

114 역자 주: 재산이나 소득 수준, 노동 여부와 관계없이 모든 사회 구성원에게 조건 없이 지급하는 기본소득. 보장소득 혹은 시민소득이라고도 한다.

미래에 우리는 사이보그가 될까?

찰스 다윈Charles Darwin이 발견한 진화의 법칙에 따르면, 지구의 생명체는 지구상에 사는 모든 생명체의 원 조상인 원시 시대의 하나의 세포로부터 지구의 서식지에서 지금까지 발견된 다양한 생명체로 진화했다. 작은 곤충에서부터 거대한 고래와 코끼리까지, 박테리아나 원생동물에서 인간에 이르기까지, 그들의 두개골에는 지금까지 알려진 가장 강력한 기계, 바로 두뇌가 들어있다. 아직도 우리에게는 발견해야 할 수천 개의 종이 남아있다.

모든 진화는 약간 위험한 방식으로 진행됐다. 자연 선택의 법칙, 즉 주변 환경에 가장 잘 적응한 개체만이 살아남는 방식이다. 자연에서는 자신이 만들어진 목적을 성취한 개체만 살아남는다. 그래서 자신의 후손에게 유전자를 물려주어 재생산한다. 진화는 그렇게 맹목적으로 이루어진다. 그러나 현재의 인간은 중요한 변화를 겪었다. 환경은 필요한 것에 적응하지만, 우리는 환경에 적응하지 않는다. 우리는 집에 살고 있다. 수도꼭지를 틀면 물이 나오고 스위치를 누르면 불이 들어온다. 벽과 지붕은 위험한 것과 변화무쌍한 날씨로부터 우리들을 보호해 주고, 난방은 우리의 체온을 따뜻하게 유지시켜 준다. 문명은 정글과는 아주 다르다. 우리는 적대적인 환경에 적응할 필요가 없다는 말이다. 유전자를 얻기 위해 목숨을 걸고 경쟁할 필요도 없다. 우리는 소파와 와이파이, 그리고 플레이스테이션을 가지고 있다.

생물학적 진화는 이미 인간에게 완성된 것처럼 보인다. 앞으로의 진화란 와이파이나 플레이스테이션 같은 기술과 관련이 있는 것만 같다. 앞으로 우리는 DNA와 관련된 진화를 하지 않을 것이다. 그것은 수천, 수백만 년이 필요한 아주 느린 과정이다. 반면에 기술의 진화는 짧은 시간 동안 아주 많은 것을 이룰 수 있다. 인터넷이나 스마트폰이 만들어진 시간을 생각해보자. 그것이 바로 트랜스휴머니즘Transhumanism[115] 운동이 제안하는 것이다.

과학 뭉게뭉게 .... 1959년에 공상가인 리차드 파인만Richard Feynman은 나노

---

115 역자 주: 트랜스휴머니즘은 과학과 기술을 이용해 사람의 정신적 · 육체적 성질과 능력을 개선하려는 지적 · 문화적 운동이다. 이것은 장애, 고통, 질병, 노화, 죽음과 같은 인간의 조건들을 바람직하지 않고 불필요한 것으로 규정한다. 트랜스휴머니스트들은 생명과학과 신생기술이 그런 조건들을 해결해줄 것이라고 기대한다.

미터의 세계에서 일하는 것의 장점에 대해 말했다. 1나노미터는 1미터의 10억분의 1이다. 나노 과학의 아버지 파인만의 뒤를 이어 80년대에 에릭 드렉슬러Eric Drexler는 원자로 만든 나노 기계에 대해 생각했다. 그것은 자신을 구성하는 능력 외에도 다른 분자를 구성할 수 있다. 1987년 스티븐 스필버그Steven Spielberg 감독의 〈이너스페이스Innerspace〉에서처럼 사람의 몸 안으로 여행하는 소형 함정에 관한 이야기는 더 이상 언급할 필요도 없다. 나노는 생물학, 화학, 물리학과 물질 공학에 이르는 다양한 학문을 포함하여 새로운 연구 영역이 되었고, 오늘날 정보 공학, 통신학, 마이크로 전자공학, 특히 생명 공학과 의학 분야에서 그 중요성이 높아지고 있다. 나노는 기본적으로 질병을 진단하고 치료하며 나아가 예방하는 데 활용된다. 나노를 통해 모니터링을 하고 조직을 치료하며 증상이 악화되지 않도록 인체의 면역력을 향상시킨다. 이외에도 나노는 통증을 완화시키고 약품을 관리하는 등 다양하게 활용된다. 오늘날 이 모든 것은 현실이 되었다. 우리는 나노 기술을 새로운 기술 영역에서 활용하고 있다. 손상된 조직이나 기관으로 약품을 운송해주는 도구로써 사용하고 있다. 나노 기술을 활용하여 만든 캡슐 안에 들어간 약품은 안정성이나 용해성을 높이고 생물학적 분배를 향상시킨다. 더 적은 양으로 부작용을 줄이면서 우리의 생명을 보호한다. 나노 기술은 무한하게 적용할 수 있다. 나노 기술은 암이나 신경 퇴행성 질병, 자가 면역과 심장혈관 질환 치료에 활용될 수 있다. 아직도 우리에게는 연구할 내용들이 많이 남아있다. 나노 차원이라고 불리는 이 새로운 영역을 구석까지 지배하려면 할 일이 많다.

미래과학 의존자들은 기술이 발전한 덕분에 우리가 장수하고 더 행복해지고 더 풍요로운 삶을 즐길 수 있다고 말한다. 아울러 개인적인 능력도 향상된다고 말한다. 그들이 주장하는 미래의 인간은 지금의 인간과는 전혀 다를 수 있다. 그것은 인공 지능 시리처럼 USB 메모리에 들어있는 무형의 지능이 될 수 있다. 스파이크 존즈Spike Jonze 감독의 〈그녀Her〉(2013)에 나오는 호아킨 피닉스Joaquin Phoenix를 사랑하는 그런 존재일 수도 있다. 우리의 물리적 육체가 페이스북의 자기소개 모습으로 변하여 영원히 산다는 것을 상상할 수 있는가? 트랜스휴머니즘 사상을 옹호하는 단체로 예전에 세계 트랜스휴머니스트 연합(WTA)라고 알려졌던 Humanity + 연합이 있는데 이 단체는 탁월한 미래과학 철학자인 닉 보스트롬Nick Bostrom과 데이비드 피어스David Pearce에 의해 설립되었다.

트랜스휴먼이란 망상이 아니다. 우리는 이미 기술을 통해 우리 신체 조건을 향상시킨 사례를 볼 수 있다. 영국의 닐 하비슨Neil Harbisson은 색깔을 구별하지 못하는 병이 있어서 그저 여러 단계의 회색만 볼 수 있었다. 하지만 그는 머리 뒤쪽에 있는 안테나 같은 장치로 진동을 통해 색깔을 구분할 수 있으며, 심지어 보통 사람들이 볼 수 없는 적외선이나 자외선도 인식할 수 있다. 하비슨은 사이보그 재단의 공동 창립자이고, 이 재단은 인간이 사이보그[116]로 변화하는 데 도움을 준다.

공상과학 저편에는 〈터미네이터Terminator〉의 T-100이나 〈블레이드 러너Blade Runner〉의 복제인간이 있다. 사이보그는 인공두뇌 장

---

116 역자 주: 뇌 이외의 부분, 즉 수족 · 내장 등을 교체한 개조인간이다.

치와 유기체를 합한 단어로, 기계를 통해 유기체의 능력을 향상시키거나 상실된 기관의 기능을 복원한다.

바이오해커[117]인 팀 캐논Tim Cannon은 피부 아래쪽에 칩이나 다른 전자 장치를 삽입한다. 스마트폰은 이미 우리 몸의 일부라고 말하는 사람이 있을 정도로 우리를 사이보그로 변화시킨다. 마치 우리 몸의 일부인 것처럼 우리가 스마트폰이라는 기계에 의존하며 살아가는 일은 대단히 놀랍다. 어떤 사람들은 몇 십 년 전에 발명된 안경이나 렌즈도 마치 스마트폰처럼 발명된 이래로 우리 몸의 일부로 받아들여졌다고 주장하기도 한다. 충분히 일리가 있는 말이다. 안경이나 렌즈는 우리가 몸에 부착하는 기술적인 도구이다. 우리는 안경과 렌즈를 사용하는 일들에 너무 익숙해져서 전혀 낯설게 느끼지 않는다. 심장박동 조절기를 달고 있는 사람도 마찬가지이다. 심장박동 조절기라는 기계가 없다면 그 사람은 살 수 없을 것이다. 그러므로 우리는 이미 사이보그인지도 모르겠다.

.... 영국의 케빈 워릭Kevin Warwick은 인간과 기계를 결합하여 발전시키는 데 기여한 가장 중요한 인물일 것이다. 그는 1998년에 사이보그 1.0 실험을 끝냈다. 그는 자신의 피부에 라디오 주파수로 인식되는 신분증 칩을 심었다.

---

117 역자 주: 유전자와 생물학을 이용하여 원하는 생물을 만드는 연구를 하는 사람을 말한다.

그는 자기 몸에 심은 칩으로 문을 열고 불을 켰다. 칩이 발산하는 신호로 집 안의 자동화 시설을 조정한 것이다. 더 중요한 사이보그 2.0 실험은 2004년에 진행됐다. 그는 신경계에 칩을 심었다. 그는 미국 뉴욕에 있는 컬럼비아 대학교의 인터넷에 연결될 수 있었고 영국의 레딩 대학교에 있는 로봇 팔을 움직일 수 있었다. 아주 놀랍게도 그는 텔레파시 통신을 가능하게 할 수 있다고 믿는다. 그는 아내의 신경계에 마이크로 칩을 심고 인간 신경계 사이의 최초의 순수 전자 통신을 만들었다. 아마도 머지않은 미래에 우리가 피부 아래에 스마트폰과 신용카드를 가지고 다닐 날들이 실현될 것이다. 그러면 장을 보러 가서 카드를 분실하는 안타까운 일도 사라질 것이다.

다른 주요한 개념으로 '기술의 단일성'이 있다. 이는 구글의 공학자이자 이상주의자인 레이 커즈와일Ray Kurzweil이 언급한 것으로 점점 빠르게 발전하고 있는 기술을 설명한다. 기술의 발전이 너무 빨라 어느 순간 인공지능이 인간의 지능을 넘어서는 순간이 올 것이라는 뜻이다. 아주 낙관적인 사람들은 21세기 중간쯤에 이런 일이 일어날 것이라고 한다. 이전에도 말했지만, 기계는 자신의 창조자를 넘어설 수 있다. 심지어 분노한 아들처럼 창조자를 파괴할 수도 있다. 그래서 우주물리학자인 스티븐 호킹Stephen Hawking과 테슬라의 창업자인 엘론 머스크Elon Musk 같은 저명한 과학자들과 이상주의자들은 인공지능이 발전하는 현상을 통제해야 한다고 주장한다.

트랜스휴먼이나 미래 인간에 대해 비판적인 사람들은 인간이 자신의 본질을 잃는 것을 우려하고, 동시에 인간의 신체적 조건을 향상시키는 기술이 아직 부자들만을 위한 것이라고 말한다. 그들은 비용을 낼 수 있는 사람과 그렇지 않은 사람들 사이에 차별이 생긴다고 주장한다. 그것은 영화 〈엘리시움Elysium〉(2013)에서 벌어지는 일들과 유사하다. 영화 속에서 부자들은 가까운 위성으로 대피하고 가난한 사람들은 전쟁으로 황폐해진 지구에서 살고 있다. 그들은 부족한 자원과 벗어날 수 없는 가난으로 고통받는다. 영화 〈매드 맥스Mad Max〉(1979)에서는 이런 비판자들을 '생물학적 보수주의자'라고 부르는데, 이들은 모든 이데올로기적 스펙트럼에서 유래한다.

과학 뭉게뭉게 .... 기술적 단일성을 반대하는 행동들이 있다. 기술의 가속화된 발전은 무어의 법칙과 함께 시작된다. 1967년 인텔의 공동 창업자인 고든 무어Gordon Moore에 의해 발표된 인간의 행동에 대한 관찰을 기반으로 한 경험적이고 멈출 수 없는 이 법칙에 따르면 기술의 잠재력은 2년마다 2배가 된다. 그리고 가격은 절반이 된다. 이것은 컴퓨터가 몇 년 전에 비해 훨씬 좋은 성능을 지녔지만 가격은 매우 내려간 사실에서 확인할 수 있다. 기술적 가속화는 매우 빠르게 이루어지고 짧은 시간 내에 세상을 변화시킨다. 인터넷, 스마트폰, 소셜 네트워크의 발전을 살펴보면 충분히 이해할 수 있을 것이다. 빅 데이터의 수직적 발전 속도와 가상현실의 발전 속도도 아주 놀랍다.

그러나 고든 무어 본인도 이런 기술의 가속도가 영원하지는 않을 것이라고 말한다. 그 이유 중의 하나는 프로세서에 들어갈 수 있는 트랜지스터의 수가 제한적이기 때문이다. 트랜지스터는 갈수록 작아지며 하루에 수백만 개씩 나오지만 이제 거의 원자의 크기에 도달했기에 더 이상 작아질 수가 없다. 크기에만 의존하면 문제가 된다. 우선 기본적인 입자들을 제외한 아무것도 원자보다 작아질 수는 없다. 모든 것이 원자로 만들어지기 때문이다. 칩들은 과열되고 양자의 영향이 나타나 변화하기 시작한다. 미래는 양자 컴퓨터의 시대일 수도 있다. 그것은 원자 이하의 세계의 이상한 특성을 보이고 지금의 운영 방식에서는 상상할 수 없는 변화를 가져올 수 있다. 마이크로 소프트의 공동 창업자인 폴 알렌Paul Allen은 이를 복합성의 제동이라고 부르는데, 과학과 기술이 점점 어렵고 모호하게 발전한다는 뜻이 담겨 있다. 예를 들면 전자 기술로 인간의 두뇌를 모방하는 도전은 고도로 복잡하다. 그러나 세상은 수직적으로 변하고 있다.

미래에 우리는 사이보그가 될까?

페이스북

Diana Campos

이런, 아니다. 보안 검사대[118]에서 매번 삑 소리가 나는 건 끔찍하니까 나는 사이보그가 되는 건 포기!

Jhonatan Armas Ascate

사라 코너Sara Connor[119]가 심판의 날을 없앴다. 그러니까 우리는 사이보그가 되지 않을 것이다. 하하.

---

118 역자 주: 공항에 있는 금속 탐지기를 말한다.

119 역자 주: 〈터미네이터〉에 등장하는 인물이다.

과학에는 성별이 없다

나는 여자다, 그 무엇보다 먼저 여자다.

헤디 라마Hedy Lamarr

과학책을 펼쳐보면 여성 과학자들의 이름이 적다는 것을 알 수 있다. 유명한 발견이나 증명은 거의 남성들이 했다. 남성들의 과학 능력이 더 뛰어나기 때문이 아니다. 지난 몇 세기 동안 여성들이 대학 교육을 받거나 과학을 연구하는 직업을 얻을 기회가 없었기 때문이다. 만약 어떤 여성이 뛰어난 업적을 남겼다면 특별한 재능을 바탕으로 엄청나게 노력했을 것이고, 아마도 약간의 운이 따랐을 것이다. .

최근 스페인의 교육 문화 체육부에서 조사한 결과 약 54%의 수치로 남자보다 여자가 대학에서 공부하는 비율이 높다고 한다. 그러나 일반적으로 고위직으로 올라갈수록 여자들의 비중은 크지 않다. 계단 위로 올라가면 올라갈수록 여성들의 비율은 희석된다. 교사들은 40%, 교수들은 20%를 차지하며 학장은 아주 드물다. 나는 이 주제에 아주 민감하다. 딸 하나의 아버지이자 직접 학생들을 가르친 나의 직접적인 경험에 비추어 볼 때 20년간 만난 많은 학생들 중에서도 특히 뛰어난 학생들은 여성이 다수였다. 공학자로 일할 때 가장 뛰어난 동료들도 여성이었다. 나는 여성에게 동등한 기회를 칯이 주는 데 앞장서는 사람이다. 나는 과학의 역사에서 여성들의 기록을 찾아내어 한 알의 모래알이라도 더 보태고 싶다. 사람들이 가진 터무니없는 편견을 억누르는 데 조금이나마 도움을 주고 싶다.

기록된 역사상 과학 분야에서 최초로 두드러진 여성 인물은 알렉산드리아의 히파티아Hypatia였다. 그녀에 관한 이야기는 책에도 많이 등장하며 영화로도 만들어졌는데, 알레한드로 아메나바르Alejandro Amenabar 감독의 영화 〈아고라Agora〉(2009)가 그것이다. 감독은 칼 세이건Carl Sagan의 〈코스모스Cosmos〉 시리즈를 통해 이 그리스 여성 과학자를 알게 되었고 많은 대중에게 그녀를 소개해 주었다. 히파티아는 알렉산드리아의 신플라톤 학파의 수학자이자 천문학자였다. 그녀의 죽음은 극적이었다. 그녀는 기독교에 귀의하지 않아서 이교도의 마술로 사람들에게 저주를 걸었다는 혐의를 받았다. 결국 그녀는 광신자들로부터 사형을 당했고, 그녀의 시체는 마녀사냥에서 으레 그랬듯이 잔인하게 처리되었다. 그녀는 대수학, 원뿔 기하학, 천문학(천체 평면도를 그림) 등의 학문 분야에서 대단한 업적을 남겼고, 천문학 도구(천체 관측기의 도면)를 설계하고 물 증류 도구 혹은 액체 비중계[120]와 물안경, 기체 밀도계 등을 만드는 데 노력을 기울였다.

호기심 뭉게뭉게 …………… 지난 수 세기 동안 과학 영역에서 두드러진 여성들, 그 시대의 사회적 관습에 굴복하지 않은 여성들, 가족을 구성하기보다 혼자 살기를 선호한 여성들, 혹은 일반인들과 조금 다르게 보이는 여성들은 마녀로 고발당했다. 그리고 대부분 유죄가 인정되었다. 마녀로 인정되면 화형에 처해졌다. 수만 명의 여성이 오백 년 이상 동안 유럽에서 처형당했다. 그들은 아이들의 동화에도 나쁜 사람들로 나온다. 하지만 영화 〈말레피센트Maleficent〉 덕분에 우리는 마녀가 그렇게 나쁘지 않다는 사실을 알게 되었다.

오늘날 '마녀사냥'이라는 용어는 사회적, 정치적 편견에 의해 차별적인 박해를 당하는 모든 일들에 적용된다. 냉전 시대의 상원의원 조셉 매카시Joseph McCarthy는 미국의 자본주의를 공유하지 않는 사람들을 소련의 스파이 혹은 공산주의자로 몰아 박해했다. 더 자세히 알고 싶다면 조지 클루니George Clooney 감독의 영화 〈굿나잇 앤 굿 럭Good Night, And Good Luck[121]〉(2005)을 보기를 추천한다. 대신 살인 면허를 가진 양복 입은 요원들의 추격이나 주인공에게 굴복하는 본드걸을 기대하지는 마라.

---

120 역자 주: 액체의 밀도나 비중을 측정하는 도구이다.

121 역자 주: 1950년대 초반 미국 사회를 레드 콤플렉스에 빠뜨렸던 매카시 열풍의 장본인 조셉 매카시 상원의원과 언론의 양심을 대변했던 에드워드 머로 뉴스 팀의 역사에 길이 남을 대결을 다룬 영화이다.

19세기까지는 두드러지는 여성 과학자의 수가 아주 적었지만 그래도 과학계에서 여성들이 역사적으로 한 공간을 차지했다는 사실은 명백하다. 특히 마리 퀴리Marie Curie는 가장 두드러진 흔적을 남겼다. 그녀는 세계 최초로 2개의 노벨상을 받은 인물이었다. 1903년에 방사능을 발견하여 남편인 피에르 퀴리Pierre Curie와 앙리 베크렐Henri Becquerel과 함께 노벨 물리학상을 수상했고, 1911년에 라듐과 폴로늄을 발견하여 노벨 화학상을 단독 수상했다. 하지만 그녀는 그 시대에 여성이라는 이유로 과학계에서 부당한 대우를 받았고, 남편인 피에르가 사고로 사망한 이후 유부남 물리학자인 폴 랑주뱅Paul Langevin을 만나면서 많은 비난을 감수해야 했다. 그녀는 이렇게 썼다. "나는 나의 과학적 연구의 가치가 사생활에 대한 중상모략으로 영향을 받는 것을 받아들일 수 없다."

마리 퀴리와 동시대 인물인 수학자 밀레바 마리치Mileva Maric가 취리히 대학교에 재학 중이었던 1896년, 학교의 유일한 여학생이었던 그녀는 훗날 남편이 된 상대성 이론의 아버지를 그곳에서 만나게 된다. 아인슈타인은 천재적인 과학자였지만 좋은 남편이자 아버지는 아니었다. 내셔널 지오그래픽에 나오는 〈지니어스Genius〉 시리즈를 보면 자세히 알 수 있다. 그는 연구에 대한 야망이 너무 큰 나머지 머릿속엔 온통 연구에 관련된 생각들로 가득했고 가정에 소홀했다. 결국, 그들의 가정은 파국을 맞았다. 많은 사람들이 상대성 이론의 출현에 마리치의 역할이 컸다고 지적했다. 그녀는 과학자로서 아인슈타인과 함께 광전 효과와 브라운 운동에 관해 연구했고, 1905

년은 아인슈타인의 '기적의 해'라고 불린다. 마리치는 그녀의 친구인 헬렌 카플러Helene Kaufler에게 이렇게 썼다. "얼마 전에 우리는 내 남편을 세계적으로 유명하게 만들 아주 중요한 일을 마무리했다."

에이다 러브레이스Ada Lovelace는 정보과학의 선구자 중 한 명이다. 그녀는 유명한 시인 바이런Byron의 딸로 최초의 컴퓨터 프로그래머로 알려져 있다. 그녀는 1837년, 찰스 배비지Charles Babbage가 만든 최초의 컴퓨터 모습을 한 투박한 해석 기관[122]에 대해 연구했다. 그러나 그 기계는 효율적인 방법으로 생산되는 수준까지 도달하지는 못했다. 러브레이스는 일반적 성격의 프로그램 언어를 최초로 만든 사람이었다. 그것은 오늘날의 루프[123]나 서브 루틴[124] 같은 기본적인 개념을 가진 것이었다. 그녀는 알고리즘 같은 개념이나 프로그램을 위한 천공 카드[125]를 제안하기도 했다. 그것은 나중에 최초의 거대한 컴퓨터인 에니악에서 사용되었다.

여성들은 천문학 분야에서 특별히 중요한 역할을 담당했다. 천문학 프로젝트에서 계산과 지루한 업무를 담당했던 여성들이 과학

---

122 역자 주: 1833년 영국 케임브리지 대학의 수학 교수였던 찰스 배비지가 고안한 자동계산기. 그 당시 기술 수준이 낮아 실현되지 못했으나 이것은 오늘날 컴퓨터의 기초가 되었다.

123 역자 주: 프로그램 중에서 되풀이해서 실행할 수 있도록 되어 있는 일군의 명령이다.

124 역자 주: 어떤 하나의 종합된 기능을 가지는 명령의 모임을 루틴이라고 하며, 여기에는 메인 루틴과 서브 루틴이 있다.

125 역자 주: 일정한 규칙에 따라 작은 직사각형의 구멍을 천공함으로써 데이터를 표현하는 종이카드이다.

의 세계에서 중요한 길을 열기 시작했다. 그들은 계산기, 다시 말해 인간 계산기였다. 하버드 관측소의 소장인 천문학자 에드워드 피커링Edward Pickering은 이런 여성들을 모았다. 이들은 당혹스럽게도 피커링의 하렘Pickering's Harem[126]이라고 불렸지만, 결과적으로 80명의 작업자가 모이게 되었다. 최초의 인물은 윌리아미나 플레밍Williamina Fleming이었고 그녀는 천문학의 시녀였다. 오늘날 달의 분화구 플레밍은 그녀의 이름을 상기시켜 준다. 이 집단을 시작으로 여러 나라에서 이런 종류의 작업을 하기 위해 여자들을 고용하기 시작했다. 이들은 복잡한 계산을 하고 천문학 촬영 사진을 검토했으며 학문에서 나오는 많은 자료를 처리했다.

그 뒤를 따르는 많은 여성 천문학자들이 있었다. 도로시아 클럼프케Dorothea Klumpke, 애니 점프 캐넌Annie Jump Cannon, 안토니아 모리Antonia Maury, 헨리에타 리비트Henrietta Leavitt가 그들이었다. 헨리에타 리비트는 세페이드 변광성[127]을 연구하고 있었고 소마젤란 은하[128]에서 여러 개를 발견했다. 그녀의 연구는 나중에 지구에서 이 별들까지의 거리를 계산하는 것이 가능하도록 해주었다. 거리 계산은 천문학의 근본적인 문제 중 하나였다. 그녀 덕분에 우리는 우주가 정

126 역자 주: 피커링의 하렘은 미국의 천문학자 에드워드 피커링이 하버드 천문대장으로 재직할 당시, 계산 보조를 시키기 위해 고용했던 여성 천문학자들을 가리키는 말이다. 이 조직은 과학사회학에서 하렘 효과의 대표적인 예로 꼽히고 있다.

127 역자 주: 세페우스자리를 대표로 하는 맥동변광성이다.

128 역자 주: 남반구에서 육안으로 보이는 두 개의 은하 중 작은 은하를 뜻한다.

말 거대하다는 사실을 확인할 수 있었다.

최근의 인물로는 1943년에 태어난 조셀린 벨Jocelyn Bell이 있다. 그녀는 논문 지도교수인 안토니 휴이시Antony Hewish와 함께 펄사 신호를 발견했다. 먼 우주에서 초당 한 번씩 발사되는 신호를 발견하고 그것을 리틀 그린 맨 1호Little Green Man 1라는 이름으로 불렀다. 펄사 신호는 마치 외계 문명이 보내는 신호처럼 보였지만 자전하는 중성자별이 보내는 전파로 밝혀졌다. 한편, 1974년에 안토니 휴이시가 단독으로 노벨 물리학상을 수상하면서 맹렬한 비난을 받았다.

미국인 베라 루빈Vera Rubin의 이야기는 이전에 '우주에서 우리가 보지 못하는 우주의 모든 것'에서 자세히 다뤘다. 그녀는 은하의 천체 회전 운동을 연구했고, 행성들이 예상했던 대로 회전하지 않는 원인이 되는 암흑 물질의 존재를 증명해주는 증거를 발견했다. 암흑 물질은 전자기파를 전혀 방출하지 않으며 우주의 27% 이하를 차지한다.

어둠의 힘과 싸웠던 〈스타워즈Star Wars〉의 레아 공주 역을 맡은 주인공 캐리 피셔는 베라가 죽은 지 이틀 뒤인 2016년 12월에 세상을 떠났다.[129] 가속도에 의한 질량의 힘이 항상 그녀와 함께하기를!

다른 저명한 여성들로 수학자인 소피 제르맹Sophie Germain, 물

129 역자 주: 베라 루빈은 16년 12월 25일에, 캐리 피셔는 16년 12월 27일에 사망하였다.

리학자인 리제 마이트너Lise Meitner, 수학자인 에미 뇌터Emmy Noether, 결정학자인 로잘린드 프랭클린Rosalind Franklin, 그리고 영장류를 열심히 연구하는 제인 구달Jane Goodall이 있다. 여기서 모두 모든 여성 과학자들을 소개하기란 불가능하다. 특히 지금도 활동하는 수천 명의 여성 과학자를 모두 언급할 수는 없다. 다행스럽게도 오늘날에는 여성들이 일반적으로 대학교에 진학하고 연구소에서 일하고 있다. 하지만 아직도 수뇌부를 차지하는 여성의 비율은 적다.

호기심 뭉게뭉게 …………… 내가 원격통신 공학자이고 내 분야의 선구자들을 아주 존경하기 때문일 수도 있겠지만 나는 헤디 라마Hedy Lamarr의 삶을 알게 되었을 때 상당한 충격을 받았다. 그녀가 오스트레일리아에서 미국까지 가는 용감한 모험을 해서가 아니었다. 그녀의 전 남편은 아돌프 히틀러Adolf Hitler에게 총알과 비행기를 판매한 무기상이었고 결국 그녀는 남편을 떠났다. 그녀가 영화 역사상 최초로 전신 누드 촬영을 한 매혹적이고 아름다운 영화배우였기 때문도 아니었다. 나는 그녀가 적에게 들키지 않고 어뢰를 발사할 수 있도록 무선 어뢰 유도체계를 만들어 주는 장거리 무선 통신을 위한 대역 확산의 최초 버전을 만든 공동 개발자라는 사실을 알고 놀라게 되었다. 대역 확산은 현대 통신의 토대인 블루투스와 와이파이를 만들어낸 모체이다. 우리가 데이터가 없을 때 열망하는 그 와이파이 말이다. 그녀는 시대를 앞서갔고 다른 화려한 업적들도 많았지만 나는 이 점에 매혹되었다. "나는 죽음을 두려워하지 않는다. 나는 내가 이해하지 못하는 것을 두려워하지 않기 때문이다." 세계 발명가의 날은 그녀를 기리기 위해 헤디 라마의 출생일인 11월 9일로 정해졌다.

노벨상 수상자의 비율은 여전히 남녀 불평등 현상을 보여주고, 매년 그 사실은 변하지 않고 있다. 물리학상은 여성 2명 남성 205명이, 화학상은 여성 4명 남성 174명이, 의학상은 여성 12명 남성 202명이 받았다. 부모이자 교사로서 우리가 해야 할 일은 여전히 많다. 여성들이, 스스로 원치 않는 공주님이 되지 않고, 정부 부처를 비롯해 어떠한 분야에서든 제약 없이 활동할 수 있는 환경을 마련한다면 더 많은 여성 과학자들이 등장할 수 있을 것이다.

쥘 베른은
정말 예언자였을까?

미래를 예측하는 가장 좋은 방법은
그것을 창작하는 것이다.

앨런 키Alan Key, 미국의 정보 과학자

우리는 어린 시절에 카드 쌓기 놀이를 하거나, 건전지가 없는 장난감을 가지고 놀거나, 거리에서 친구들과 함께 뛰어 놀았다. 아니면 숙제를 다 끝내고 나서 대부분의 시간을 독서하면서 보냈다. 하지만 요즘 같은 시대에는 독서하기가 아주 힘들 것이다. SNS, 스마트폰, 태블릿, 유튜브, 특히 나에게 스트레스를 주는 왓츠앱 메시지, 수십 개의 TV 채널 때문에 우리가 집중하기란 쉽지 않다.

물리학자인 알폰스 코르넬라Alfons Cornella는 우리가 사는 초고속 정보통신 사회에서 일어나는 현상을 '정보의 혼란'이란 말을 사용하여 설명한다. 우리는 여기저기서 툭툭 튀어나오는 실시간 정보와 사건들과 같은 다양한 집중력 변수들, 그리고 다수의 과제를 동시에 수행하는 멀티태스킹 능력 때문에 집중력이 저하되어 있다. 급한 업무를 해결하고 현대사회의 분주함 속에서 생존하기 위해서 새 시대에 맞춰 정신 환경을 새롭게 설정하면 유용할 수 있다. 그러나 다른 보다 조용한 과제들, 지속적인 자극이 필요 없는 과제들, 예를 들어 이 책을 읽는 것과 같은 독서 활동에는 그다지 적합하지 않은 정신 구조이다. 잠시 멈춰 생각해보자. 이 책을 읽는 동안 몇 번이나 멈추고 휴대전화를 확인했는가? 최근 명상이나 요가, 휴식요법이나 마음챙김에 관한 책들이 인기를 끄는 이유는 무엇일까? 사실 내가 어렸을 때만 해도, 우리 또래 아이들은 이렇게 정보의 홍수 속에 살지 않았다. 내 경우만 해도 어릴 때 독서를 많이 하는 편이었다. 나는 항상 소설책을 읽었다. 《보물섬》, 《삼총사》, 《몬테크리스토 백작》, 《벤허》, 《하얀 송곳니》…. 그리고 무엇보다도 쥘 베른Jules Verne의 작품들을 읽었다. 전부 다 읽지는 못했지만 백 권 이상의 책이었다. 판타지 소설, 모험 소설, 공상과학 소설들이었다. 책의 주인공들 대부분은 과학자이거나 정신이 불안정한 사람들이었다. 소설책은 나에게 세상에 대한 호기심과 과학에 대한 호기심을 충족시켜 주었다. 어쩌면 역사상 두 번째로 많이 번역된 작가인 베른 덕분에 내가 공학을 전공하게 되었는지도 모른다.

HBO[130]의 최고의 시리즈들이 지금 나를 매혹하듯이 쥘 베른의 위대한 창작력도 그의 책에 나를 빠져들게 했다. 그러나 내가 그에게 헤어 나오지 못하는 진짜 이유는 미래에 대한 그의 예측 능력에 있었다. 그는 미래의 과학에서 일어날 일을 간혹가다 수십 년은 앞서서 예상하곤 했었다.

내가 가장 좋아하던 작품은 《지구 속 여행》과 《해저 2만 리》였다. 《해저 2만 리》는 1870년에 쓴 것이었고, 디즈니에서 1954년에 그 소설을 바탕으로 리처드 플레이셔Richard Fleischer 감독이 커크 더글러스Kirk Douglas를 주연으로 해서 멋진 영화를 만들었다. 유명한 선장 네모가 역시 유명한 노틸러스호라는 잠수함을 타고 모험하는 내용이었다. 네모 선장은 해양 생물학자 피에르 아로낙스를 구출하고, 그들은 잠수함 모험을 시작한다. 수수께끼에 쌓여 있는 네모 선장은 자신의 특별하고 비밀스러운 잠수함이 세상에 알려지는 것을 원치 않는다. 그 책에서는 다양한 해저 광경들과 해저 동물들이 묘사된다. 그중에서도 거대한 촉수로 노틸러스호를 공격하는 대왕오징어에 대한 장면이 가장 극적이다.

몇 년 뒤인 1888년에 스페인에서 아이작 페럴Isaac Peral이 최초로 전기로 추진되는 잠수함을 만든 것은 주목할 만한 일이었다. 그는 베른의 팬이었는데 베른의 작품이 잠수함 개발에 영감을 주었다고 했다. 페럴의 잠수함은 그의 고향인 카르타헤나의 해군 박물관에

---

130 역자 주: Home Box Office, 영화를 전문으로 방송하는 미국의 유선 방송 채널이다.

서 볼 수 있다. 《해저 2만 리》에서 베른은 해저에서 찍은 사진을 묘사하고 지금의 테이저건과 비슷한 전기로 사람에게 충격을 주는 무기를 언급한다. 참고로 수중 사진은 20년 후에 수중 사진 개척자인 루이스 보탄Louis Boutan에 의해 가능해졌다. 베른의 상상력이 물속에서만 성공한 것은 아니다. 1886년 《정복자 로뷔르》에서는 프로펠러로 추진되는 비행선 '알바트로스'를 묘사하며 헬리콥터의 출현을 예측했다.

그의 다른 작품들로 《지구에서 달까지》(1865), 《달나라 일주》(1870)도 있다. 이 소설들은 제목에서도 드러나듯이 인간이 달에 착륙한 이야기를 담았다. 아폴로 11호가 달에 착륙하고 닐 암스트롱이 먼지투성이의 낭만적인 달에 첫발을 디딘 해인 1969년으로부터 백 년 전에 등장한 책이었다. 베른의 공상과 실제로 현실에서 벌어진 일 사이에는 놀라운 일치가 보인다. 우주선은 미국의 플로리다에서 출발하여 태평양 위에 도착한다. 베른의 소설 속에 나오는 우주선의 벽의 두께나 비용 같은 매개변수들은 아폴로 11호의 그것과 아주 흡사했다. 베른의 우주선은 83시간이 걸렸고 NASA는 97시간이 걸렸다. 두 비행선은 3명의 우주 조종사가 탑승하고 있었다. 베른이 달 여행에 관한 세부사항들을 그렇게 정확하게 알았다는 것은 상상하기 힘들 정도다. 그러나 그는 정확히 알고 있었고 그래서 그는 위대하다. 베른의 달에 대한 작품들은 영화감독 조르주 멜리에스의 공상과학 영화 〈달나라 여행Le Voyage Dans La Lune〉에 많은 영감을 주었다.

베른이 인류의 역사를 바꾼 발명품인 인터넷의 출현을 아주 오래전에 예측했다는 점은 아주 놀랍다. 1863년에 창작됐지만 분실된 것으로 추정되다가 1994년에 처음으로 프랑스에 출판된 작품 《20세기의 파리》에서 베른은 과학과 재무 분야가 엄청나게 발전한 60년대의 프랑스 사회를 묘사했다. 그곳에는 초고층 건물과 고속 기차들이 존재했다. 라틴어와 그리스어를 가르치지 않고 인문 지식과 문학은 사라지고 있었다. 그리고 아무도 과거의 위대한 작가들을 기억하지 못했다. 신기하게도 여기에서 작가는 전 세계적으로 사용되는 통신망을 상상하고 있었는데, 지금의 인터넷과 같은 통신망이었다. 다만 지금처럼 전자제품의 속성을 띤 것이 아니라 전 세계적으로 사용되는 전보의 일종이었다. 한 세기 후에 오늘날 우리가 알고 있는 발명과 비슷한 것으로 발전할 것이었다. 이외에도 베른이 예측한, 그의 작품에 나오는 발전된 기술들의 예로 화상회의, 뉴스, 우주선의 태양열 돛, 하늘에 쓰인 광고판 같은 것들이 있었다. 그의 예측은 너무 정확해서 섬뜩할 정도였다.

많은 사람들이 창조적이고 상상력이 풍부한 것은 예술의 영역이고 차갑고 기술적이고 기계적인 것은 과학의 영역으로 생각한다. 그러나 그 말이 항상 옳은 것은 아니다. 알버트 아인슈타인Albert Einstein, 니콜라 테슬라Nikola Tesla, 리처드 파인만Richard Feynman 등 위대한 과학자들은 그들의 혁신적인 발견을 완성하기 위해서 대단한 창의력과 상상력이 필요했다. 쥘 베른은 과학자가 아니라 문학가였다. 그러나 그의 상상력은 미래의 놀라운 것들을 예측했다. 그가 과학자였다면 세상을 바꿨을지도 모른다. 이 책을 읽고 있는 동안 만큼은 잠시 스마트폰을 방에 두기를 바란다. 그리고 쥘 베른Jules Verne, 아이작 아시모프Isaac Asimov, 올더스 헉슬리Aldous Huxley, 필립 딕Philip Dick, 조지 오웰George Orwell, 허버트 조지 웰스Herbert George Wells와 같은 공상과학 작가들의 작품을 읽어 볼 것을 권한다. 그들은 아직도 많은 과학자들이 상상하는 데 영감을 주고 있다. 그리고 언젠가 우리가 도달하게 될 미지의 세상으로 우리를 안내해줄 것이다.

갈릴레오는
중력 실험을 위해서
사과 몇 개를
망가뜨렸을까?

여기는 우주다. 우주는 협조하지 않는다.
결국, 어떤 순간부터 모든 것이 잘못되었다.
사람들은 모든 게 잘못될 거라고 생각하겠지.
할 수 있는 일은 포기하거나 다시 시작하는 것이다.
포기에는 죽음뿐이지만 하나씩 해결하면 살 수 있다.
무작정 시작하라. 하나의 문제를 해결하고
다음 문제를 해결하고 또 그다음 문제를 해결하라.
그렇게 계속 하다보면 집에 갈 수 있을 것이다.

영화 〈마션The Martian〉(2015)

우리는 매일 일상생활을 하며 무수한 메시지와 정보를 받는다. 특히 요즘은 스마트폰과 태블릿 PC 덕분에 우리는 항상 인터넷에 연결되어 있다. 세상은 정치인의 연설, 예언자의 예언, 경제학자의 예측, 거리에서 인터뷰하는 사람들의 이야기, TV 토론에서 나오는 의견, 대학이나 연구실에서 나오는 과학 정보들로 넘쳐난다. 정보의 홍수와 범람 속에서 우리는 어떤 정보가 신뢰할 만한 지식인지 어떻게 알 수 있을까? 그리고 과학적 방법은 무엇으로 구성되어 있으며 어떤 쓸모가 있을까?

과학적 방법에는 여러 종류가 있고 과학자들이 항상 이 방법을 엄격하게 따르는 것은 아니다. 많은 경우에 직관이나 운에 따르기도 하지만 그래도 과학적 방법을 구성하는 기본적인 생각을 찾아볼 수는 있다. 과학적 방법은 여러 가지 측면을 기반으로 한다. 자연을 관찰하고 관찰된 문제를 해결하기 위해 공식이나 가설을 세우고, 결과를 예측하고 우리의 가설이 옳았는지를 확인하는 실험이 그것이다. 실패하면 우리는 가설이 유효하다는 것을 확인할 때까지 그 과정을 반복해야 한다. 그렇게 해야 자연에 대한 하나의 법칙을 발견할 수 있다.

이런 방법은 엄격하게 우리를 에워싸고 있는 자연에 의문을 제기하는 것에서부터 시작된다. 그럴듯하게 들려서 받아들인 의견이나, 특정 책을 읽다가 발견한 이데올로기, 생각으로부터 시작하는 것이 아니다. 실험은 우리의 지식을 시험대에 올리는 엄격한 재판이고, 판사는 자연이다.

이미 고대 그리스인들은 현실을 관찰하며 지식을 얻기 시작했다. 그러나 지금 우리가 알고 있는 근대 과학은 16세기의 프랜시스 베이컨Francis Bacon, 갈릴레오Galileo, 케플러Kepler, 코페르니쿠스Copernicus 혹은 뉴턴Newton 같은 과학자들의 주도하에 일어난 과학적 혁명을 통해서 시작되었다. 사실 그 시기는 다른 형태의 지식이 유행이었다. 성경을 통해 현상을 해석하고 문제를 해결하거나 플라톤이나 아리스토텔레스의 철학을 통해 문제를 해결하는 방식이었다.

갈릴레오는 최초로 물리학 실험을 실현했다. 전해지는 이야기에 따르면 그는 경사진 평면에서 공을 굴리고 기울어진 피사의 사탑에서 실험을 했다고 한다. 그는 그런 방식으로 물체의 운동을 실험했다. 고대 그리스 현자들의 방식대로 실험한 것이 아니라 자신의 방식대로 실험하고 실험한 결과로 얻은 지식을 사용해서 또다시 실험했다. 그러고는 실제 현상을 해석했다. 또한 갈릴레오는 연구 결과를 수학적으로 정리한 최초의 인물이었다. 그때부터 수학은 과학의 언어가 되었다. 갈릴레오는 이렇게 말했다. "자연이라는 책은 수학의 언어로 쓰여 있다."

영국의 역사학자인 프란시스 예이츠Frances Yates의 연구에 따르면 과학 혁명 동안에 밀봉된 전통이라고 불리는 마법, 연금술, 점성술과 같은 난해한 학문도 많이 중요했다고 한다. 물론 그것들을 많이 강조하지는 않았지만, 케플러나 뉴턴도 이런 학문에 상당한 시간을 썼다고 한다. 당시에는 실제 과학으로서 아주 영향력이 컸고 다양한 전망이 공존하는 시대였다.

호기심 뭉게뭉게 …………… 뉴턴이 상당히 공들여 철학자의 돌[131]을 찾았다는 말이 있다. 철학자의 돌은 전설적인 연금술의 물질인데, 보통의 금속을 금이나 은으로 만들 수 있고 우리에게 젊음을 되찾아주는 엘릭서[132]의 기본이 되는 것이라고 했다. 혹은 우리에게 불사의 힘을 준다고 했다. 철학자의 돌을 찾는 과정은 문학이나 만화에 아주 빨리 등장했다. 이미 잘 알려진 것처럼 벨기에의 만화가인 페요Peyo의 작품 〈개구쟁이 스머프The Smurfs〉에서 스머프들의 적인 가가멜은 철학자의 돌을 찾기를 열망하고 있었다. 그는 철학자의 돌을 찾기 위해 작은 파란색 요정들이 꼭 필요하다고 생각했다. 가가멜도 죽음의 천사 아즈라엘도 아직 스머프를 잡지는 못했다.

이러한 학문은 자연을 직접 다룬다는 장점이 있었다. 그리고 비록 '마법'의 방법을 통해서이긴 하지만 인간이 자연을 조종할 수 있다는 믿음이 있었다. 예이츠의 해석에 따르면 연금술에서 화학이 나왔고 점성술에서 천문학이 나왔다. 마법은 일반적인 과학으로 발전했다. 그 난해한 학문은 당시에는 유용하다고 믿었지만 이제는 유효하지 않다고 판명되었다.

오늘날 누군가 여러분에게 점성술 카드를 보여주거나 타로를 보여주며 접근한다면 그것은 수 세기 전에 과학에서 버려진 지식이

---

131 역자 주: 중세의 연금술에서 납이나 주석 같은 것들을 금과 은처럼 귀금속으로 바꾸기 위해서 어떤 특수한 약제를 첨가해야 하는데, 이 전환제 역할을 하는 것이 철학자의 돌이다.

132 역자 주: 연금술에서 마시면 불로불사가 될 수 있다고 전해지는 영약이다.

라는 점을 명심해야만 한다. 그것들은 아직도 TV의 새벽 프로그램, 혹은 점성술 가게나 축제에 나온다. 동종요법[133], 기 치료, 향기 치료 같은 대부분의 대체의학과 가짜 과학 이론도 마찬가지이다. 미확인 비행 물체 연구, 전자기 방사능 감지술, 초심리학 같은 것들도 해당된다. 이런 지식들은 과학적 방법을 통해 나온 것이 아니다. 확실한 증거도 없고 현실에서 그것을 찾으려고 노력하는 사람도 없다. 그러나 많은 사람들이 상당한 이익을 보는 것만은 사실이다.

오직 과학만이 유일하게 유효한 지식이라는 말을 하는 섯은 아니다. 과학 외에도 아주 존중할 만한 학문들이 있다. 법률이나 음악은 원칙적으로 과학의 검증을 받을 필요는 없다. 과학은 물리의 세계를 탐구할 때 유용하지만 물리학과 화학 분야에서 성공한 덕분에 과학적 방법이 사회 과학으로도 퍼졌다. 그러나 이는 부분적인 변화만 가져올 것이다. 인간과 사회라는 존재는 원자나 우주의 세계보다 연구하기 어렵고 훨씬 복잡하며 예측하기도 힘들다. 그래서 사회 과학은 과학처럼 과학적 방법을 정확한 방식으로 획득하지 못했고 엄격하게 예측할 수 없다.

과학을 신뢰하지 않는 사람들이 있다. 그들은 과학자를 항상 자신의 의견만 옳다고 주장하며 자신의 의견을 강요하는 사람으로 본다. 현실에서 멀리 갈 필요도 없다. 그런 사람들은 과학적 방법이 무엇인지를 모른다. 하지만 오히려 과학자는 자연의 법칙에 갇혀 있

133 역자 주: 질병 증상과 비슷한 증상을 유발시켜 치료하는 이독제독의 치료 방법이다.

어서 자신의 의견을 강요할 수 없는 사람들이다. 자연이 명확하지 않기에 과학자들이 행한 수많은 실험들이 서로 모순된 결과를 낳기도 한다. 그래서 그들 사이에서는 논쟁과 토론이 일어난다. 과학자는 인간이다. 자신의 자아 때문에 움직이는 사람들이다. 그리고 새로운 생각에 마음을 닫기도 한다. 인정받기 위해서 자신의 실험 결과를 거짓으로 꾸민 과학자도 있다. 하지만 과학은 엄격하게 선별된 강력한 시스템에 의존한다. 전 세계의 모든 과학자는 여러분이 발명한 실험을 반복할 수 있으며(이것을 재생성이라고 부른다), 만약 옳지 않다면 무효화하고 비판할 수 있다.

과학은 《네이처Nature》나 《사이언스Science》와 같은 과학 출판물의 형태로 전 세계 모든 과학자들과 과학적 발견을 공유하는 세계적인 체계가 있다. 동료 과학자들은 이 글들을 서로 편집하고 검토한다. 한편 과학적 지식은 축적된다. 뉴턴은 자신이 '거인의 어깨에 목말을 타고' 여행했기에 더 먼 곳을 볼 수 있었다고 말했다. 이는 이전 세대에 의해 획득된 지식을 확장하거나 수정하여 각 세대가 이용할 수 있다는 의미이다. 과학 분야에 대한 예산 감축이 스페인에 여러 위협을 야기했지만, 그럼에도 불구하고 과학은 조부모에서 부모로 그리고 자녀에게로 멈추지 않고 흐르고 있다.

과학 지식이 끊임없이 전달되는 특징을 가지고 있기에, 과학은 큰 성과를 낼 수 있었다. 과학은 우리에게 비행기, 컴퓨터를 만들어 주었고 많은 질병을 고쳐주었으며 우리의 생명을 연장해 주었다. 한편, 과학은 자연을 오염시켰다. 인류를 파괴할 수 있는 끔찍한 원자폭탄을 만들기도 했다. 원자폭탄의 발명가인 로버트 오펜하이머Robert Oppenheimer는 낙담하여 이렇게 말했다. "나는 이제 죽음이요, 세상의 파괴자가 되었도다." 선으로 이용되건 악으로 이용되건 원자폭탄 그 자체가 어마어마한 위력을 가지고 있는 도구라는 점에는 논쟁의 여지가 없다. 마치 부엌의 칼과 같다. 칼은 채소를 다지기 위해서 사용될 수도 있지만 다른 사람을 죽이기 위해서 사용될 수 있다.

종종 착각 속에 살거나 고집스럽거나 철면피인 과학자들이 있지만, 과학자들은 보통 자신의 잘못을 수정하려고 한다. 이와 같은 지속적인 자기비판도 과학의 신기한 측면 중 하나이다. 난해한 학문이나 종교에서 똑같은 주장을 수백 년, 수천 년 동안 고수하고 반복하는 동안 과학 지식은 매일 변화하고 수정되었다. 아인슈타인의 상대성 이론 같은 세계적이고 정확한 이론이 어떻게 뉴턴의 물리학을 대체했는지 생각해보라. 뉴턴의 물리학 이론은 그가 살았던 시대에는 가장 믿을 만한 정보였지만 우주에서 벌어지는 모든 현상들을 설명할 수는 없었다. 지구가 우주의 중심이라는 천동설에서 태양 중심의 지동설로 바뀐 과정도 마찬가지이다. 그래서 과학 지식은 일시적인 것이다. 어떤 지식을 영원불변한 과학 지식이라고 말하는 것은 정말이지 어려운 일이다. 그러나 지금 당장은 그 지식만이 자연 현상을 설명할 수 있는 최선의 방법이리라. 누가 알겠는가. 언젠가 미래에, 우리 세계를 설명하기 위해 지금 널리 받아들여지는 상대성 이론이나 양자 이론이 그보다 더 좋은 완벽한 이론에 의해 대체될는지.

결론은 하나다. 우리는 비판적 정신을 가져야 한다. 유튜브에서 보고 듣는 그 무엇도 믿지 말라. 나의 강의나 이 책도 마찬가지이다. 변화하지 않는 절대적인 진리는 오직 우리 어머니들만이 가지고 있다. 세상의 어머니들은 최고의 예언자임에 틀림없다. 여러분도 한 번쯤은 경험했을 것이다. "얘야, 그러다 넘어진다, 넘어진다고……." 그리고 여러분이 정말 넘어진 경험 말이다.

나는 이과일까,
아니면
문과일까?

여러분은 이과와 문과 중에서 어느 쪽에 재능이 있는가? 아마도 여러분은 여러 차례 이런 질문을 받았거나 혹은 스스로 어느 쪽에 가까운지 밝힌 적이 있을 것이다. "나는 문과 체질이야. 나한테 계산 같은 건 시키지 마." "나는 이과야. 예술이나 문학처럼 진부한 거는 싫어."

학교에서 학생들을 두 개의 그룹으로 나누는 것은 사실 형식에 치우친 일이지만 매우 흔하게 일어난다. 자연과 특이성을 지배하는 법칙을 연구하는 사람들과 거기에서 과학적 · 기술적으로 유용한 것을 추출하려고 노력하는 사람들. 인간의 마음, 사고, 역사, 언어를 연구하는 데 몰두하는 사람들과 인간과 예술적 창작물을 연구하는 사람들. 이처럼 이과와 문과는 주제와 방법에 차이가 있는 두 개의 다른 지식 영역이다. 그러나 인간은 과학적 방법으로 성공했기 때문에 과학적이거나 수학적인 시도를 더 많이 하려고 한다. 경제나 역사 혹은 인간의 심리보다 자연을 예측할 수 있는 가능성이 더 커서 과학적 방법이 통하는 것이다.

영국의 물리학자이자 소설가인 찰스 퍼시 스노우C.P. Snow는 케임브리지 대학에서 1959년, '두 문화'라는 제목으로 유명한 강연을 했다. 그는 강연에서 과학과 인문학 연구에서 생기는 이러한 대립에 관해 이야기했다. 그는 이러한 의사소통의 부족, 다양한 학문의 부족이 인류가 직면하고 있는 도전을 맞이할 때 문제가 될 수 있다고 생각했다. 스노우의 주장이 완전히 공평한 것은 아니었다. 그는 물리학자들을 진보적이고 영웅적인 지도자로 그렸지만, 인문학자들은 모든 발전에 저항하는 경직된 전통문화를 고수하는 장애물로 소개했다. 그래서 많은 논쟁이 벌어지게 되었다.

가끔씩 인문학과 과학을 각자 선호하는 사람들이 서로를 이해하거나 그렇게 하려는 시도조차 하지 않는다는 점이 분명히 드러난다. 그들 사이에는 상당한 불균형이 존재한다. 흔히들 '교양 있는 사람'을 얘기할 때, 여기서 교양은 과학적 주제보다는 인문학적 주제를 의미하는 경우가 많다. 예를 들어 프랑스 혁명이나 돈키호테에 대한 필수적 상식들을 알지 못하면 교양이 없는 사람으로 간주된다. 그러나 뉴턴의 법칙과 우리 사회의 중추를 이루는 자연의 기본 법칙인 열역학 제2법칙을 모르는 사람은 교양이 없는 사람으로 간주되지 않는다. 다행히도 요즘은 '과학 역시 교양'이라고 목소리를 높이는 사람들이 많다.

오랜 시간 동안 과학은 언론 매체에서 중요하게 다뤄지지 않았다. 하지만 다행히도 좋은 소식이 있다. 최근 들어 유명 매체들이 과학과 그 결과에 대해 점점 더 많은 관심을 가지고 있고, 대중들도 과학 정보에 대해 알기를 더 원하고 있다. 아마도 우리를 둘러싸고 있는 기술 혁명 덕분에 사람들이 과학에 관심을 보이는 듯싶다. 기술 혁명은 사람들에게 우리가 사용하는 모든 혜택이 어떻게 발명되었는지, 과학이 무엇인지, 그리고 과학이 무엇을 만드는지를 질문하도록 해준다.

어쩌면 이러한 유행이 스페인을 포함하여 많은 국가에서 과학적 소양이 없는 사람들이 겪고 있는 고통을 진정시켜줄지도 모른다. 과학 기술 스페인 재단FECYT은 사람들이 과학을 어떻게 인식하고 과학이나 과학자에 대해 어떤 의견을 가지고 있는지 종종 설문조사를 실시한다. 2017년의 8번째 설문 조사를 보면 좋은 소식이 있다. 과학에 흥미를 느끼는 스페인 사람들의 비율이 2004년 6.9%에서 2016년 16%로 상승하여 132%의 성장률을 보여주었다. 하지만 44.2%의 사람들은 자신의 과학 능력이 낮거나 혹은 아주 낮다고 평가했다. 그래도 이전의 47.1%보다는 낮은 수치를 보여 조금은 상황이 개선된 것을 알 수 있다.

우리가 근본적으로 과학 기술 기반의 사회에서 살고 있음에도 불구하고 기술자의 수가 부족하다는 사실을 보여주는 흥미로운 자료도 있다. 2015년, 유럽위원회는 2020년에 유럽 전역에서 기술직

90만 자리가 남을 것으로 예측했다. 과학과 공학 분야의 직업을 선택하려 한다면 양질의 취업 기회를 얻을 수 있다. 그러나 젊은이들은 과학 관련 직업을 선호하지 않고 회사들은 필요한 전문가들을 확보하기가 어렵다. 경제와 발전은 그들에게 달려있다고 해도 과언이 아니다.

디지털 시대에도 인간은 여전히 중요하고 중요해질 것이다. 전문가들은 이렇게 현기증이 날 정도로 고도로 기술이 발전한 시대에 그들이 전념해야 할 일은 인간이 방향을 잃지 않도록 안내하는 것이라고 한다. 우리는 무엇을 위해 기술을 원하는가? 인간 문화와 기술이 양립하기 위해서 어떻게 해야 하는가? 미래 인간과 로봇의 등장, 생태계 파괴와 같은 장애물을 어떻게 관리해야 하는가?

양쪽을 넘어서는 제3의 문화를 옹호하는 사람들이 있다. 미국의 편집자인 존 브로크만John Brockman은 그가 설립한 엣지 재단Edge Fundation에서 자신의 생각을 관철시키기 위해 고군분투한다. 그에게 현재 혹은 미래의 지식인은 실용적이고 과학적인 관점에서 인간의 일상적인 문제들에 종사하는 사람들이다. 니체, 프로이트, 마르크스 혹은 프랑스 구조주의자들을 말하는 것이 아니다. 그들은 과학을 교육시켜 육성할 수 있을 것이다. 진화 심리학자인 스티븐 핑커Steven Pinker의 경우도 마찬가지이다. 그는 우리가 인류 역사상 가장 덜 폭력적이고 덜 공격적인 시대에 살고 있다고 말한다. 다윈주의 생물학자인 리처드 도킨스Richard Dawkins는 무자비한 무신론자로 알려져 있고 철학자인 대니얼 데닛Daniel Dennett은 인간 의식의 본질과 같은 어려운 주제를 다루고 있다. 멀리 갈 필요도 없이 언어학자나 철학자들은 정보과학 공학자과 협력하면서 음성 인식이나 자동 번역, 철자 교정, 의미의 개선 같은 수백 가지의 응용 프로그램들을 가능하게 하는 작업을 하고 있다. 내 말이 믿어지지 않는다면 아이폰의 음성 보조 프로그램 시리에게 이에 관한 의견을 구해봐라.

결론적으로 말하자면, 우리들은 꽉 막힌 한 공간에 갇힌 채 거기서만 생각하는 것을 멈추고 문을 열고 나와 세상의 모든 일에 흥미를 느껴야 한다. 물리학사가 역사에 흥미를 느끼고 철학자가 생물학에 흥미를 느껴야 한다. 스노우가 말한 것처럼 이런 방법으로 인간은 미래에 다가올 문제에 더욱 능숙하게 대응할 수 있다. 나는 주변의 모든 것들에 관심을 가지라고 조언하고 싶다. 그것이 자연의 고유 현상이건 인간 고유 현상이건 상관없다. 만약 '당신은 문과인가, 아니면 이과인가?'라는 질문을 받는다면 '양쪽 다요!'라고 대답하길 바란다. 트리비얼Trivial[134] 게임에서 여러분이 녹색을 선택하나 노란색을 선택하나 차이가 없을 것이다. 그리고 아무도 여러분을 이기지 못할 것이다.

134 역자 주: 스페인 보드게임의 일종으로 색상에 따라 6가지 분야의 질문들로 구성되어 있다. 녹색은 과학을, 노란색은 역사 분야의 질문을 담고 있다.

감사의 글

절대 질문을 멈추지 않는 여러분
편집자 크리스티나와 나의 버팀목 세르히오
그리고 그들과 한 팀을 이루는 모든 분들에게 감사를 전하고 싶다.
그들의 도움이 없었다면 이 책은 세상에 나올 수 없었을 것이다.

지금까지 살아오면서 내가 만난 모든 분들
그리고 내게 가르침을 준 모든 분들에게도 고맙다고 말하고 싶다.

과거부터 지금까지 내 영감의 원천인
이 책에 언급한 모든 인물들에게도 감사의 말을 전한다.

그리고 책에서 언급하지는 않았지만
항상 나와 함께하고 나를 아껴주는 모든 분들에게도

고마움을 전하고 싶다.

무엇보다도 변함없이 묵묵히 자리를 지켜주는
나의 '유니코오스Unicoos'
여러분이 이 과학적 모험의 주인공이다.
아직 미지로 남아 있는 수많은 문제들에
언젠가 답할 수 있는 여러분이 되기를 꿈꾼다.

나는 우리가 있어 존재할 수 있다.
#우리는유니코오스

구름의 무게를 재는 과학자

초판 인쇄 2022년 2월 10일
초판 발행 2022년 2월 15일

지은이 다비드 카예
옮긴이 유아가다
펴낸이 조승식
펴낸곳 도서출판 북스힐
등록 1998년 7월 28일 제22-457호
주소 서울시 강북구 한천로 153길 17
전화 02-994-0071
팩스 02-994-0073

홈페이지 www.bookshill.com
이메일 bookshill@bookshill.com
값 16,000원
ISBN 979-11-5971-391-0